电子设计与嵌入式开发
实践丛书

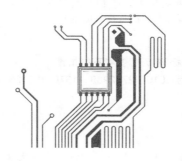

勇敢的芯
伴你玩转Altera FPGA

◎ 吴厚航　编著

U0299143

清華大學出版社
北京

内 容 简 介

本书使用 Altera 公司的 Cyclone Ⅳ FPGA 器件,由浅入深地引领读者从板级设计、基础入门实例、FPGA 片内资源应用实例和综合进阶实例等方面,玩转 FPGA 逻辑设计。本书基于特定的 FPGA 实验平台,既有足够的理论知识深度作支撑,也有丰富的例程供实践学习,并且穿插了笔者在多年 FPGA 学习和开发过程中所积累的经验和技巧。

无论对于希望快速掌握 Verilog 语言进行 FPGA 开发的初学者,还是希望快速掌握基于 Altera Cyclone Ⅳ FPGA 进行开发的设计者,本书都是很好的选择。

图书在版编目(CIP)数据

勇敢的芯伴你玩转 Altera FPGA/吴厚航编著. —北京:清华大学出版社,2017
(电子设计与嵌入式开发实践丛书)
ISBN 978-7-302-47421-0

Ⅰ. ①勇… Ⅱ. ①吴… Ⅲ. ①现场可编程门阵列—系统设计 Ⅳ. ①TP332.1

中国版本图书馆 CIP 数据核字(2017)第 129443 号

责任编辑:刘　星
封面设计:刘　键
责任校对:焦丽丽
责任印制:王静怡

出版发行:清华大学出版社
　　　　网　　　址:http://www.tup.com.cn,http://www.wqbook.com
　　　　地　　　址:北京清华大学学研大厦 A 座　　　　　　　邮　　编:100084
　　　　社 总 机:010-62770175　　　　　　　　　　　　　　邮　　购:010-62786544
　　　　投稿与读者服务:010-62776969,c-service@tup.tsinghua.edu.cn
　　　　质量反馈:010-62772015,zhiliang@tup.tsinghua.edu.cn
　　　　课件下载:http://www.tup.com.cn,010-62795954
印 刷 者:北京富博印刷有限公司
装 订 者:北京市密云县京文制本装订厂
经　 销:全国新华书店
开　 本:185mm×260mm　　印　张:21.5　　　　　　字　　数:524 千字
版　 次:2017 年 10 月第 1 版　　　　　　　　　　　印　　次:2017 年 10 月第 1 次印刷
印　 数:1～2500
定　 价:59.00 元

产品编号:074826-01

前　言

　　FPGA 技术在当前的电子设计领域越来越火热。它的成本虽然还是高高在上，但是它给电子系统所带来的不可限量的速度和带宽及其在灵活性、小型性方面的优势，越来越为对性能要求高、偏重定制化需求的开发者所青睐。因此，越来越多的电子工程师和电子专业在校学生希望能够掌握这门技术。而对一门电子技能的掌握，单凭读几本初级入门教材是很难达到的。笔者结合自身的学习经历，为广大学习者量身打造了基于低成本、高性价比的 Altera Cyclone Ⅳ FPGA 器件的硬件开发学习平台。基于该平台，配套本书的各种基本概念阐释和例程讲解，相信可以帮助大家快速掌握这门新技术。

　　全书共 10 章，各章主要内容如下：

　　第 1 章是基础中的基础，讲述可编程器件的基本概念及主要应用领域、相对传统技术的优势和开发流程。

　　第 2 章从 FPGA 开发平台的电路板设计入手，介绍 FPGA 板级硬件电路设计要点，以及本书配套开发平台的外围电路设计。

　　第 3 章从最基础的 0 和 1 开始回顾数字电路的基础，同时深入探讨读者所关心的可编程器件的内部架构和原理。

　　第 4 章讲述开发环境的搭建，包括 Altera FPGA 集成开发环境 Quartus Ⅱ、仿真工具 ModelSim、文本编辑器 Notepad＋＋以及下载器驱动和 UART 驱动安装，帮助读者快速解决学习路上遇到的最棘手的"软"问题。

　　第 5 章讲述 Verilog 的基本语法，包括语法的学习方法、可综合的语法子集以及代码风格与书写规范。

　　第 6 章和第 7 章完成最基本的工程创建、语法检查、仿真验证以及编译，甚至在线板级调试和代码固化，带领读者初步掌握基于 Altera Cyclone Ⅳ 的 FPGA 开发流程。

　　第 8 章介绍 13 个最基本的入门实例。

　　第 9 章通过 6 个实例帮助读者熟悉 FPGA 除逻辑资源以外的其他丰富资源，如 PLL 和可配置为 ROM、RAM、FIFO 的内嵌存储器，以及在线逻辑分析仪 SignalTap Ⅱ 等。

　　第 10 章的 15 个例程，是对前面一些实例的集成整合，力图通过大量的实例实践，帮助读者熟练掌握 FPGA 的基本开发设计。

　　本书既有对基础理论知识的专门讲解，也有非常详细的实例演练和讲解，更多的是在实

Foreword

践中传递实用的设计方法与技巧,非常适合初学者。

本书配套例程的下载链接为 http://pan.baidu.com/s/1i5LMUUD。

本书配套开发平台的淘宝链接:https://myfpga.taobao.com/。

吴厚航(网名:特权同学)

2017 年 7 月于上海

目 录

Contents

第1章

FPGA 开发入门

本章导读

本章从 FPGA 的一些基本概念入手，将 ASIC、ASSP、ARM、DSP 与 FPGA 同台比对，同时对 FPGA 开发语言及主要厂商进行介绍；接着对 FPGA 技术在嵌入式应用中的优势和局限性进行讨论；最后简要论述 FPGA 的应用领域和开发流程。

1.1 FPGA 基础入门

1. FPGA 是什么

简单来说，FPGA 就是"可反复编程的逻辑器件"。图 1.1 展示了 Altera 公司的 Cyclone V SoC FPGA 器件，从外观上看，它和一般的 CPU 芯片没有太大差别。

FPGA 取自 Field Programmable Gate Array 这四个英文单词的首字母，译为"现场 (Field)可编程(Programmable)逻辑阵列(Gate Array)"。1985 年，Xilinx 公司的创始人之一 Ross Freeman 发明了现场可编程门阵列(FPGA)。Freeman 发明的 FPGA 是一块全部由"开放式门"组成的计算机芯片。采用该芯片，工程师可以根据需要进行灵活编程，添加各种新功能，以满足不断发展的协议标准或规范，甚至可以在设计的最后阶段对芯片进行修改和升级。Freeman 当时就推测，这种低成本、高灵活性的 FPGA 将成为各种应用中定制芯片的替代品。也正是由于此项伟大的发明，让 Freeman 于 2009 年荣登美国发明家名人堂。

而至于 FPGA 到底是什么，能够干什么，又有什么过人之处，下面就把它和它的"师兄师弟"们进行比较，给出这些问题的答案。

2. FPGA、ASIC 和 ASSP

抛开 FPGA 不提，大家一定都很熟悉 ASIC 与 ASSP。ASIC，即专用集成电路（Application

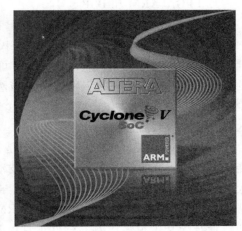

图 1.1　Altera 公司的 Cyclone V SoC FPGA 器件

Specific Integrated Circuit）；而 ASSP，即专用标准产品（Application Specific Standard Parts）。电子产品中，它们无所不在，还真是比 FPGA 的普及程度高。但是 ASIC 以及 ASSP 的功能相对固定，是为了专一功能或专一应用领域而生，希望对它们进行任何的功能和性能的改善往往是无济于事的。打个浅显的比喻，如图 1.2 所示，如果说 ASIC 或 ASSP 是布满铅字的印刷品，那么 FPGA 就是可以自由发挥的白纸。

图 1.2　ASIC/ASSP 和 FPGA（如同印刷品和白纸）

使用了 FPGA 器件的电子产品，在产品发布后仍然可以对产品设计作出修改，极大地方便了产品的更新以及针对新的协议或标准作出的相应改进，从而可以加速产品的上市时间，并降低产品的失败风险和维护成本。相对于无法对售后产品设计进行修改的 ASIC 和 ASSP 来说，这是 FPGA 特有的一个优势。由于 FPGA 可编程的灵活性以及近年来电子技术领域的快速发展，FPGA 也正在向高集成、高性能、低功耗、低价格的方向发展，并且逐渐具备了与 ASIC 和 ASSP 相当的性能，广泛地应用在各行各业的电子及通信设备中。

3. FPGA、ARM 和 DSP

与 ASIC 相比，FPGA、ARM 和 DSP 都具备与生俱来的可编程特性。或许身处开发第一线的底层工程师要说"不"了，很多 ASIC 不是也开放了一些可配置选项，实现"可编程"特性了吗？是的，但与 FPGA、ARM、DSP 能够"为所欲为"地任意操控整个系统而言，ASIC 的那点"可编程"性的确摆不上台面。当然，换个角度来看，FPGA、ARM 和 DSP 都或多或少集成了一些 ASIC 功能，而正是由于这些 ASIC 功能，加上"可编程"特性，使得它们相互区别开了，并且各自独霸一方。

ARM（Advanced RISC Machines）是微处理器行业的一家知名企业，设计了大量高性能、廉价、耗能低的 RISC 处理器、相关技术及软件。由 ARM 公司设计的处理器风靡全球，大有嵌入式系统无处不 ARM 的趋势。通常所说的 ARM，更多的是指 ARM 公司的处理器，即 ARM 处理器，如图 1.3 所示。ARM 通常包含一颗强大的处理器内核，并且为这颗处理器量身配套了很多成熟的软件工具以及高级编程语言，这也是它备受青睐的原因之一。当然，ARM 不只是一颗处理器，因为在 ARM 内核处理器周边，各种各样精于控制的外设比比皆是，如 GPIO、PWM、ADC/DAC、UART、SPI、IIC 等。ARM 善于控制和管理，在很多工业自动化中大有用武之地。

　　DSP(Digital Singnal Processor,数字信号处理器)是一种独特的微处理器,有自己的完整指令系统,能够进行高速、高吞吐量的数字信号处理。DSP 只专注一件事,就是对各种语音、数据和视频做运算处理;或者也可以说,DSP 是为各种数学运算量身打造的。图 1.4 展示了 DSP 处理器。

图 1.3　ARM 处理器

图 1.4　DSP 处理器

　　相比之下,套用近些年业内比较流行的一句广告词"All Programmable"来形容 FPGA (见图 1.5)再合适不过了。虽然 ARM 有很多外设,DSP 具备强大的信号运算能力,但在 FPGA 眼里,这些都不过是"小菜一碟"。这样说或许有些过了,但毫不夸张地讲,ARM 和 DSP 能做的,FPGA 也都能做;而 FPGA 可以做的,ARM 却不一定行,DSP 也不一定行。这就是在很多原型产品设计过程中,时不时有人会提出基于 FPGA 的方案了。在一些灵活性要求高、定制化程度高、性能要求也特别高的场合,FPGA 再合适不过了,甚至有时会是设计者唯一的选择。当然了,客观地来看,FPGA 固然强大,但它高高在上的成本、功耗和开发复杂性还是会让很多潜在的目标客户望而却步。而在这些方面,ARM 和 DSP 正好弥补了 FPGA 所带来的缺憾。

图 1.5　FPGA 器件

　　总而言之,在嵌入式系统设计领域,FPGA、ARM 和 DSP 互有优劣,各有所长。很多时候它们所实现的功能无法简单地相互替代,否则就不会见到如 TI 的 DaVinci 系列 ARM 中有 DSP、Xilinx 的 Zynq 或 Altera 的 SoC FPGA 中有 ARM 的共生现象了。FPGA、ARM 和 DSP,它们将在未来很长的一段时间内呈现三足鼎立的局面。

4. Verilog 与 VHDL

　　说到 FPGA,读者一定关心它的开发方式。FPGA 开发本质上就是一些逻辑电路的实现而已,因此早期的 FPGA 开发通过绘制原理图(和现在的硬件工程师绘制原理图的方式大体相仿)完成。而随着 FPGA 规模和复杂性的不断攀升,这种落后的设计方式几乎已经被大家遗忘,取而代之的是能够实现更好的编辑性和可移植性的代码输入方式。

　　说到 FPGA 的设计代码,经过近三十年的发展,只有 Verilog 和 VHDL 二者最终脱颖而出,成为了公认的行业标准。对于这两种不同的语法,它们的历史渊源、孰优孰劣这里就不提了。美国和中国台湾地区的逻辑设计公司大都以 Verilog 语言为主,国内目前学习和使用 Verilog 的人数也在逐渐超过 VHDL 的用户。从学习的角度来讲,Verilog 相对VHDL 有着快速上手、易于使用的特点,因此博得了更多工程师的青睐。即便是从来没有接触过 Verilog 的初学者,只要凭着一点 C 语言的底子加上一些硬件基础,很快就可以熟悉 Verilog 语法。当然,仅仅是入门还是远远不够的,真正掌握 Verilog 必须花费很多时间和精力,加上一些项目的实践,才会慢慢对可编程逻辑器件的设计有更深入的理解和认识。

5. Altera、Xilinx 和 Lattice

相对于互联网的那些"暴发户",半导体行业则更讲究历史底蕴,"今天丑小鸭,明天白天鹅"的故事要少得多,因此,两家历史最为久远的 FPGA 供应商 Altera 和 Xilinx 凭着一直以来的专注,确保了它们在这个行业的统治地位。当然,很大程度上也是由于 FPGA 技术相对于一般的半导体产品有着更高的门槛,从器件本身到一系列配套的工具链,再到终端客户的技术支持——这一箩筐的麻烦事,让那些行业"大佬们"想想就头疼,更别提"插足捣腾"一下了。

目前,FPGA 器件的主流厂商 Altera 公司(已被 Intel 公司收购)和 Xilinx 公司的可编程逻辑器件占到了全球市场的 60% 以上。从明面上的"竞争对手"到今天暗地里还客气地互称"友商",不难看出两家公司虽然有"明争暗斗",但确实也不经意间地彼此促进,互相激励。的确,FPGA 的发展史充斥着这两家公司不断上演的"你方唱罢我登场"的情节,并且偶尔也会有第三者(如 Lattice 小弟)的"插足"戏份。经过多年发展,各方重新定位,Altera 和Xilinx 已牢牢把持住象征统治地位的中高端市场,而 Lattice 也只能在低端市场中发挥作用。

不论是 Altera、Xilinx 还是 Lattice,甚至一些后来者,如国内 FPGA 厂商京微雅格,它们的 FPGA 器件内部结构虽然略有差异,但在开发流程、开发工具乃至原厂提供的各种支持上,都是"换汤不换药"。所以,这对用户而言,绝对是一个福音——只要掌握一套方法论,则对任何厂商的器件都可以游刃有余。

1.2 FPGA 的优势在哪里

若要准确评估 FPGA 技术能否满足开发产品的功能、性能以及其他各方面的需求,深入理解 FPGA 技术是至关重要的。在产品的整个生命周期中,如果产品功能必须进行较大的升级或变更,那么使用 FPGA 技术来实现就会有很大的优势。

在考虑是否使用 FPGA 技术来实现目标产品时,需要重点从以下几方面进行评估。

- 可升级性——产品在设计过程中,甚至将来产品发布后,是否有较大的功能升级需求?是否应该选择具有易于更换的同等级、不同规模的 FPGA 器件?
- 开发周期——产品开发周期是否非常紧迫?若使用 FPGA 开发,是否比其他方案具有更高的开发难度?能否面对必须在最短的时间内开发出产品的挑战?
- 产品性能——对产品的数据速率、吞吐量或处理能力是否有特殊要求?是否应该选择性能更好或速度等级更快的 FPGA 器件?

- 实现成本——是否有基于其他 ASIC、ARM 或 DSP 的方案,能够以更低的成本实现设计？ FPGA 开发所需的工具、技术支持、培训等额外的成本有哪些？ 通过开发可复用的设计,是否可以将开发成本分摊到多个项目中？ 是否有已经实现的参考设计或者 IP 核可供使用？
- 可用性——器件的性能和尺寸的实现,是否可以赶上量产？ 是否有固定功能的器件可以代替？ 在产品及其衍生品的开发过程中,是否实现了固定功能？
- 其他限制因素——产品是否要求低功耗设计？ 电路板面积是否大大受限？ 工程实现中是否还有其他的特殊限制？

基于以上的考虑因素,可以从以下三大方面总结出在产品的开发或产品的生命周期中,使用 FPGA 技术实现所能够带来的潜在优势。

- 灵活性:可重编程,可定制;易于维护,方便移植、升级或扩展;降低一次性工程费用(NRE)成本,加速产品上市时间;支持丰富的外设接口,可根据需求配置。
- 并行性:更快的速度、更高的带宽;满足实时处理的要求。
- 集成性:更多的接口和协议支持;可将各种端接匹配元件整合到器件内部,有效降低物料(BOM)成本;单片解决方案,可以替代很多数字芯片;减少板级走线,有效降低布局布线难度。

当然,FPGA 不是万能的。 FPGA 技术也存在着一些固有的局限性。 从以下这些方面看,选择 FPGA 技术来实现产品的开发设计有时并不是明智的决定。

- 在某些性能上,FPGA 可能比不上专用芯片;或者至少在稳定性方面,FPGA 可能要逊色一些。
- 如果设计不需要太多的灵活性,FPGA 的灵活性反而是一种浪费,会潜在地增加产品的成本。
- 相比特定功能、应用集中的 ASIC,使用 FPGA 实现相同功能可能产生更高的功耗。
- 在 FPGA 中除了实现专用标准器件(ASSP)所具有的复杂功能外,还得添加一些额外的功能,实属一大挑战。 FPGA 的设计复杂性和难度可能会给产品的开发带来一场噩梦。

1.3　FPGA 应用领域

FPGA 目前虽然还受制于较高的开发门槛以及器件本身昂贵的价格,应用的普及率和 ARM、DSP 还有一定的差距,但是在非常多的应用场合,工程师们还是会别无选择地使用它。 FPGA 所固有的灵活性和并行性是其他芯片所不具备的,所以它应用领域很广。 从技术角度来看,主要应用于以下场合:

- 逻辑粘合,如一些嵌入式处理常常需要地址或外设扩展,CPLD 器件尤其适合。 已经少有项目会选择 FPGA 器件专门用于逻辑粘合的应用,但是在已经使用的 FPGA 器件中顺便做些逻辑粘合的工作倒是非常普遍。
- 实时控制,如液晶屏或电机等设备的驱动控制,此类应用也以 CPLD 或低端 FPGA 为主。

- 高速信号采集和处理,如高速 A/D 前端或图像前端的采集和预处理,近年来持续升温的机器视觉应用也几乎无一例外地使用了 FPGA 器件。
- 协议实现,如更新较快的各种有线和无线通信标准、广播视频及其编解码算法、各种加密算法等,使用 FPGA 比 ASIC 更有竞争力。
- 各种原型验证系统,由于工艺的提升,流片成本也不断攀升,而在流片前使用 FPGA 做前期的验证已成为非常流行的做法。
- 片上系统,如 Altera 公司的 SoC FPGA 和 Xilinx 公司的 Zynq 系列 FPGA 器件,既有成熟的 ARM 硬核处理器,又有丰富的 FPGA 资源,大有单芯片一统天下的架势。

当然,若从具体的应用领域来看,FPGA 在电信、无线通信、有线通信、消费电子产品、视频和图像处理、车载、航空航天和国防、ASIC 原型开发、测试测量、存储、数据安全、医疗电子、高性能计算以及各种定制设计中都有涉猎,如图 1.6 所示。总而言之,FPGA 所诞生并发展的时代是一个好时代,与生俱来的一些特性也注定了它将会在这个时代的大舞台上大放光彩。

图 1.6　FPGA 应用领域

1.4　FPGA 开发流程

图 1.7 所示的流程图是一个相对较高等级的 FPGA 开发流程,从项目提上议程开始,设计者需要进行 FPGA 功能的需求分析,然后进行模块的划分,比较复杂和庞大的设计,则会通过模块划分把工作交给一个团队的多人协作完成。各个模块的具体任务和功能划分完毕(通常各个模块间的通信和接口方式也同时被确定),则可以着手进行详细设计,包括代码的编写、综合优化、实现(映射或布局布线)。为了保证设计达到预期要求,各种设计的约束输入以及仿真验证也穿插其间。最终在 EDA 工具上验证无误,则可以生成下载配置文件,烧录到实际器件中进行板级的调试工作。从图 1.7 中的箭头示意不难看出,设计的迭代性是 FPGA 开发过程中的一个重要特点,这也就要求设计者从设计一开始就要非常认真细致,来不得半点马虎,否则后续的很多工作量可能就是不断地返工。

当然,对于没有实际工程经验的初学者而言,这个流程图可能不是那么容易理解。不

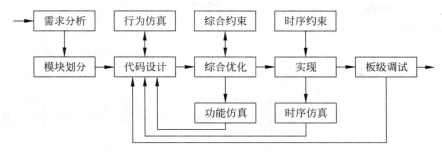

图 1.7　FPGA 开发流程

过,没有关系,可以简化这个过程,下面从实际操作角度,以一个比较简化的顺序方式来理解这个流程。

如图 1.8 所示,从大的方面来看,FPGA 开发流程分为 3 个阶段。第 1 个阶段是概念阶段,或者称为架构阶段,任务是项目前期的立项准备,如需求的定义和分析、各个设计模块的划分;第 2 个阶段是设计实现阶段,即详细设计阶段,包括编写 RTL 代码,并对其进行初步的功能验证、逻辑综合和布局布线、时序验证;第 3 个阶段是 FPGA 器件实现,除了器件烧录和板级调试外,其实这个阶段也应该包括第 2 个阶段的布局布线和时序验证,因为这两个步骤都是和 FPGA 器件紧密相关的。这种简略的 3 个阶段的划分并没有把 FPGA 整个的设计流程完全孤立开来,恰恰相反,从这种阶段划分中,也看到了 FPGA 设计的各个环节是紧密衔接、相互影响的。

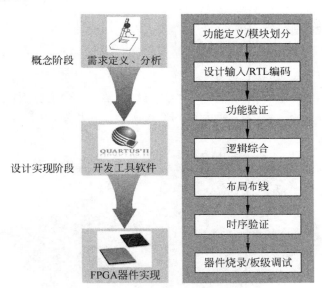

图 1.8　简化的 FPGA 开发流程

第2章

实验平台"勇敢的芯"板级电路详解

本章导读

　　本书所涉及的所有实践工程将基于一块特定的 FPGA 开发板。这块开发板上既有以 Altera Cyclone Ⅳ FPGA 为基础的 FPGA 器件,也有诸如 ADC/DAC、UART、SRAM、RTC 芯片、矩阵按键、VGA 接口、蜂鸣器、数码管、流水灯、拨码开关等常见外设,同时其外扩的 I/O 接口也可以控制超声波测距模块和 LCD 显示模块。本章将对基于 FPGA 的最小系统的各个设计要素进行讨论,同时也会对板载的相关外设以及外扩电路模块进行介绍,并且穿插着对电路设计要点做一些介绍。

2.1　板级电路整体架构

　　"勇敢的芯"FPGA 实验平台是特权同学和至芯科技携手打造的一款基于 Altera Cyclone Ⅳ FPGA 器件的入门级 FPGA 学习平台(该学习平台实验板的型号为 SF-CY4,后文简称 SF-CY4 或 CY4)。图 2.1 所示为 FPGA 实验板实物图。

图 2.1　FPGA 实验板实物图

该实验平台板载丰富的常用外设,提供丰富的 FPGA 例程,包括逻辑例程和 Nios Ⅱ 例程。图 2.2 所示是整板的外设器件示意图。

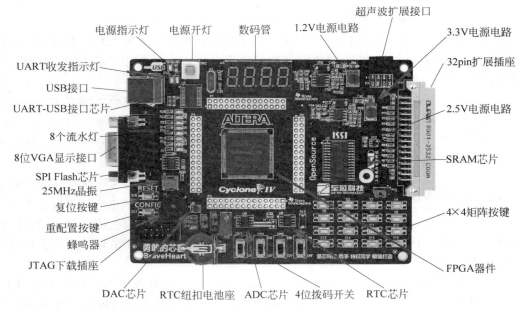

图 2.2　FPGA 实验板外设器件示意图

如图 2.3 所示,围绕着 FPGA 器件,各个外设信号接口的连接一览无遗。

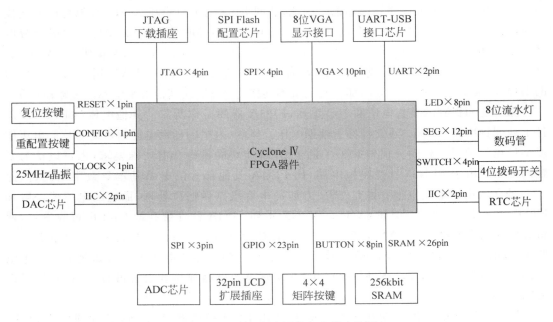

图 2.3　FPGA 实验板接口芯片连接图

2.2　电源电路

　　与任何电子元器件一样，FPGA 器件需要有电源电压的供应才能工作。尤其对于规模较大的器件，其功耗也相对较高，供电系统的好坏将直接影响整个开发系统的稳定性。所以，设计出高效率、高性能的 FPGA 供电系统具有极其重要的意义。

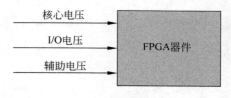

图 2.4　FPGA 器件的供电电压

　　不同的 FPGA 器件、不同的应用方式会有不同的电压、电流的需求。如图 2.4 所示，简单地归纳，可以将 FPGA 器件的电压需求分为三类：核心电压、I/O 电压和辅助电压。

　　核心电压是 FPGA 内部各种逻辑电路正常工作运行所需要的基本电压。该电压用于保证 FPGA 器件本身的工作。通常选定某一款 FPGA 器件，其核心电压一般是一个固定值，不会因为电路的不同而改变。核心电压值可以从官方提供的器件手册中找到。

　　I/O 电压，顾名思义便是，FPGA 的 I/O 引脚工作所需的参考电压。在引脚排布上，FPGA 与 ASIC 最大的不同便是，FPGA 所有的可用信号引脚基本都可以作为普通 I/O 使用，其电平值的高低完全由器件内部的逻辑决定。当然，它的高低电平标准也受限于所供给的 I/O 电压。任何一片 FPGA 器件，它的 I/O 引脚通常会根据排布位置分为多个 bank。同一个 bank 内的所有 I/O 引脚所供给的 I/O 电压都是共用的，可以给不同的 bank 提供不同的 I/O 电压，它们彼此是不连通的。因此，不同 bank 的 I/O 电压为 FPGA 器件的不同接口应用提供了灵活性。这里举个例子，Cyclone Ⅳ 系列器件的某些 bank 支持 LVDS 差分电平标准，此时器件手册会要求设计者给用于 LVDS 差分应用的 I/O bank 提供 2.5V 电压，这就不同于一般的 LVTTL 或 LVCOMS 的 3.3V 供电需求。而一旦这些用于 LVDS 传输的 I/O bank 电压供给为 2.5V，那么它们就不能作为 3.3V 或其他电平值标准传输使用了。

　　除了前面提到的核心电压和 I/O 电压，FPGA 器件工作所需的其他电压（如 FPGA 器件下载配置所需的电压）通常都称为辅助电压。当然，这里的辅助电压值可能与核心电压值或 I/O 电压值是一致的。很多 FPGA 的 PLL 功能块的供电会有特殊要求，也可以认为是辅助电压。由于 PLL 本身是模拟电路，而 FPGA 其他部分的电路基本是数字电路，因此 PLL 的输入电源电压也很有讲究，需要专门的电容电路做滤波处理，而它的电压值一般和 I/O 电压值不同。此外，例如 Cyclone Ⅴ GX 系列 FPGA 器件带高速 Gbit 串行收发器，通常有额外的参考电压；MAX10 系列器件的 ADC 功能引脚电路也需要额外的参考电压；一些带 DDR3 控制器功能的 FPGA 引脚上通常也有专门的参考电压……诸如此类的参考电压都可以归类为 FPGA 的辅助供电电压，在实际电源电路连接和设计过程中，都必须予以考虑。

　　目前比较常见的供电解决方案主要是使用 LDO 稳压器、DC/DC 芯片或电源模块。LDO 稳压器具有电路设计简单、输出电源电压纹波低的特点，但是它的一个明显劣势是效率也很低；基于 DC/DC 芯片的解决方案能够保证较高的电源转换效率，散热容易一些，输出电流也更大,是大规模 FPGA 器件的最佳选择;而电源模块简单实用,并且有更稳定的性能,只不过价格通常比较昂贵,在成本要求不敏感的情况下,是 FPGA 电源设计最为简单快捷的解决方案。在 LDO 稳压器、DC/DC 芯片或电源模块的选择上,一般遵循以下原则:

- 电流低于 100mA 的电压,可以考虑使用 LDO 稳压器产生,因为电路简单,使用元器件少,PCB 面积占用小,且成本也相对低廉。
- 对电源电压的纹波极为敏感的供电系统考虑使用 LDO,如 CMOS 传感器的模拟供电电压、ADC 芯片的参考电压等。
- 除了上述情况,一般在电流较大、对电源电压纹波要求不高的情况下,都尽量考虑使用 DC/DC 电路,因为它能够提供大电流供电及最佳的电源转换效率。
- 对于电源模块,多在对成本不敏感(如军工产品等)、板级 PCB 空间较大的应用中使用,它其实是 LDO 稳压器和 DC/DC 电路优势的整合。

通常而言,对于 FPGA 器件电源方案的选择以及电源电路的设计,一定要事先做好前期的准备工作,以下几点是必须考虑的:

- 器件需要供给几挡电压,电压值分别是多少?
- 不同电压挡的最大电流要求是多少?
- 不同电压挡是否有上电顺序要求?(大部分的 FPGA 器件是没有此项要求的)
- 电源去耦电容该如何分配和排布?
- 电源电压是否需要设计特殊的去耦电路?

关于设计者需要确定的各种电气参数以及电源设计的各种注意事项,其实在器件厂商提供的器件手册(handbook)、应用笔记(application notes)或是白皮书(white paper)中一般都会给出参考设计。所以,设计者若希望能够较好地完成 FPGA 器件的电源电路设计,事先阅读大量的官方文档是必需的。

说到电源,也不能不提一下地端(GND)电路的设计。FPGA 器件的地信号通常是和电压配对的。一般应用中,统一共地连接是没有问题的,但也需要注意特殊应用中是否有隔离要求。FPGA 器件的引脚引出的地信号之间通常是导通的,当然,也不能排除例外的情况。如果漏接个别地信号,器件通常也能正常工作,但也会有一些特殊的状况,如 Altera 的 Cyclone Ⅲ 器件底部的中央有个接地焊盘,如果设计中忽略了这个接地信号,那么 FPGA 很可能就不工作了,因为这个地信号是连接 FPGA 内部很多中间信号的地端,它并不和 FPGA 的其他地信号直接导通。因此,在设计中一定要留意地信号的连接,因为对电源电路的任何细小疏忽都有可能导致器件的罢工。

如图 2.5 所示,CY4 实验平台由计算机的 USB 端口进行供电,通常可以提供 5V/0.5A 的电压/电流。5V 电压输入到两个 DC/DC 电路,分别产生 3.3V 和 1.2V 的电压,DC/DC 芯片支持的最大电流可以达到 3A,当然 FPGA 器件实际上根本不需要这么大的电流。之所以采用 DC/DC 电路产生 3.3V 和 1.2V 电压,是考虑到 3.3V 是 FPGA 的 I/O 电压,也是板上大多数外设的供电电压,它的电流相对较大,而 1.2V 是 FPGA 器件的核电压,电流也较大;因此,它们使用 DC/DC 电路更合适,既可以保证较大电流需求,又能够实现更好的电源转换效率。而 2.5V 电压使用 3.3V 转 2.5V 的 LDO 电路,是由于 2.5V 仅仅只是在 FPGA 的下载配置电路使用,电流相对较小,对转换效率要求也不高,使用简单的 LDO 电路更"经济实惠"一些。

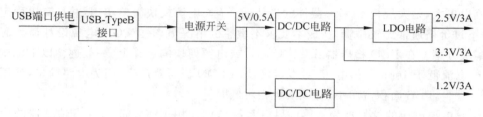

图 2.5　电源电路示意图

　　图 2.6 所示是电源电路的电路板设计示意图,为了获得更强的电流供给能力、更高的电源转换效率,只能通过使用更多的分离元器件和更大的布板空间来"妥协"。

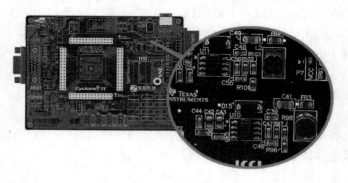

图 2.6　电源电路的电路板设计示意图

2.3　复位与时钟电路

2.3.1　关于 FPGA 器件的时钟

　　如图 2.7 所示,理想的时钟模型是一个占空比为 50％且周期固定的方波。T_{clk} 为一个时钟周期,T_1 为高脉冲宽度,T_2 为低脉冲宽度,$T_{clk}=T_1+T_2$。一般情况下,FPGA 器件内部的逻辑会在每个时钟周期的上升沿执行一次数据的输入和输出处理,在两个时钟上升沿的空闲时间里,则可以用于执行各种各样复杂的处理。而一个比较耗时的复杂运算过程,往往无法在一个时钟周期内完成,可以切割成几个耗时较少的运算,然后在数个时钟上升沿后输出最终的运算结果。时钟信号的引入,不仅让所有的数字运算过程变成"可量化"的,而且也能够将各种不相关的操作过程同步到一个节拍上协同工作。

　　FPGA 器件的时钟信号源一般来自外部,通常使用晶体振荡器(简称晶振)产生时钟信号。当然,一些规模较大的 FPGA 器件内部都会有可以对时钟信号进行倍频或分频的专用时钟管理模块,如 PLL 或 DLL。由于 FPGA 器件内部使用的时钟信号往往不止供给单个寄存器使用,在实际应用中,成百上千甚至更多的寄存器很可能共用一个时钟源,那么从时钟源到不同寄存器间的延时也可能存在较大偏差(通常称为时钟网络延时)。这个时间差过大是很严重的问题。因此,FPGA 器件内部设计了一些称之为"全局时钟网络"的走线池。通过这种专用的时钟网络走线,同一时钟到达不同寄存器的时间差可以被控制在很小的范

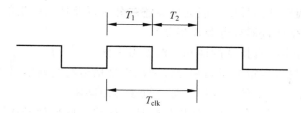

图 2.7　理想的时钟波形

围内。有多种方式可保证输入的时钟信号能够走"全局时钟网络"：对于外部输入的时钟信号，只要将晶振产生的时钟信号连接到"全局时钟专用引脚"上；而对于 FPGA 内部的高扇出控制信号，通常工具软件会自动识别此类信号，将其默认连接到"全局时钟网络"上，设计者若是不放心，还可通过编译报告进行查看，甚至可以手动添加这类信号。关于时钟电路的设计和选型，需考虑以下基本事项：

- 系统运行的时钟频率是多少？（可能有多个时钟）
- 是否有内部的时钟管理单元可用？（通常是有）它的输入频率范围为多少？（需要查看器件手册进行确认）
- 尽可能选择专用的时钟输入引脚。

关于 FPGA 时钟电路的 PCB 设计，通常需要遵循以下原则：

- 时钟晶振源应该尽可能放在与其连接的 FPGA 时钟专用引脚的临近位置。
- 时钟线尽可能走直线。如果无法避免转弯走线，则使用 45°线，尽量避免 T 型走线和直角走线。
- 不要同时在多个信号层走时钟线。
- 时钟走线不要使用过孔，因为过孔会导致阻抗变化及反射。
- 靠近外层的地层能够最小化噪声。如果使用内层走时钟线，则要有良好的参考平面，且走带状线。
- 时钟信号应该有终端匹配电路，以最小化反射。
- 尽可能使用点到点的时钟走线。
- 如图 2.8 所示，对于时钟差分对的走线，必须严格按照 $D > 2S$ 的规则，以最小化相邻差分对间的串扰。

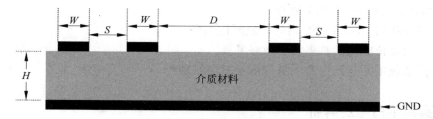

图 2.8　时钟差分对的间隔

- 确保整个差分对在整个走线过程中的线间距恒定。
- 确保差分对的走线等长，以最小化偏斜和相移。
- 同一网络走线过程中避免使用多个过孔，以确保阻抗匹配和更低的感抗。
- 高频的时钟和 USB 差分信号对走线尽可能短。

- 高频时钟或周期性信号尽可能远离高速差分对以及任何引出的连接器（如 I/O 连接器、控制和数据连接器或电源连接器）。
- 应当保证所有走线有持续的地和电源参考平面。
- 为了最小化串扰，尽量缩短高频时钟或周期性信号与高速信号并行走线的长度。推荐的最小间距是 3 倍的时钟信号与最近参考面间距。
- 当一个时钟驱动多个负载时，使用低阻抗传输线以确保信号通过传输线。
- 信号换层时使用回路过孔。
- 同步时钟的延时应该与数据相匹配，确保时钟与同步数据总线在同一层走线，以最小化不同层之间的传输速率差异。

2.3.2 关于 FPGA 器件的复位

FPGA 器件在上电后都需要有一个确定的初始状态，以保证器件内部逻辑快速进入正常的工作状态。因此，FPGA 器件外部通常会引入一个用于内部复位的输入信号，这个信号称之为复位信号。对于低电平有效的复位信号，当它的电平为低电平时，系统处于复位状态；当它从低电平变为高电平时，则系统撤销复位，进入正常工作状态。由于在复位状态期间，各个寄存器都赋予输出信号一个固定的电平状态，因此在随后进入正常工作状态后，系统便拥有了所期望的初始状态。

复位电路的设计也很有讲究，一般的设计是期望系统的复位状态能够在上电进入稳定工作状态后多保持一点时间。因此，阻容复位电路可以胜任一般的应用。如果需要得到更稳定可靠的复位信号，则可以选择一些专用的复位芯片。复位信号和 FPGA 器件的连接也有讲究，通常会有专用的复位输入引脚。

至于上电复位延时的长短，也是很有讲究的。因为 FPGA 器件是基于 RAM 结构的，它通常需要用于配置的外部 ROM 或 Flash 进行上电加载，在系统上电稳定后，FPGA 器件首先需要足够的时间用于配置加载操作，只有在这个过程结束之后，FPGA 器件才能够进入正常的用户运行模式。如果上电复位延时过短，等同于 FPGA 器件根本就没有复位过程；如果上电复位延时过长，那么对系统性能甚至用户体验都会有不同程度的影响。因此，设计者在实际电路中必须对此做好考量，保证复位延时时间的长短恰到好处。关于 FPGA 器件的复位电路，需要注意以下几个要点：

- 尽可能使用 FPGA 的专用时钟或复位引脚。
- 对上电复位时间的长短需要做好考量。
- 确保系统正常运行过程中复位信号不会误动作。

2.3.3 实验平台电路解析

FPGA 的时钟输入都有专用引脚，通过这些专用引脚输入的时钟信号，在 FPGA 内部可以很容易地连接到全局时钟网络上。所谓全局时钟网络，是 FPGA 内部专门用于走一些有高扇出、低时延要求的信号的走线池，这样的资源相对有限，但是非常实用。FPGA 的时钟和复位通常是需要走全局时钟网络的。

　　如图 2.9 所示,25MHz 有源晶振和阻容复位电路产生的时钟信号和复位信号分别连接到 FPGA 的专用时钟输入引脚 CLK_0 和 CLK_1 上。

　　如图 2.10 所示,所使用的 FPGA 器件共有 8 个专用时钟输入引脚,在不作时钟输入引脚功能使用时,这些引脚也可以作为普通输入引脚。例如,电路中只使用了 CLK_0 和 CLK_1 作为专用时钟引脚功能,那么其他 6 个引脚则作为普通的输入引脚功能。

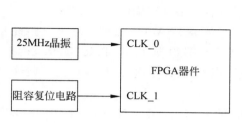

图 2.9　复位与时钟电路示意图

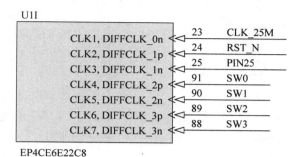

图 2.10　时钟专用输入引脚

　　FPGA 上电复位时间需要大于 FPGA 器件启动后的配置加载时间,这样才能够确保 FPGA 运行后的复位初始化过程有效。

　　可以来看看这个电路的设计是否满足实际要求。查询器件手册中关于上电配置时间的计算,有如下的公式:

$$配置数据量×(最低的 DCLK 时钟周期/bit)=最大的配置时间$$

其中,所使用 FPGA 器件 EP4CE6 的配置数据量为 2 944 088bit,最低的 SPI Flash 传输时钟 DCLK 通常为 20MHz(经实测,一般情况下 DCLK 时钟频率为 32MHz),那么由此便可计算出最大的配置时间为:2 944 088bit×(50ns/bit)=148ms。

　　另外,从器件手册上,可以查询到复位输入引脚作为 3.3V LVTTL 标准电平的最低 VIH 电压值是 1.7V,由此便可计算阻容复位电路从 0V 上升到 1.7V 所需的时间。

　　设 V_0 为电容上的初始电压值,V_1 为电容最终可充到或放到的电压值,V_t 为 t 时刻电容上的电压值,则有公式 $t=RC×\ln[(V_1-V_0)/(V_1-V_t)]$,求充电到 1.7V 的时间。

　　将已知条件 $V_0=0V$,$V_1=3.3V$,$V_t=1.7V$ 代入上式得

$$1.7=0+3.3×[1-\exp(-t/RC)]$$

算得 $t=0.7239RC$。

　　代入 $R=47k\Omega$,$C=10\mu F$,得 $t=0.34s$,即 340ms。

　　由此验证了阻容复位的时间远大于 FPGA 器件的上电复位时间。当然,这里没有考虑 FPGA 器件从上电到开始配置运行所需的电压上升时间,一般这个时间不会太长,所以阻容复位肯定是有效的。如果需要最终确认,还是要通过示波器来观察实际信号的延时情况。

2.4　FPGA 下载配置电路

　　20 世纪 80 年代,联合测试行为组织(Joint Test ActI/On Group,JTAG)制定了主要用于 PCB 和 IC 的边界扫描测试标准。该标准于 1990 年被 IEEE 批准为 IEEE 1149.1—1990

测试访问端口和边界扫描结构标准。随着芯片设计和制造技术的快速发展,JTAG 越来越多地被用于电路的边界扫描测试和可编程芯片的在线系统编程。

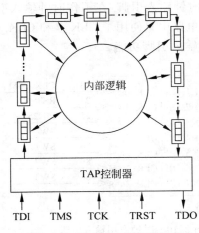

图 2.11 JTAG 边界扫描原理

FPGA 器件都支持 JTAG 进行在线配置,JTAG 边界扫描的基本原理如图 2.11 所示。在 FPGA 器件内部,边界扫描寄存器由 TDI 信号作为数据输入,TDO 信号作为数据输出,形成一个很长的移位寄存器链。而 JTAG 通过整个寄存器链,可以配置或者访问 FPGA 器件的内部逻辑状态和各个 I/O 引脚的当前状态。

在这里不过多地研究 JTAG 的原理。对于电路设计来说,JTAG 的四个信号引脚 TCK、TMS、TDI、TDO(TRST 信号一般可以不用)以及电源、地连接到下载线即可。

说到 FPGA 的配置,这里不得不提一下它们和 CPLD 内部存储介质的不同。由于 CPLD 大都是基于 PROM 或 Flash 来实现可编程特性,因此对其进行在线编程时就已将配置数据流固化好了,重新上电后还能够运行固有的配置数据;FPGA 大都基于 SRAM 来实现可编程特性。换句话说,通过 JTAG 实现在线编程时,在保持不断电的情况下,FPGA 能够正常运行,而一旦掉电,SRAM 数据将丢失,FPGA 会一片空白,无法继续运行任何既定功能。因此,FPGA 通常需要外挂一个用于保存当前配置数据流的 PROM 或 Flash 芯片,通常称之为"配置芯片",CPLD 则不需要。

因此,对于 FPGA 器件,若希望它产品化,可以脱机(计算机)运行,那么就必须在板级设计时考虑它的配置电路。也不用太担心,FPGA 厂商的器件手册里通常也会给出推荐的配置芯片和参考电路,大多数情况下依葫芦画瓢便可。当然,板级设计还是马虎不得,有以下几个方面还是需要注意的:

- 配置芯片尽量靠近 FPGA。
- 考虑配置信号的完整性问题,必要时增加阻抗匹配电阻。
- 部分配置引脚可以被复用,但是要谨慎使用,以免影响器件的上电配置过程。

FPGA 配置电路的设计是非常重要的,相关信号引脚通常都是固定并且专用的,需要参考官方推荐电路进行连接。

图 2.12 所示是 FPGA 下载和配置的示意图。在图 2.12 的左侧,DC10 插座将 FPGA 器件的 JTAG 专用引脚 TCK、TMS、TDI、TDO 引出,通过 USB-Blaster 下载器可以连接这个 DC10 插座和计算机,实现从计算机的 Quartus Ⅱ 软件到 FPGA 器件的在线烧录或配置芯片(SPI Flash)的固化。而在图 2.12 的右侧,SPI Flash 作为 FPGA 器件的配置芯片,FPGA 器件的固化代码可以存储在 SPI Flash 中,当 FPGA 器件每次上电时,都会直接从 SPI Flash 中读取固化代码并运行。

为了实现图 2.12 配置电路的正常工作,还需要将 MSEL0、MSEL1、MSEL2 引脚分别连接到 GND/2.5V/GND,如图 2.13 所示。这是设定 FPGA 器件在上电后直接进入 AS 配置模式,即从 SPI Flash 的固化代码启动运行。需要特别说明的是,无论 MSEL0、MSEL1、MSEL2 引脚如何设置,当 JTAG 在线配置 FPGA 时,FPGA 器件都会优先运行 JTAG 最新

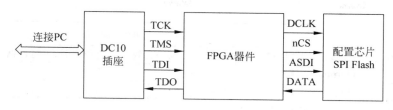

图 2.12　FPGA 下载和配置示意图

烧录的代码,如图 2.13 所示。CONF_DONE、nCONFIG、nSTATUS 三个信号则分别上拉到 3.3V,同时 nCONFIG 连接按键 S17,可以通过这个按键使 FPGA 器件重新加载配置代码。

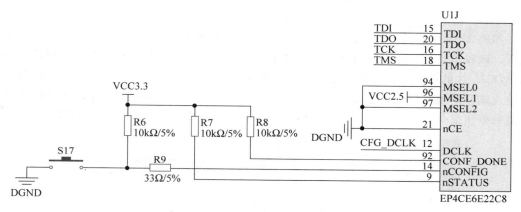

图 2.13　FPGA 配置引脚连接电路

2.5　SRAM 接口电路

如图 2.14 所示,FPGA 与 SRAM 芯片的连接主要是控制信号、地址总线和数据总线。

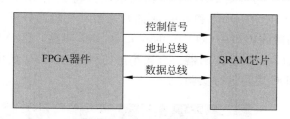

图 2.14　FPGA 与 SRAM 芯片连接示意图

表 2.1 是 FPGA 与 SRAM 芯片的引脚信号定义。

表 2.1　FPGA 与 SRAM 芯片引脚信号定义

信号名	方　向	功　能　描　述
SRAM_CS_N	Output	SRAM 片选信号,低电平有效
SRAM_OE_N	Output	SRAM 输出使能信号,低电平有效。该信号拉低,同时 SRAM_WE_N 为高电平时,可读取 SRAM 数据

续表

信 号 名	方　向	功 能 描 述
SRAM_WE_N	Output	SRAM 写使能信号,低电平有效。该信号拉低,可写数据到 SRAM 中
SRAM_A0-14	Output	SRAM 地址总线
SRAM_D0-7	Inout	SRAM 数据总线

注:方向是针对 FPGA 器件而言的。

2.6　ADC/DAC 芯片电路

如图 2.15 所示,FPGA 通过一组 IIC 总线连接到 DAC 芯片,使其输出一个特定的模拟电压。该模拟电压既可以通过跳线帽选择输出到 LED 上(可观察 LED 的亮暗,直观地感受到 ADC 芯片的输出),也可以通过跳线帽输出到 ADC 芯片的模拟输入端口。ADC 芯片模拟输入端口的跳线帽除了可以选择输入 DAC 芯片的模拟输出电压,也可以选择输入可调电阻的分压信号。FPGA 通过一组类似 SPI 总线的接口实现 ADC 芯片的数据读取操作。

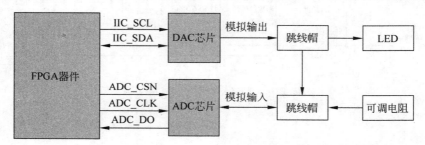

图 2.15　FPGA 与 ADC/DAC 芯片连接示意图

ADC/DAC 芯片的跳线帽和可调电阻器如图 2.16 所示。若 DAC 芯片的跳线帽短路(即 P9 的 pin1 和 pin2 短路),则 DAC 芯片输出电压值将驱动 LED 指示灯状态。若 ADC 芯片的跳线帽短路(即 P10 的 pin1 和 pin2 短路),则滑动变阻器分压值将作为 ADC 芯片的输入;若 ADC 芯片的跳线帽短路(即 P10 的 pin2 和 pin3 短路),则 DAC 芯片的输出电压值将作为 ADC 芯片的输入。滑动变阻器上金属小旋钮可以对 3.3V 的电压进行分压,产生的分压值可以输入到 ADC 芯片进行实验。

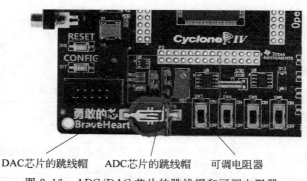

　　DAC芯片的跳线帽　　ADC芯片的跳线帽　　可调电阻器

图 2.16　ADC/DAC 芯片的跳线帽和可调电阻器

表 2.2 是 FPGA 与 A/D 和 D/A 芯片的引脚信号定义。

表 2.2　FPGA 与 A/D 和 D/A 芯片引脚信号定义

信号名	方　向	功 能 描 述
ADC_CLK	Output	A/D 芯片时钟信号，每个时钟上升沿锁存数据
ADC_DO	Input	A/D 芯片数据输出信号，对应 FPGA 的数据输入信号
ADC_CSN	Output	A/D 芯片片选信号，低电平有效
DAC_IIC_SCK	Output	D/A 芯片 IIC 接口时钟信号
DAC_IIC_SDA	Inout	D/A 芯片 IIC 接口数据信号

注：方向是针对 FPGA 器件而言的。

2.7　UART 接口电路

FPGA 与 UART 外设的连接如图 2.17 所示。FPGA 器件通过 UART 转 USB 芯片 PL2303 将标准的 UART 协议转换为 USB 协议，在计算机端安装驱动后，便是一个虚拟串口实现 UART 的传输。

如图 2.18 所示，UART 最终通过这个 USB 接口与计算机连接，建立起虚拟串口通信。

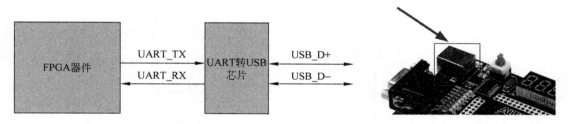

图 2.17　FPGA 与 UART 外设连接示意图　　　　图 2.18　USB 接口示意图

表 2.3 为 FPGA 与 UART 转 USB 芯片的引脚信号定义。

表 2.3　FPGA 与 UART 转 USB 芯片的引脚信号定义

信号名	方向	功能描述
UART_TX	Output	UART 发送信号
UART_RX	Input	UART 接收信号

注：方向是针对 FPGA 器件而言的。

2.8　RTC 接口电路

FPGA 与 RTC 外设的连接如图 2.19 所示。RTC 芯片 PCF8563T 外接纽扣电池，在电路板本身不供电时提供电源，而 FPGA 与 RTC 芯片之间通过 IIC 总线进行数据交互。

RTC 芯片的电路如图 2.20 所示，重点关注 RTC 芯片的供电，即 U6-8 引脚的连接。VCC_RTC 为纽扣电池的供电，VCC3.3 为电路板外部电源产生的 3.3V 电压。当电路板不

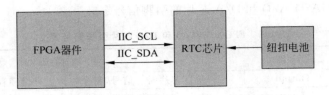

图 2.19　FPGA 与 RTC 外设连接示意图

外接电源时,即 VCC3.3 不供电时,二极管 SS14 截止,这样 VCC_RTC 只给 RTC 芯片供电,但不会对电路板的其他外设供电;板子供电时,二极管 SS14 导通,VCC3.3 和 VCC_RTC 电源之间有 200kΩ 的电阻 R36 隔离,一般纽扣电池电压不会高于 3V,因此 RTC 芯片主要由 VCC3.3 供电。这里的 200kΩ 电阻 R36 也对纽扣电池供电起到限流的作用,RTC 芯片不通信时的电流非常小。

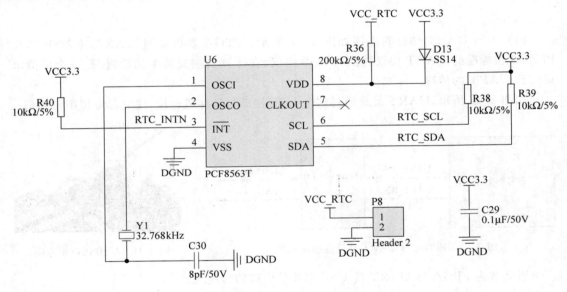

图 2.20　RTC 芯片的供电电路

表 2.4 为 FPGA 与 RTC 芯片的引脚信号定义。

表 2.4　FPGA 与 RTC 芯片的引脚信号定义

信号名	方向	功能描述
RTC_IIC_SCL	Output	RTC 芯片的 IIC 时钟信号
RTC_IIC_SDA	Inout	RTC 芯片的 IIC 数据信号

注:方向是针对 FPGA 器件而言的。

2.9　4×4 矩阵按键电路

FPGA 与 4×4 矩阵按键的连接如图 2.21 所示。矩阵按键的横、纵方向各有 4 个信号连接到 FPGA 引脚,FPGA 可以通过给横方向的 4 个信号输出电平,采集纵方向 4 个信号的输入电平,从而得到具体触发按下的键位。

如图 2.22 所示,P12 插座可以用于控制矩阵按键的 S1、S2、S3、S4 工作于矩阵按键模式或者独立按键模式。如图 2.22 所示,pin2～pin3 短接时,为矩阵按键模式;而 pin1～pin2 短接时,为独立按键模式。

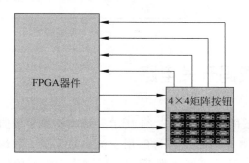 

图 2.21　FPGA 与 4×4 矩阵按键连接示意图　　　图 2.22　矩阵按键模式设置的跳线插座

表 2.5 为 FPGA 与 4×4 矩阵按键的引脚信号定义。

表 2.5　FPGA 与 4×4 矩阵按键的引脚信号定义

信号名	方　向	功　能　描　述
BUT[3:0]	Input	连接矩阵按键的纵方向信号,为 FPGA 的输入信号
BUT[7:4]	Output	连接矩阵按键的横方向信号,为 FPGA 的输出信号

2.10　VGA 显示接口电路

FPGA 与 VGA 外设的连接如图 2.23 所示。其中 VGA 驱动显示色彩通过 3 个信号,即 R、G、B 信号进行设定,实现 8 色的显示效果。场同步 VSY 信号和行同步 HSY 信号也都由 FPGA 引脚输出产生。

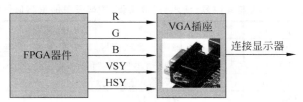

图 2.23　FPGA 与 VGA 外设的连接示意图

表 2.6 为 FPGA 与 VGA 插座的引脚信号定义。

表 2.6　FPGA 与 VGA 插座的引脚信号定义

信号名	方　向	功　能　描　述
VGA_R	Output	VGA 驱动色彩 R 信号
VGA_G	Output	VGA 驱动色彩 G 信号

信号名	方　向	功　能　描　述
VGA_B	Output	VGA 驱动色彩 B 信号
VSY	Output	VGA 驱动场同步信号
HSY	Output	VGA 驱动行同步信号

2.11　蜂鸣器、流水灯、数码管、拨码开关电路

FPGA 与蜂鸣器、流水灯、数码管、拨码开关的连接如图 2.24 所示。蜂鸣器单个引脚控制高电平驱动即可；8 个 FPGA 引脚分别连接 8 个 LED 指示灯，用于流水灯实验；数码管由 4 个位选信号和 8 个段选信号驱动；4 个拨码开关则连接到 FPGA 引脚作为输入信号。

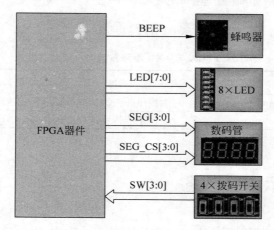

图 2.24　FPGA 与蜂鸣器、流水灯、数码管、拨码开关连接示意图

表 2.7 为 FPGA 与蜂鸣器、流水灯、数码管、拨码开关的引脚信号定义。

表 2.7　FPGA 与蜂鸣器、流水灯、数码管、拨码开关的引脚信号定义

信号名	方　向	功　能　描　述
BEEP	Output	蜂鸣器驱动信号，高电平发声，低电平不发声
LED[7:0]	Output	LED 指示灯驱动信号，高电平灭，低电平亮
SEG_CS[3:0]	Output	数码管位选信号
SEG[7:0]	Output	数码管段选信号
SW[3:0]	Input	拨码开关输入信号，ON 为低电平，OFF 为高电平

2.12　超声波接口、外扩 LCD 接口电路

FPGA 与 LCD、超声波模块连接扩展如图 2.25 所示。超声波模块只有 2 个信号，即驱动脉冲信号 TRIG 和回响脉冲信号 ECHO。LCD 接口则由数据信号 LCD_RGB[15:0]、场

同步信号 LCD_VSY、行同步信号 LCD_HSY、时钟同步信号 LCD_CLK 组成。

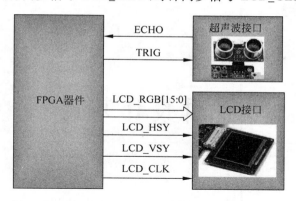

图 2.25　FPGA 与 LCD、超声波模块连接扩展示意图

表 2.8 为 FPGA 与 LCD、超声波模块的引脚信号定义。

表 2.8　FPGA 与 LCD、超声波模块的引脚信号定义

信号名	方　向	功 能 描 述
LCD_R[4:0]	Output	LCD 驱动数据信号 R
LCD_G[5:0]	Output	LCD 驱动数据信号 G
LCD_B[4:0]	Output	LCD 驱动数据信号 B
LCD_VSY	Output	LCD 驱动场同步信号
LCD_HSY	Output	LCD 驱动行同步信号
LCD_CLK	Output	LCD 驱动时钟信号
TRIG	Output	超声波测距模块驱动脉冲信号
ECHO	Input	超声波测距模块回响信号

第 3 章

逻辑设计基础

本章导读

本章从最基本的逻辑 0 和 1 讲起,介绍基础的逻辑门电路及其结构,最后通过 FPGA 内部结构的介绍引领读者对 FPGA 器件有一个深入全面的认识和了解。

3.1 0 和 1——精彩世界由此开始

在今天这个科技发展日新月异的时代,互联网推波助澜,已使得所谓的"地球村"成为现实,人们的工作和生活几乎已经被各种无孔不入的"数字化"设备充斥着。不知你是否意识到,人们每天通过计算机、手机、各种娱乐设备所面对的图像、影音、文字资料,皆是以 0 和 1 的符号来存储、传输和处理的。

由于计算机技术和通信技术的高速发展,人类文明被不断地推向高峰,人类的物质生活也达到前所未有的丰裕,天涯若比邻的理想得到了实现。众多高科技园区林立,许多企业赚了大钱,在这一切光鲜亮丽的景象背后,你可曾想过,那不过都是 0 和 1 的功劳。套用一句经典的广告词"在 0 和 1 面前,一切皆有可能"。0 和 1 到底有多神奇?其实不用费心寻找,就拿最常见的计算机来说,凡是目前所能够在硬盘里访问到的任何资料,即便是那些美轮美奂的图像和影音,其背后的存储形式皆是 0 和 1,即以数字的形式存储在硬盘中。空口无凭,咱就举个简单的例子论证一下。

如图 3.1 所示,在计算机桌面的空白处右击,然后新建一个文本文档。修改这个文本文档的名字为 TEST,打开文档,在其中输入 ASCII 码 0123456789,如图 3.2 所示。需要事先提醒的是,每个 ASCII 码的实际存储都有 8 位的数字与其对应,也就是说,看到的 ASCII 码是一种形式,而它实际存储在硬盘中又是另一种形式,即 8 位二进制的数据,汉字也与此类似,通常用 2 字节来表示 1 个汉字,如一个比较常用的汉字标准称为 GB 3216,读者可以到网络上搜索到这个标准。在网络上也很容易就可以搜索到一个固定的 ASCII 码表。TEST 对应的数字存储形式分别为十六进制的数据 0x54、0x45、0x53、0x54,0123456789 对应的数字存储形式分别是十六进制的数据 0x30、0x31、0x32、0x33、0x34、0x35、0x36、0x37、0x38、0x39。

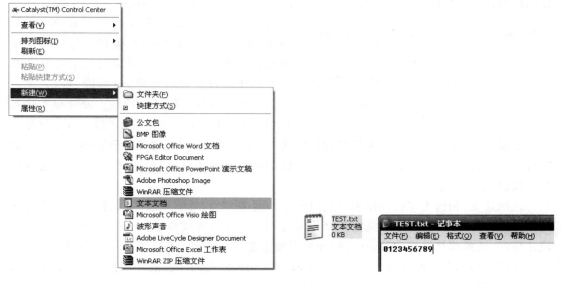

图 3.1 新建文本文档 图 3.2 记事本重命名和输入内容

通过显示器看到命名为 TEST.txt 的文档,文档打开后有一串数据 0123456789。那么如何知道它在硬盘中是否真的如笔者所言是以特定的数字存在的呢?很简单,可以找个名为 Winhex 的小工具,使用该工具可以查看硬盘中所有资料的实际数字存储值。如图 3.3 所示,打开 TEST.txt 文档,在实际数据"30 31 32 33 34 35 36 37 38 39"之前,出现了文档名 TEST.txt 对应的数据"54 45 53 54 2E 74 78 74",而且在文本名称和实际数据之间有一串乱七八糟看不懂的数字,这个也是文本文档帧头相关的数据,如文本文档的创建时间、修改时间等信息。读者若是感兴趣可以自己找找文本文档的格式解析,好好研究一下,笔者只是点到即止,希望给读者传递一个信息:在"数字设备"中,数字确实无处不在。

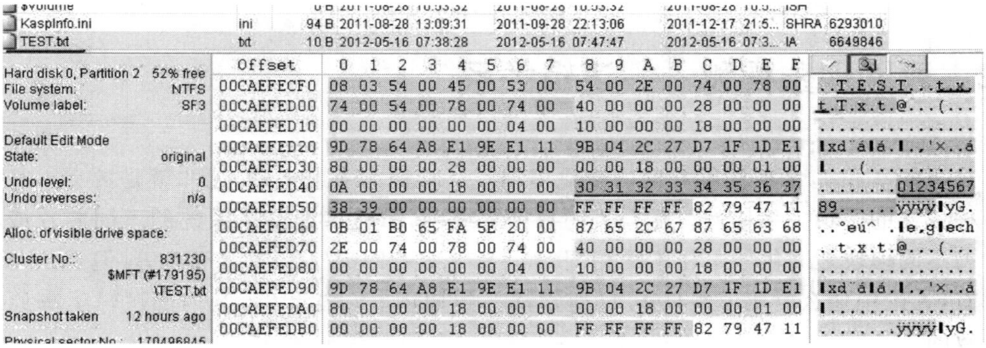

图 3.3 使用 Winhex 查看文本文档

看过图 3.3 所示的例子,读者可就要纳闷了,既然所有资料都是以数字的形式存在,为什么人们所看到的现实世界却是如此色彩斑斓、形式多样?答案很简单,数字虽强大,但在现实世界中还是要依靠模拟作为最终的载体。如图 3.4 所示,目前所能接触到的各种设备,大都需要经过与此类似的模拟—数字—模拟的转换过程。原始的一些模拟设备提供了待采集的信号,经过 A/D 转换芯片处理后量化为数字信号,这些数字信号在前端被采集,如果是自成系统的设备,通常直接就在本地处理后经过 D/A 转换芯片以特定的模拟信号的形式重现出来。当然,也许不一定是用和采集时完全一样的模拟设备进行还原,也可能是以其他的形式表现原有设备的某些特性。而如果本地系统没有强大的 CPU 支持数据的处理,而只是负

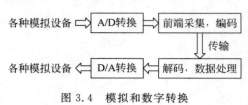

图 3.4　模拟和数字转换

责采集数据,那么通常还会对采集到的数据进行编码或压缩,并通过各种远程传输设备送到拥有强大处理能力的远端,远端会对采集的数据进行解码还原,然后进行处理,最终通常还是会以模拟的形式表现出来。

　　说到这里,相信大家已经摸到一点门道了。确实,人们所能直接感受、接触到的肯定都是模拟世界的产物,而数字则是潜移默化地起到了中间处理或传输媒介的作用。很多人可能还想问,既然都是模拟,那为什么中间非得要多此一举地来个数字? 这个问题问得好。

　　记得著名的芯片制造商 Analog Devices 有一句很经典的广告语,叫做"模拟无处不在"。此言不假,但是,若是纵观今天的科技发展,笔者可以毫不夸张地补上一句——"数字,让模拟更精彩"。的确,现实世界中本不存在所谓的数字,数字从某种意义上看也是模拟的一种特殊表现形式。但也正是数字的出现,让模拟得到了更好的存储、传输和处理。简单地举个例子,如今数字照相机估计已是人手必备(也包括内嵌强大摄像功能的手机)的电子产品了,但是相信大多数读者还是把玩过模拟相机的,估计那也是咱们童年的记忆了,那时候的柯达胶卷是大家挥之不去的梦魇,每每拍到兴起时总是遇到仅有的 30 张照片拍完了的尴尬。没错,那个模拟时代,伴随相机快门的每次"咔嚓"声,总是有一张黑不溜秋的底片被消耗,拿着这张底片去相馆洗出来的纸质照片恐怕是当时照相的唯一乐趣了。但是,看看今天的数字照相机,能干的事情就太多了。从模拟相机到数字相机,其中所发生的改变,可以说就是数字给人类科技带来的革命性进步的一个缩影。

3.2　表面现象揭秘——逻辑关系

　　神奇的 0 和 1,缘何能够如此的变化多端? 从某种意义上来看,无非就是数字本身固有的各种各样的逻辑关系使然。在今天的数字系统中,虽然可能整个系统的不同芯片或相同芯片的不同模块之间供给电压不尽相同,如 5V/3.3V/2.5V/1.8V/1.2V 等,但是从基本原理上看,无论用什么电压值来代表 1(通常都一致地用 0V 表示 0),其内部逻辑运算原理都是一致的。

　　0 和 1,它们的最基本逻辑运算是通过非门、与门和或门来实现的。非门的符号和真值表如图 3.5 所示。输入 x 经过非门后,输出 z 为 x 的取值反向。如输入 x=0,则 z=1;反之,输入 x=1,则 z=0。

　　与门的符号和真值表如图 3.6 所示。输入 x 和 y 进行与运算后得到结果 z。与运算的原则就是"遇 0 则 0,全 1 则 1"。

　　或门的符号和真值表如图 3.7 所示。输入 x 和 y 进行或运算后得到结果 z。或运算的

原则就是“遇 1 则 1，全 0 则 0”。

注：书中电气符号采用与画图软件匹配的用法，以符合行业习惯，便于读者理解。

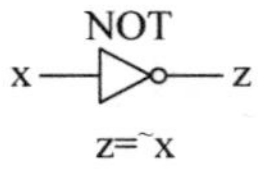

x	0	1
z	1	0

图 3.5 非门的符号和真值表

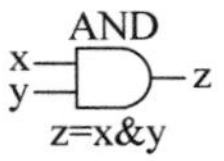

x	0	0	1	1
y	0	1	0	1
z	0	0	0	1

图 3.6 与门的符号和真值表

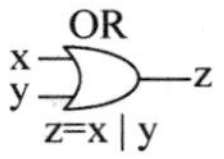

x	0	0	1	1
y	0	1	0	1
z	0	1	1	1

图 3.7 或门的符号和真值表

在与、或、非这 3 种最基本的逻辑门基础上进行一些扩展，就产生了一些常见的逻辑门，如与非门、或非门、异或门、同或门，其符号和真值表分别如图 3.8～图 3.11 所示。

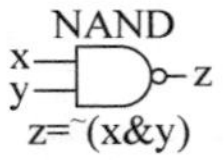

x	0	0	1	1
y	0	1	0	1
z	1	1	1	0

图 3.8 与非门的符号和真值表

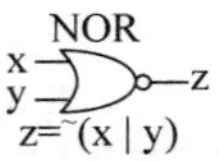

x	0	0	1	1
y	0	1	0	1
z	1	0	0	0

图 3.9 或非门的符号和真值表

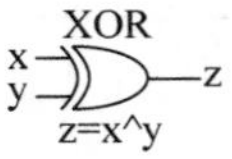

x	0	0	1	1
y	0	1	0	1
z	0	1	1	0

图 3.10 异或门的符号和真值表

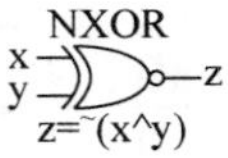

x	0	0	1	1
y	0	1	0	1
z	1	0	0	1

图 3.11 同或门的符号和真值表

有了这些基本的门电路，可能有些人还是不理解，到底这些门电路能够干什么，只是做做简单的逻辑关系处理？非也，数字电路中的逻辑门，其实如同数学运算中的 1＋1＝2 和 2－1＝1 这样简单却又非常基础的关系。数字电路的逻辑门说白了也是为数学运算服务的，人类运算的基础——加、减、乘、除，都可以用逻辑门来完成，更高级一些的运算（如开方、求根号等），一样可以通过一些巧妙的逻辑门处理算法解决。

人类已经有一套十进制的运算方式了，那又为什么一定要通过逻辑门以二级制的方式来完成这类运算呢？究其根本原因，因为二进制的处理机制是数字电路（或者更大一点说，也是计算机技术）的基础，而基本的逻辑门运算又非常适合于二进制的运算。如果读者有机会更深入到电子或计算机相关的应用中，回头再来看今天所说的这些基本逻辑门电路，一定会惊叹于那些计算机前辈们的智慧。能够用最简单的东西来实现最复杂的事物，那才是人类创造的最高水平。

下面举个最简单的 1 位加法器的例子。如图 3.12 所示，x 和 y 相加，其结果为 z，进位为 c。观察其真值表发现：z＝x ^y，c＝x&y。果然，1 位加法器非常轻易地用两个逻辑门电路就实现了。

若是再深入，2 位、3 位甚至更多位的加法运算，对于每个位的结果和进位，都可以仿照 1 位加法器的方式来实现。

接下来，要用这些基本的逻辑门搭建一个复杂点的电路。图 3.13 所示是边沿触发的 D 触发器电路。该触发器的功能是：实现时钟信号 clk 上升沿（由 0 变化到 1）时将输入信号 D 的值锁存到输出信号 q。

该 D 触发器的真值表如表 3.1 所示。不难看出，这个 D 触发器实现了 clk 信号的上升沿锁存当前输入 D 信号值到输出信号 q 或～q 的功能，而当 clk 信号为 0 或者保持高电平期间,D 信号的取值变化不会影响当前的输出 q 和～q。

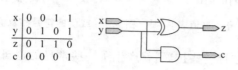

图 3.12　1 位加法器

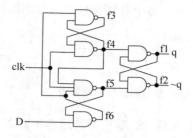

图 3.13　边沿触发的 D 触发器电路

表 3.1　D 触发器的真值表

D	clk	f3	f4	f5	f6	f1	f2	q	～q
0	0	0	1	1	1	—	—	—	—
1	0	1	1	1	0	—	—	—	—
↓	0	0	1	1	1	—	—	—	—
↑	0	1	1	1	0	—	—	—	—
0	↑	0	1	0	1	0	1	0	1
1	↑	1	0	1	0	1	0	1	0
↑	1	1	0	1	0	—	—	—	—
↓	1	1	0	1	0	—	—	—	—
0	↓	0	1	1	1	—	—	—	—
1	↓	1	1	1	0	—	—	—	—

由此可见,D 触发器可用于存储比特信号。当 D 输入为 0 时,在时钟 clk 的上升沿,q 输出也为 0;当 D 输入为 1 时,在时钟 clk 的上升沿,q 输出也为 1;在其他时刻,q 输出保持不变。在实际电路中,时钟信号 clk 源源不断地有标准的方波输入,每个时钟信号 clk 的上升沿都会使得 D 触发器的输入 D 值被锁存到输出 q 值中。其实,这个 D 触发器就是最基本的寄存器的雏形了。在时序电路中,寄存器和时钟是最基本的要素。

图 3.14 所示是一个带有异步置位和复位功能的 D 触发器。所谓置位,即 set 信号有效时(即为 1 时),该电路无论时钟 clk 和输入 D 值的状态如何,输出 q 一定是 1;同理,所谓复位,即指 clr 信号有效时(即为 1 时),该电路无论时钟 clk 和输入 D 值的状态如何,输出 q 一定是 0。有了 set 和 clr 信号,可以在任何时刻得到需要的输出 q 信号值。当然,一般只有在系统上电初始或者出现异常后才会执行这样的操作。

如图 3.15 所示,通常可以用一个简化的模型符号来表示带有异步置位和复位功能的边沿触发的 D 触发器,通常也可以直接称它为寄存器。可别小瞧了它,在后面的应用中会逐渐感受到它的神通广大。

数字电路按照逻辑功能一般可以分为组合逻辑和时序逻辑。组合逻辑不含有任何用于存储比特信号的电路,它的输出只和当前电路的输入有关,如前面(图 3.12)所列举的加法器电路。时序逻辑可以含有组合逻辑,并且一定有用于存储比特信号的电路(一般为寄存器),时序逻辑的输出值不仅和当前输入值有关,一般也和电路的原有状态相关。

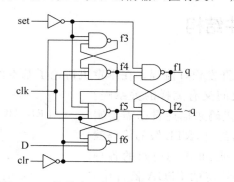

图 3.14 带异步置位和复位的 D 触发器　　　图 3.15 D 触发器模型符号

　　如图 3.16 所示同样是简单的与非门电路,其中左侧为组合逻辑,右侧则为时序逻辑。

　　如图 3.17 所示,以图 3.16 的组合逻辑和时序逻辑电路为例,输入信号 x 和 y 为随机信号,组合逻辑的输出信号 z1 在输入 x 和 y 发生变化并满足逻辑变化条件时立刻发生变化。当然,这个变化在实际电路中也有一定的延时。而在时序逻辑中,该实例除了满足组合逻辑条件外,只有在时钟信号 clk 的每个上升沿输出 z2 才会发生变化。这里有一个细节需要注意,x 和 y 的组合逻辑输出值在时钟上升沿到来前后的某段时间内(即建立时间和保持时间)必须是稳定的,否则有可能锁存到不稳定的值(即亚稳态)。

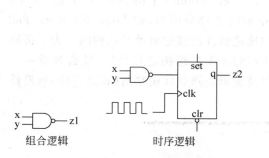

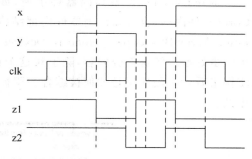

图 3.16 组合逻辑与时序逻辑电路　　　　　图 3.17 波形输入与输出示例

　　通过这个简单的例子,可以大致了解组合逻辑和时序逻辑的特点。一般而言,它们存在以下的区别:

- 组合逻辑立即反应当前输入状态,时序逻辑还必须在时钟上升沿触发后输出新值。
- 组合逻辑容易出现竞争、冒险现象,时序逻辑一般不会出现。
- 组合逻辑的时序较难保证,时序逻辑更容易达到时序收敛。
- 组合逻辑只适合简单的电路,时序逻辑能够胜任大规模的逻辑电路。

　　在今天的数字系统应用中,纯粹用组合逻辑来实现一个复杂功能的应用几乎绝迹了。时序逻辑在时钟驱动下,能够按部就班地完成各种复杂的任务,也能够非常便利地达到时序要求,并且能够解决各种异步处理所带来的亚稳态问题。因此,时序逻辑设计的一些方法和手段是读者必须掌握和熟练应用的。

3.3　内里本质探索——器件结构

在第 1 章已经讨论了 FPGA 的基本开发设计流程。在本章也讨论了基本的逻辑电路，那么它和代码以及最终的 FPGA 器件之间又有怎样的关系呢？如图 3.18 所示，设计者先编写 RTL 级代码来描述自己需要实现的功能；然后在 EDA 工具中对其进行综合，RTL 级的代码就被转换为逻辑电路，就如 3.2 节里的与、或、非等门电路的各种组合；最后这些逻辑电路需要被实现到特定的 FPGA 器件中，这个步骤通常称为布局布线。

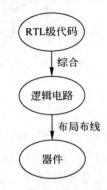

图 3.18　RTL 代码、逻辑
电路和器件

在谈到 FPGA 的规模大小时，常常说 FPGA 器件有多少个门。因此，很多人就天真地以为 FPGA 器件里面只不过是一大堆与门、或门和非门，设计者写好代码实现的逻辑就对应为 FPGA 里面的各种不同门之间的相互连接。实际情况还真不是这么简单，FPGA 里面还真的找不着几个与门、或门和非门。那么，FPGA 器件内部到底以怎样的方式来实现所需要的逻辑电路呢？下面通过剖析 Altera 公司的 Cyclone Ⅳ 系列 FPGA 器件的内部结构来解开这个谜。

翻开 Cyclone Ⅳ 系列的器件手册，如图 3.19 所示，Volume Ⅰ 的 Section 1 是 Device Core（器件内核，也可以译为器件内部结构），其中的第 2 部分内容，即 Logic Elements and Logic Array Blocks in Cyclone Ⅳ Devices 是专门谈论器件内部逻辑单元结构的。为了帮助大家更好地理解这部分内容，除了对这个典型的 FPGA 器件结构进行介绍，还会列举一个实例来看看一段代码是如何被综合为逻辑电路以及逻辑电路如何被映射（布局布线）到器件中的。

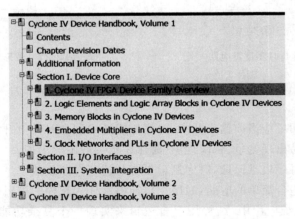

图 3.19　Cyclone Ⅳ 器件手册目录截图

先看看 Cyclone Ⅳ 这款器件的内部结构，如图 3.20 所示。器件当中最多的就是逻辑阵列块（Logic Array Block，LAB），每个 LAB 包含了 16 个逻辑单元（Logic Element，LE）。LE 是能够实现用户逻辑功能的最小单位，后面还会详细介绍这个 LE 的内部结构。其实，

Cyclone Ⅳ 器件的逻辑结构在 Altera 公司的器件中非常具有典型性，Altera 公司的 FPGA 也基本都是类似的内部结构。在器件的周围布满了 I/O 块，这些 I/O 块直接连接控制着器件外部裸露的 I/O 引脚。I/O 块中包括了双向的 I/O 缓冲以及一些可编程的 I/O 特性功能，如施密特触发、上拉电阻和各种电平标准（如高达 400Mb/s 速率的存储器接口以及高达 875Mb/s 速率的 LVDS 接口）。与 I/O 块不同，内存 bank 上有多组 GCLK 引脚可用作全局时钟输入，GCLK 引脚输入的信号在器件内部具有低延时、高扇出等特性，不仅适合于时钟信号输入，也可以作为复位、置位等控制信号的输入。除此以外，Cyclone Ⅳ 器件还具有丰富的内嵌存储器资源，如 M9K 存储块可用于配置成紧耦合的 ROM、单口 RAM、双口 RAM、移位寄存器以及 FIFO，非常实用；同样是内嵌的可用于各种 DSP 算法实现的 18×18 乘法器资源则在很多应用中都能派上用场。

虽然图 3.20 所示的结构图中没有示意出各个功能块之间的相互连接关系，但是可以想象，其实在各个功能块之间存在着丰富的可编程的互连线帮助实现最终的应用。如图 3.21 所示，各个行列 LAB 之间会有可编程的互连线、LAB 内部的各个 LE 内部之间也会有可编程的互连线、I/O 块与 LAB 之间、LAB 与存储块以及乘法器之间都有着灵活可编程的互连线。

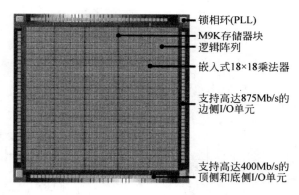

图 3.20　Cyclone Ⅳ 器件的内部结构

接下来再了解一下器件中最小的功能单元 LE 的内部结构。图 3.22 所示是在 Cyclone Ⅳ 器件内部的一个完整 LE 的内部结构。各个模块以及功能的详细介绍见 Cyclone Ⅳ 器件手册，简单来看，有几样核心的东西是必须知道的。

在图 3.22 右上方的可编程寄存器想必大家一定很眼熟，没有错，它正是在前文所介绍的寄存器。这可是实实在在存在着的，它的功能也大体和前面介绍的 D 触发器别无二致。再看左侧，有个 4 输入的查找表（Look-Up Table，LUT），别小看它，功能可强大了，前面的各种逻辑门需要实现的输入/输出关系大多时候是通过这个 LUT 来实现的。此外，进位链（Carry Chain）是用来协助实现运算功能的；异步清除逻辑（Asynchronous Clear Logic）和时钟或时钟使能选择（Clock & Clock Enable Select）功能则用于寄存器的一般控制；各种布线（Routing）连接则是用于实现该 LE 与外部的互连功能。总之，这个结构几乎可以满足大多数的逻辑电路需求。当然，并非这个结构框架里的所有东西在每个电路实现中都能派上用场。正所谓"可编程"（Programmable），设计者所需要实现的电路会根据具体的情况来开启或关闭各个模块的使用或连接。

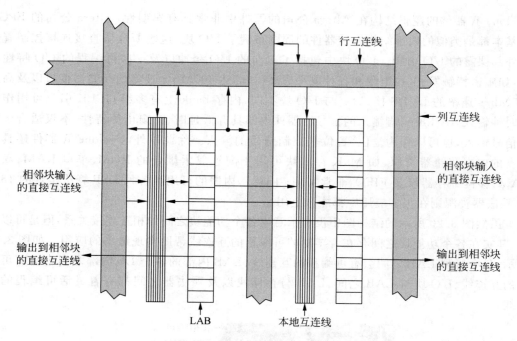

图 3.21　LAB 互连结构

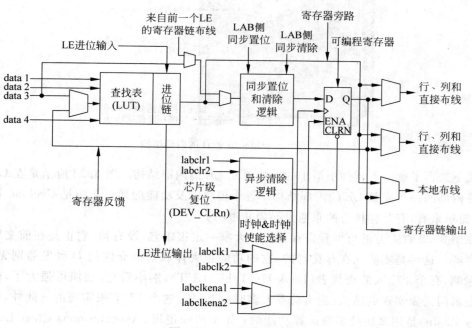

图 3.22　LE 的内部结构

　　通常,Cyclone Ⅳ器件的 LEs 结构在实际应用中为了达到功能的最优化,会被作为正常模式(Normal Mode)或动态算术模式(Dynamic Arithmetic Mode)使用。两种模式对 LE 资源的使用有所不同,最大的区别在于正常模式下配置为 1 个 4 输入查找表,而算术模式下则配置为 2 个 2 输入查找表,这样更便于实现一个 2bit 的全加器和进位链。总之大家记住一点,各种运算用算术模式实现是最佳的选择,其他情况下一般是正常模式来实现,而到底采用哪种模式来实现也不用设计者操心,Quartus Ⅱ软件会自动判断和优化,用户只要知道有这么一回事就好。图 3.23 所示是正常模式下的 LE 结构,相比于完整的 LE 结构,少了好多功能块。

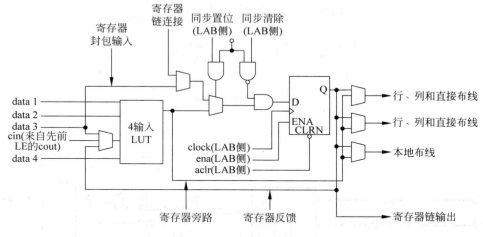

图 3.23　正常模式下的 LE

下面举例说明一个简单的逻辑功能是如何用这个正常模式下的 LE 来实现的。有如下一段 Verilog 代码:

```
module ex0(
        clk,rst_n,
        ain,bin,cin,dout
    );
input clk;
input rst_n;
input ain,bin,cin;
output reg dout;
always @(posedge clk or negedge rst_n)
    if(!rst_n) dout <= 1'b0;
    else dout <= (ain & bin) | cin;
endmodule
```

看不懂不要紧,还没开始学语法呢。这个电路中,输入信号 ain、bin 和 cin,复位信号 rst_n,时钟信号 clk,输出信号 dout。输出信号 dout 在复位信号 rst_n 有效时输出为 0,在撤销复位(rst_n = 1)后每个时钟上升沿锁存当前的最新值,这个最新值为当前输入信号 ain 与 bin 再或 cin 的结果。其逻辑功能如图 3.24 所示,是一个典型的时序逻辑。这个电路中有前面提到的与门、或门和寄存器等基本组件。

再看经过 Quartus Ⅱ 工具的"翻译"后,如图 3.25 所示,前面这段逻辑被映射到了 Cyclone Ⅳ 的 LE 中。和图 3.23 相比较,可以确认这是 LE 的正常模式,图 3.25 中粗体部分是被"编程"开启功能的电路实现。不要感到稀奇,这个原本要实现与门、或门等逻辑功能的电路却不是用与门、或门来实现的,而是前面提到的 LUT 在这里扮演了很重要的角色。

有人可能又要问 LUT 到底为何物，有那么神通广大吗？就拿 4 输入的 LUT 来说，其实它里面就相当于一个 16bit 的存储器，或者也可以理解为 LUT 里面存放着 4 个输入信号的真值表，输入信号通过这个真值表便可得到期望的结果，就如这个实例一样。

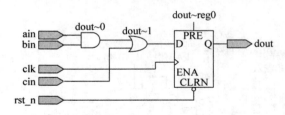

图 3.24　逻辑功能视图

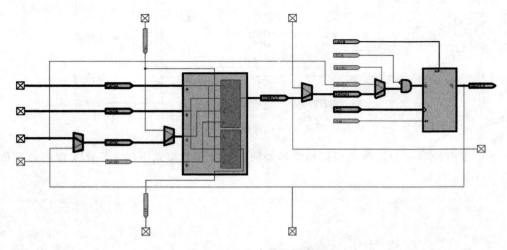

图 3.25　LE 中的逻辑实现

第4章

软件安装与配置

本章导读

　　本章将介绍 FPGA 开发所需要设计的集成开发工具 Quartus Ⅱ、仿真工具 Modelsim、源码编辑器 Notepad＋＋的安装，Notepad＋＋在 Quartus Ⅱ 中的关联设置，USB-Blaster 下载器以及串口芯片的驱动安装。

　　"工欲善其事，必先利其器"。FPGA 开发所涉及的 EDA 工具的安装和使用比一般的软硬件开发要复杂和麻烦得多，为了帮助广大初学者少走弯路，笔者觉得有必要通过详细的介绍让大家快速完成这项艰巨任务。

　　因为使用的是 Altera 公司的器件，所以别无选择地锁定了 Quartus Ⅱ 这款 Altera 面对自身器件的集成开发工具。可以在 Quartus Ⅱ 上完成设计输入（主要是编写代码）、语法检查、时序约束、综合、映射（布局布线）、配置文件的下载操作以及板级在线调试。大家可能会发现少了仿真这一步。仿真确实是必需的，这是设计前期进行验证的最有效手段。在早期的 Quartus Ⅱ 上还能看到集成的仿真功能，可以用波形方式产生激励信号，不过功能过于单一，应付非常简单的设计仿真还凑合，稍复杂点就力不从心了。因此，现在的 Quartus Ⅱ 上已经让这个"鸡肋"功能彻底消失了，取而代之的是与更专业的 Mentor Graphics 公司合作推出的 ModelSim-Altera 版本的仿真工具。

　　关于 EDA 工具的问题，使用 Altera 公司的器件，在设计规模并不很大、很复杂的情况下，推荐使用 Quartus Ⅱ ＋ ModelSim-Altera 或 Quartus Ⅱ ＋ ModelSim SE 搭配，可以完成大多数的工程。

4.1　软件下载和 license 申请

　　Altera 公司的官网也有直接的工具下载支持，可以直接访问它们的软件下载支持网页。而对于这些工具的安装许可，大致可以有以下几种方式（可参考官方文档 quartus_install.pdf）：

- 网络版本无须 license，只是部分高级功能（如 Quartus Ⅱ Web Edition 和 ModelSim-Altera Starter Edition）受限。对于一般的初学者，这样的版本绝对够用。

- 订购版本的 Quartus Ⅱ,可以提供 30 天的试用期限。企业用户通常会选择付费试用该版本。
- 国内的代理商艾瑞或骏龙,应该都能够提供 60 天的试用 license,据说没有申请次数限制,只要每隔 60 天向他们提交一次申请即可。这个申请的 license 适用于订购版本,且无任何功能限制。

而 license 通常有两种,即 fixed license(固定的)和 floating license(浮动的),安装方式稍有差异。fixed license 是用户根据固定的计算机申请的,只能用于申请本地计算机。floating license 更实用一些,一些公司申请多个 floating license,然后局域网内所有的计算机都可以使用这个 floating license,只不过同时在线数受到 license 数量的限制。

下面使用的 Quartus Ⅱ 13.1,可以在百度网盘下载(http://pan.baidu.com/s/1i5LMUUD),也可以直接到 Altera 官方网站下载。

除了要下载 Quartus Ⅱ 以外,ModelSim-Altera Edition 和器件库也都需要下载。器件库一定要下载所使用的 Cyclone Ⅳ 系列,如果大家有其他需求,也可以下载并安装。

4.2 Quartus Ⅱ 与 ModelSim-Altera 的安装

打开 Quartus Ⅱ 13.1 文件夹,双击 QuartusSetup-13.1.0.162.exe。然后继续单击"确定"按钮,直到出现如图 4.1 所示的 Select Components(器件选择)界面,选中所有复选框,

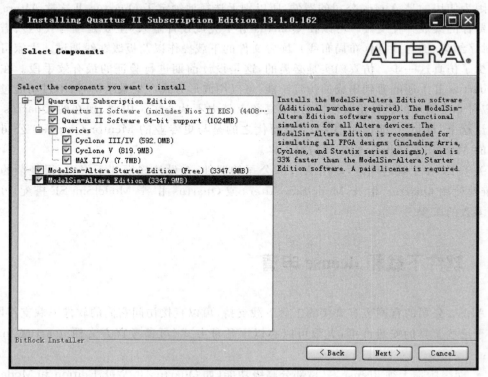

图 4.1　器件选择界面

通常它能够自动关联本地文件夹下所有的其他相关安装文件。这样就可以一次性地将本地文件夹下的所有配套软件都安装完毕。

继续安装,根据不同的计算机配置情况,安装可能需要 0.5～1 小时。安装完毕,如图 4.2 所示,可以看到程序菜单中出现了 Altera 13.1.0.162 的目录,里面包括了 Quartus Ⅱ、Nios Ⅱ EDS 和 ModelSim。

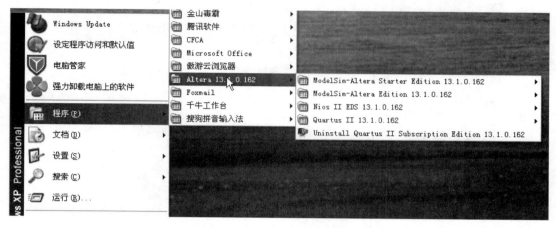

图 4.2 开始程序

4.3 文本编辑器 Notepad＋＋安装

在后续实验中将会用到文本编辑器 Notepad＋＋。这个编辑器比 Windows 自带的 txt 文本编辑器好用,甚至在写代码时也建议使用 Notepad＋＋——用专业的工具做专业的事。

直接进入 Notepad＋＋文件夹,双击可执行文件 notepad＋＋.exe,如图 4.3 所示,语言选择 Chinese(Simplified),单击 OK 按钮。

在如图 4.4 所示的安装向导界面,单击"下一步"按钮。

在如图 4.5 所示的许可证协议界面,单击"我接受"按钮。

图 4.3 语言安装选择

进入如图 4.6 所示的选择安装位置界面。安装路径建议使用 C 盘的默认路径,软件所需空间为 4.4MB,然后单击"下一步"按钮。

在如图 4.7 所示的选择组件界面,默认设置,单击"安装"按钮。

安装完毕,如图 4.8 所示,单击"完成"按钮,弹出如图 4.9 所示的 Notepad＋＋工作界面。

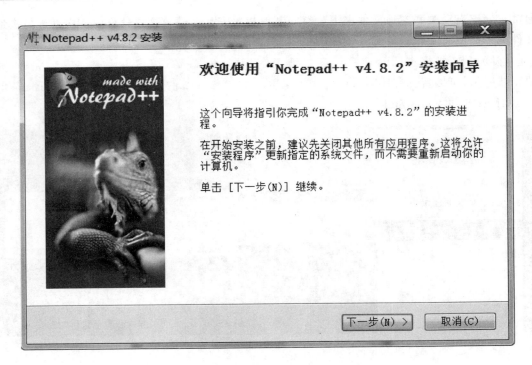

图 4.4　安装向导界面

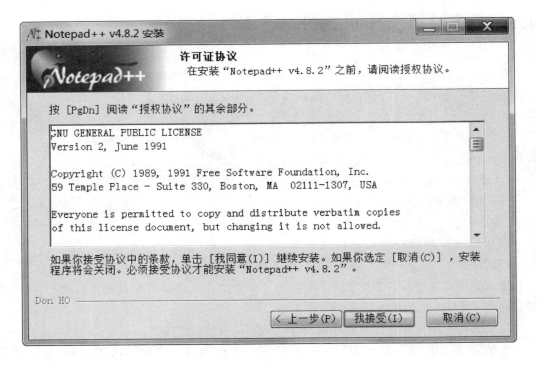

图 4.5　许可证协议界面

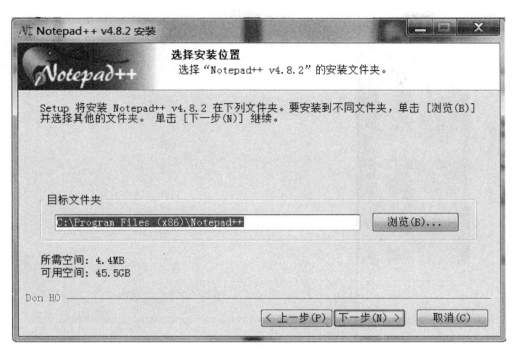

图 4.6 选择安装位置界面

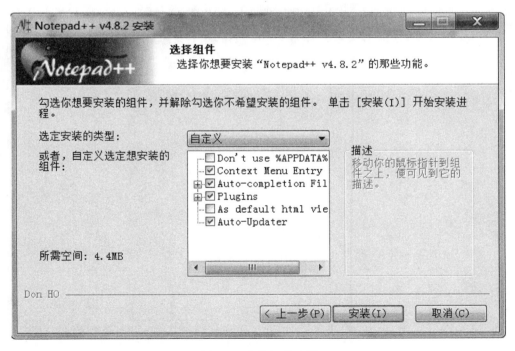

图 4.7 安装组件选择

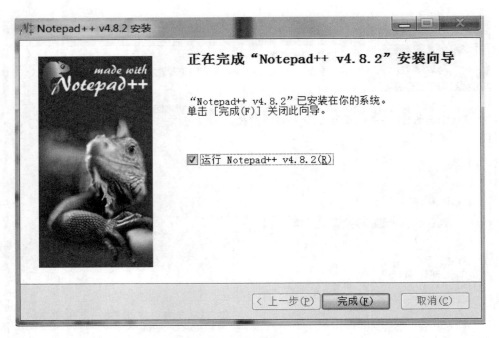

图 4.8　安装完成

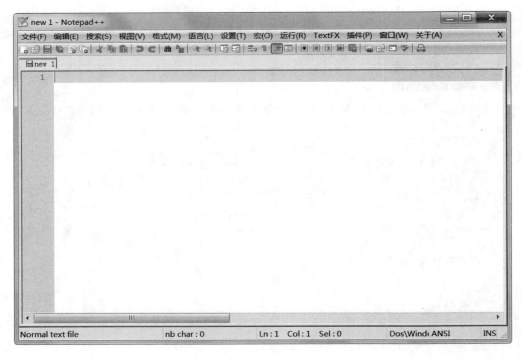

图 4.9　Notepad＋＋工作界面

4.4 QuartusⅡ中使用 Notepad＋＋的关联设置

QuartusⅡ自带的文本编辑器的很多版本出现了对中文注释支持不好的情况，并且很多时候在代码编辑过程中不如一些专业的代码编辑器好用，因此建议使用如 Notepad＋＋这类的代码编辑器。这里就以 Notepad＋＋为例来看看在 Quartus Ⅱ 中如何设置，从而实现在 Quartus Ⅱ 中双击代码文本直接调用 Notepad＋＋进行编辑。

打开 Quartus Ⅱ 13.1，然后在 Quartus Ⅱ 的菜单中选择 Tools → Options，如图 4.10所示。

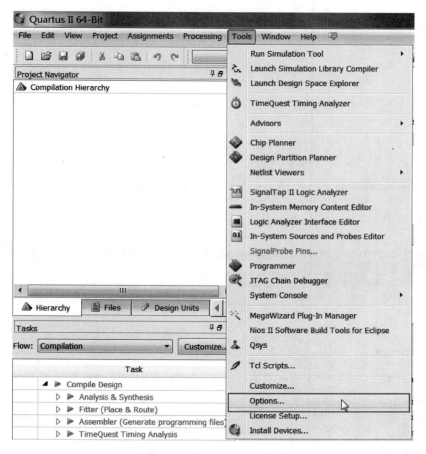

图 4.10 打开 Options 菜单

如图 4.11 所示，在左边的 Category 下选择 General→IP Settings→Preferred Text Editor。在右侧的 Text editor 下拉列表中选择 Notepad＋＋。在 Command-line 中选择定位到 notepad＋＋.exe 所在的路径，不同操作系统 Notepad＋＋所在路径可能会不同，用户可先到自己的 C 盘里面找一个路径，复制地址栏的地址即可。图 4.12 是笔者 C 盘下的安装文件夹。

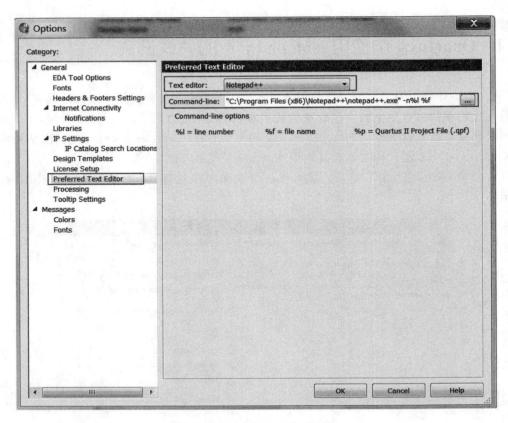

图 4.11　Notepad＋＋路径设置

图 4.12　Notepad＋＋所在文件夹

4.5　USB-Blaster 的驱动安装

4.5.1　Windows XP 系统 USB-Blaster 安装

通过 USB 电缆,将 USB-Blaster 与计算机相连,同时可以打开计算机的"设备管理器"。此时,如图 4.13 所示,"设备管理器"中的"其他设备"→USB-Blaster 前面有黄色的叹号,说明驱动还未安装好。

系统一般会自动弹出"找到新的硬件向导"对话框,如图 4.14 所示,选中"从列表或指定位置安装"单选按钮,然后单击"下一步"按钮。

若是没有自动弹出如图 4.14 所示的"找到新的硬件向导",在"设备管理器"中的"其他设备"的 USB-Blaster 上右击,选择"更新驱动程序"选项。

如图 4.15 所示,单击"浏览"按钮,找到 Quartus Ⅱ 安装目录下的"…\quartus\drivers\usb-blaster"文件夹,单击"下一步"按钮。

弹出如图 4.16 所示的对话框,单击 Continue Anyway 按钮。

图 4.13　设备管理器

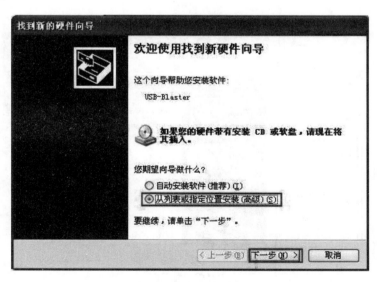

图 4.14　从列表安装驱动

驱动安装完毕,如图 4.17 所示。在"设备管理器"的"通用串行总线控制器"下出现了 Altera USB-Blaster 选项,并且它前面没有黄色的叹号,说明设备已经安装成功。

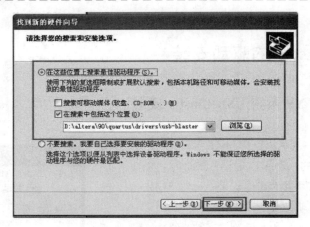

图 4.15   设置驱动路径

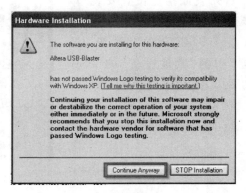

图 4.16   驱动安装提示

图 4.17   识别新硬件

打开 Quartus Ⅱ,选择 Tools→Programmer 菜单命令,在打开的窗口中单击 Hardware Setup 按钮,在弹出的对话框中选择 USB-Blaster,如图 4.18 所示。

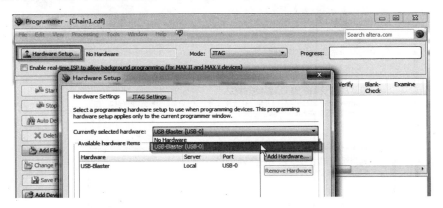

图 4.18　在 Quaruts Ⅱ 的 Programmer 下识别 USB-Blaster 下载器

4.5.2　在 Windows 7 系统安装 USB-Blaster

通过 USB 电缆,将 USB-Blaster 与计算机相连,如图 4.19 所示。此时,系统提示"未能成功安装设备驱动程序"。

打开"设备管理器",如图 4.20 所示,找到"其他设备"→USB-Blaster,前面有黄色的叹号,说明驱动还未安装好。右击 USB-Blaster,在弹出的快捷菜单中选择"更新驱动程序软件"选项。

图 4.19　识别新硬件　　　　　　　　　图 4.20　更新驱动

如图 4.21 所示,选择"浏览计算机以查找驱动程序软件"。

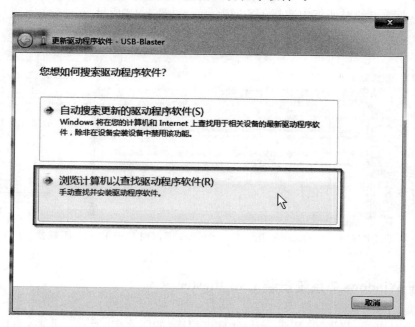

图 4.21 "浏览计算机以查找驱动程序软件"选项

在如图 4.22 所示的对话框中,单击"浏览"按钮,找到 Quartus Ⅱ 安装目录下的 "···\QUARTUS\DRIVERS\USB-BLASTER"文件夹,选中"包括子文件夹"复选框,单击 "下一步"按钮。

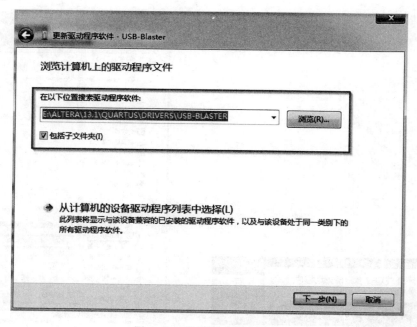

图 4.22 设置驱动所在路径

在弹出的如图 4.23 所示的对话框中,单击"安装"按钮。

图 4.23　驱动安装提示

驱动安装完毕,如图 4.24 所示。

此时,如图 4.25 所示,在"设备管理器"→"通用串行总线控制器"下出现了 Altera USB-Blaster 的选项,并且它前面没有黄色的叹号,说明设备已经安装成功。

图 4.24　驱动安装完成　　　　　　图 4.25　设备管理器识别硬件

打开 Quartus Ⅱ,选择 Tools→Programmer 菜单命令,在弹出的对话框中单击 Hardware Setup 按钮,在弹出的对话框中选择 USB-Blaster,如图 4.18 所示。

4.5.3　在 Windows 8 系统安装 USB-Blaster

在 Windows 8 系统安装 USB Blaster 驱动时,可能会弹出如图 4.26 所示的对话框提示。

这是系统强制认证硬件数字签名的问题,需要关掉此项功能。方法如下:

方法 1:

(1) 使用快捷键 Win+R 打开运行命令;

(2) 输入"shutdown. exe /r /o /f /t 00"命令;

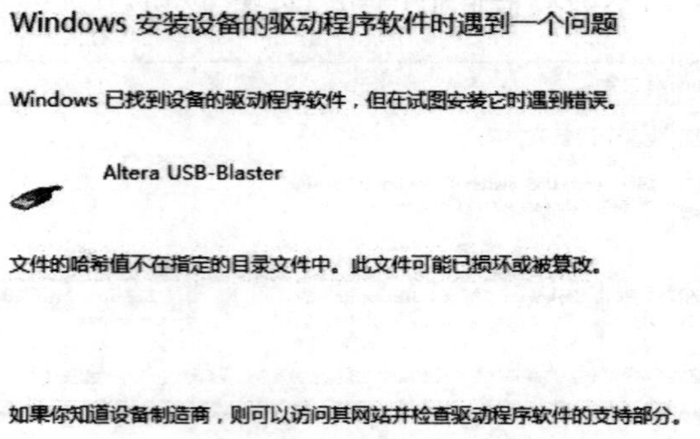

Windows 安装设备的驱动程序软件时遇到一个问题

Windows 已找到设备的驱动程序软件,但在试图安装它时遇到错误。

Altera USB-Blaster

文件的哈希值不在指定的目录文件中。此文件可能已损坏或被篡改。

如果你知道设备制造商,则可以访问其网站并检查驱动程序软件的支持部分。

图 4.26　识别新硬件提示

(3) 单击 OK 按钮重启后进入操作界面;

(4) 在操作界面中选择"疑难解答"→"高级选项"→"Windows 开机设置";

(5) 接着单击"重启"按钮,系统重启后进入"高级选项"界面;

(6) 选择"禁用强制驱动程序";

(7) 然后安装驱动即可。

方法 2:

(1) 选择"设置"→"更改电脑设置";

(2) 单击最后一个"更新和回复",再单击"恢复";

(3) 在右边选择"高级启动"下的"重新启动";

(4) 出现几个选项,选择"疑难解答";

(5) 单击"高级",启动"设置",重启;

(6) 重启之后,弹出安全模式等列表;

(7) 选择倒数第三个"禁用强制驱动程序签名",对应哪个数字就按哪个数字;

(8) 重启,驱动即成功安装。

之后,按照 Windows 7 驱动安装的方法安装即可。

4.6　串口芯片驱动安装

4.6.1　驱动安装

在网盘下载 UART 驱动,或者到 Prolific 官方网站下载最新的驱动,双击 PL2303_Prolific_DriverInstaller_v1.8.0.exe 进行安装,单击"下一步"按钮,直到"完成"即可。

4.6.2　设备识别

将 SP6 开发板连接到计算机(通过 USB TypeB 线),给电路板供电。此时打开计算机端的设备管理器,如图 4.27 所示,在"端口"下面多了 Prolific USB-to-Serial Common Port

（COM13）一项，不同的计算机上的 COM 端口号可能不一样，但是一定都会有 Prolific USB-to-Serial Common Port，这说明 CY4 开发板上的串口已经被识别到了。

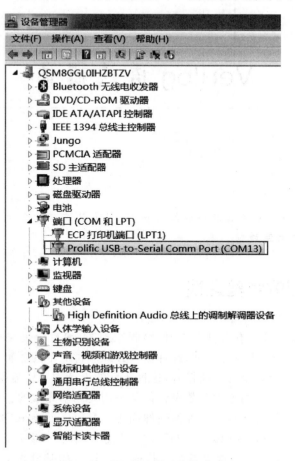

图 4.27　PL2303 驱动安装成功

第 **5** 章

Verilog 语法概述

本章导读

  本章介绍学习 Verilog 语言的一些经验和 Verilog 语言可综合的基本语法，以及常见逻辑功能的代码风格与书写规范。

5.1   语法学习的经验之谈

  FPGA 器件的设计输入有多种方式，如绘制原理图、编写代码或是调用 IP 核。早期的工程师对原理图的设计方式情有独钟，这种输入方式应付简单的逻辑电路还凑合，应该算得上简单实用，但随着逻辑规模的不断攀升，这种落后的设计方式已显得力不从心。取而代之的是代码输入的方式，今天的绝大多数设计都是采用代码来完成的。

  FPGA 开发所使用的代码，通常称为硬件描述语言（Hardware Description Language），目前最主流的是 VHDL 和 Verilog。VHDL 发展较早，语法严谨；Verilog 类似 C 语言，语法风格比较自由。IP 核调用通常也是基于代码设计输入的基础之上，现在很多 EDA 工具的供应商都在打 FPGA 的如意算盘，FPGA 的设计也在朝着软件化、平台化的方向发展。也许在不久的将来，越来越多的工程只需要设计者从一个类似苹果商店的 IP 核库中索取组件进行配置，最后像搭积木一样完成一个项目，或者整个设计都不需要见到一句代码。当然，未来什么情况都有可能发生，但是底层的代码逻辑编写方式无论如何还是有其生存空间的，毕竟一个个 IP 核组件都是从代码开始的，所以对于初入这个行业的新手而言，掌握基本代码设计的技能是必需的。

  这里不过多谈论 VHDL 和 Verilog 语言孰优孰劣，总之这两种语言是当前业内绝大多数开发设计者所使用的语言，从二者对电路的描述和实现上看，有许多相通之处。无论是 VHDL 还是 Verilog，建议初学者先掌握其中一门，至于到底先下手哪一门，则需要读者根据自身的情况做考量。对于没有什么外部情况限制的朋友，若之前有一定的 C 语言基础，不妨先学 Verilog，这有助于加快对语法本身的理解。在将其中一门语言学精、用熟之后，最好也能够着手掌握另一门语言。虽然在单个项目中，很少需要"双语齐下"，但在实际工作中，还是很有可能需要去接触另一门语法所写的工程。网络上有很多很好的开源实例，若只会 Verilog，而参考实例却是 VHDL 的，那么就很尴尬了；忽然有一天 A 同事离职，老板把他写了一半的 Verilog 工程扔给只会 VHDL 的你来维护，那可就被动难堪了……所以，对于 VHDL 和 Verilog 的取舍问题，建议先学精一门，也别忘了兼顾另一门，无论哪一种语言，至少需要具备看懂别人设计的基本能力。

　　HDL 虽然和软件语言有许多相似之处，但由于其实现对象是硬件电路，所以它们之间的设计思维存在较大差异。尤其是那些做过软件编程的朋友，很喜欢用软件的顺序思维来驾驭 HDL，岂不知 HDL 实现的硬件电路大都是并行处理的。也许就是这个大弯转不过来，所以很多朋友在研究 HDL 所实现的功能时常常百思不得其解。对于初学者，尤其是软件转行过来的初学者，笔者的建议是不要抛开实际电路而研究语法，在一段代码过后，多花些精力对比实际逻辑电路，必要时做一下仿真，最好能再找一些直观的外设在实验板上看看结果。长此以往，若能达到代码和电路都心中有数，那才证明是真真正正掌握 HDL 的精髓了。

　　HDL 的语法条目虽多，但并非所有的 HDL 语法都能够实现最终的硬件电路。由此进行划分，可实现为硬件电路的语法常称为可综合的语法；而不能够实现到硬件电路中，却常常可作为仿真验证的高层次语法则称为行为级语法。很多朋友在初学语法时，抱着一本语法书晕头转向地看，最后实战的时候却常常碰到这种语法不能用、那种语法不支持的报错信息，从而更加抱怨 HDL 不是好东西，学起来真困难。其实不然，可综合的语法是一个很小的子集，对于初学者，建议先重点掌握好这个子集，实际设计中或许靠着十来条基本语法就可以打天下了。怎么样？HDL 一下变简单了吧。这么说一点也不夸张，本书的重点就是要通过各种可实现到板级的例程让读者快速地掌握如何使用可综合的语法子集完成一个设计。5.2 节中会将常用的可综合语法子集逐一罗列并简单介绍。对于已入门的读者，也不是说掌握了可综合的语法子集就"万事大吉"了。

　　行为级语法也非一无是处，都说"存在即是合理"，行为级语法也大有用处。一个稍微复杂的设计，若是在板级调试前不经过几次三番的仿真测试，一次性成功的概率几乎为零。而仿真验证也有自己的一套高效便捷的语法，如果再像底层硬件电路一样搭仿真平台，恐怕就太浪费时间了。行为级语法最终的实现对象不是 FPGA 器件，而是手中的计算机，动辄上G 甚至双核、四核的 CPU 可不愿做"老牛拉破车"的活，所以行为级语法帮助设计者在仿真过程中利用好手中的资源，能够快速、高效地完成设计的初期验证平台搭建。因此，掌握行为级语法，可以服务于设计的仿真验证阶段的工作。

　　对于 HDL 的学习，笔者根据自身的经验，提几点建议。

　　首先，手中需要准备一本比较完整的语法书籍。这类书市场上已经是满天飞了，内容相差无几，初学者最好能在开始 FPGA 的学习前花一些时间认真地看过一遍语法，尽可能地理解每条语法的基本功能和用法。当然，只需要认真看过、理解过，做到相关语法心中有数就行，这也不是为了应付考试，也没必要去"死记硬背"任何东西。语法的理论学习是必需的，能够为后面的实践打下坚实的基础。有些实在不好理解的语法，也不要强求，今后在实例中遇到类似语法的参考用法时再掌握也不迟。

　　其次，参考一些简单的例程，并且自己动手写代码实现相同或相近的电路功能。这个过程中，可能需要结合实际的 FPGA 开发工具和入门级学习套件。FPGA 的开发工具前面章节已经有所介绍，主要是掌握 Quartus Ⅱ（Altera 公司的器件使用）或 ISE（Xilinx 公司的器件使用）的使用，学会使用这些工具新建一个工程、编写代码、分配引脚、进行编译、下载配置文件到目标电路板中。入门级的学习套件，简单地说，就是一块板载 FPGA 器件的电路板。

这块电路板不需要有很多高级的外设，一些简单的常见外设即可（如蜂鸣器、流水灯、数码管、UART、IIC 等）。通过开发工具可以进行工程的建立和管理；而通过学习套件，就可以直观地验证工程是否实现了既定的功能。在实践的过程中，一定要注意自己的代码风格，当然，这在很大程度上取决于参考例程的代码风格。至于什么样的学习套件配套的参考例程是规范的，倒也没有定论，建议在选择口碑较好的学习套件的同时，推荐读者多去读读 FPGA 原厂 Altera（qts_qii5v1.pdf）或 Xilinx（xst.pdf）公司的官方文档，在它们的一些文档手册中有各种常见电路的实现代码风格和参考实例。在练习的过程中，也要学会使用开发工具生成的各种视图，尤其是 RTL 视图。RTL 视图是用户输入代码进行综合后的逻辑功能视图。这个视图很好地将用户的代码用逻辑门的方式诠释出来，初学者可以通过查看 RTL 视图的方式来看看自己编写的代码所能实现的逻辑电路，以加深对语法的理解；反之，也可以通过 RTL 视图来检验当前所写的代码是否实现了期望的功能。

总之，HDL 的学习，简单地归纳，就是需要初学者多看、多写、多思考、多对比。

本书主要实验和例程将以 Verilog 语言为主。本章后面的基础语法部分也不会进行太详细的讲解，只是蜻蜓点水般带过——简单给出基本的用法模板，但是也别担心，笔者会把重点放在后面的实例章节中，更深入地引领读者学以致用。当然，语法本身总是枯燥乏味的，故更建议读者在实例章节多回过头来细细品味语法。

5.2　可综合的语法子集

可综合的语法是指硬件能够实现的一些语法。这些语法能够被 EDA 工具所支持，能够通过编译最终生成用于烧录到 FPGA 器件中的配置数据流。无论是 Verilog 语言还是 VHDL，可综合的子集都很小。但是如何用好这些语法，什么样的代码风格更适合于硬件实现，是每一位初学者都需要下功夫好好掌握的。

下面是常用的 RTL 级的 Verilog 语法及其简单的用法描述。Verilog 和 C 语言在语法上确实有很多相似相通之处，学习语法时相互类比进行记忆也未尝不可。但是笔者担心一旦过多地混淆 C 和 Verilog 语言，会让初学者误入歧途，毕竟 Verilog 和 C 语言在本质上存在着很大的差异，尤其是它们的设计思想和实现载体存在着很大的差异，所以希望读者在语法的学习过程中，尽可能多地去了解和对比相关语法最终实现的硬件电路，从而尽快地从软件式的顺序思维中解脱出来，更好地理解硬件式的并行处理。

（1）模块声明类语法：module…endmodule。

在每个 Verilog 文件中都会出现该语法。它是一个固定的用法，所有的功能实现语法最终都应该包括在“…”中。module 的语法如下所示，module 后的 my_first_prj 为该 module 的命名，取名没有任何限制（默认数字、下画线和字母的组合均可），随后一个“()”内罗列出该模块所有的输入/输出端口信号名。

```
module my_first_prj(<端口信号列表> …);
    <逻辑代码> …

endmodule
```

（2）端口声明：input,output,inout（inout 的用法比较特殊，需要注意）。

每个 module 都会有输入/输出的信号用于和外部器件或其他 module 进行连接。对于本地 module 而言,这些信号无非可以归为 3 类,即输入（input）信号、输出（output）信号和双向（inout）信号。通常,在 module 语法后紧接着就要声明该模块所有用于与外部接口的信号。从语法上来讲,这些信号名也都要在 module 名后的"（）"内列出。

最常见的 3 种端口声明实例如下：

```
input clk;
input wire rst_n;
input [7:0] data_in;
```

第 1 个声明表示 1bit 的名称为 clk 的输入信号端口；第 2 个声明表示 wire 类型的 1bit 的名称为 rst_n 的输入信号；第 3 个声明则表示 8bit 的名称为 data_in 的输入信号。

（3）参数定义：parameter。

parameter 用于声明一些常量,主要是便于模块的移植或升级时的修改。

通常,一个基本的 module 一定包括 module…endmodule 语法和任意两种端口声明（通常所设计的模块一定是有输入和输出的）,而 parameter 则不一定,但是对于一个可读性强的代码来说也是不可少的。这样一个基本的 module 如下：

```
module <模块命名>(<端口命名 1>,<端口命名 2>,…);

    //输入端口声明
    input <端口命名 1>;
    input wire <端口命名 2>;
    input [<最高位>:<最低位>] <端口命名 3>;
    …

    //输出端口声明
    output <端口命名 4>;
    output [<最高位>:<最低位>] <端口命名 5>;
    output reg [<最高位>:<最低位>] <端口命名 6>;
    …

    //双向(输入/输出)端口声明
    inout <端口命名 7>;
    inout [<最高位>:<最低位>] <端口命名 8>;
    …

    //参数定义
    parameter <参数命名 1> = <默认值 1>;
    parameter [<最高位>:<最低位>] <参数命名 2> = <默认值 2>;
    …

    //具体功能逻辑代码
    …

endmodule
```

注："//"后的内容为注释。

(4) 信号类型：wire、reg 等。

在如图 5.1 所示的简单电路中,分别定义两个寄存器(reg)锁存当前的输入 din。每个时钟 clk 上升沿到来时,reg 都会锁存到最新的输入数据,而 wire 就是这两个 reg 之间直接的连线。

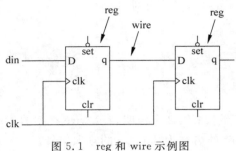

图 5.1　reg 和 wire 示例图

作为 input 或 inout 的信号端口只能是 wire 型,而 output 则可以是 wire 或 reg 类型。需要特别说明的是,虽然在代码中可以定义信号为 wire 或 reg 类型,但是实际的电路实现是否和预先的一致还要看综合工具的表现。例如,reg 定义的信号通常会被综合为一个寄存器(register),但这有一个前提,就是这个 reg 信号必须是在某个由特定信号边沿敏感触发的 always 语句中被赋值。

wire 和 reg 的一些常见用法示例如下:

```
//定义一个 wire 信号
wire <wire 变量名>;

//给一个定义的 wire 信号直接连接赋值
//该定义等同于分别定义一个 wire 信号和使用 assign 语句进行赋值
wire <wire 变量名> = <常量或变量赋值>;

//定义一个多 bit 的 wire 信号
wire [<最高位>:<最低位>] <wire 变量名>;

//定义一个 reg 信号
reg <reg 变量名>;

//定义一个赋初值的 reg 信号
reg <reg 变量名> = <初始值>;

//定义一个多 bit 的 reg 信号
reg [<最高位>:<最低位>] <reg 变量名>;

//定义一个赋初值的多 bit 的 reg 信号
reg [<最高位>:<最低位>] <reg 变量名> = <初始值>;

//定义一个二维的多 bit 的 reg 信号
reg [<最高位>:<最低位>] <reg 变量名> [<最高位>:<最低位>];
```

(5) 多语句定义:begin…end。

通俗地说,begin…end 就是 C 语言里的"{ }",用于单个语法的多个语句定义,其使用示例如下:

```
//含有命名的 begin 语句
begin : <块名>
```

```
    //可选声明部分
    //具体逻辑
end

//基本的 begin 语句
begin
    //可选声明部分
    //具体逻辑
end
```

（6）比较判断：if…else、case…default…endcase。

判断语法 if…else 及 case 语句是最常用的功能语法，其基本的使用示例如下：

```
//if 判断语句
if(<判断条件>)
begin
    //具体逻辑
end

//if … else 判断语句
if(<判断条件>)
begin
    //具体逻辑 1
end
else
begin
    //具体逻辑 2
end

//if … else if … else 判断语句
if(<判断条件 1>)
begin
    //具体逻辑 1
end
else if(<判断条件 2>)
begin
    //具体逻辑 2
end
else
begin
    //具体逻辑 3
end

//case 语句
case(<判断变量>)
    <取值 1>: <具体逻辑 1>
    <取值 2>: <具体逻辑 2>
    <取值 3>: <具体逻辑 3>
    default: <具体逻辑 4>
endcase
```

（7）循环语句：for。

for 循环语句用得也比较少，但也会在一些特定的设计中使用它。其示例如下：

```
//for 语句
for(<变量名> = <初值>; <判断表达式>; <变量名> = <新值>)
begin
    //具体逻辑
end
```

（8）任务定义：task…endtask。

task 更像是 C 语言中的子函数，task 中可以有 input、output 和 inout 端口作为出入口参数，它可以用于实现一个时序控制。task 没有返回值，因此不可以用在表达式中。其基本用法如下：

```
task <task 命名>;
    //可选声明部分，如本地变量声明
    begin
        //具体逻辑
    end
endtask
```

（9）连续赋值：assign 和问号表达式（?：）。

assign 用于直接互连不同的信号或直接给 wire 变量赋值。其基本用法如下：

```
assign <wire 变量名> = <变量或常量>;
```

"?："表达式就是简单的 if…else 语句，但更多地用在组合逻辑中。其基本用法如下：

```
(判断条件) ? (判断条件为真时的逻辑处理) : (判断条件为假时的逻辑处理)
```

（10）always 模块：敏感表可以为电平、沿信号 posedge/negedge；通常和@连用。

always 有多种用法，在组合逻辑中，其用法如下：

```
always@( * )
begin
    //具体逻辑
end
```

always 后若有沿信号（上升沿 posedge，下降沿 negedge）声明，则多为时序逻辑，其基本用法如下：

```
//单个沿触发的时序逻辑
always@(<沿变化>)
begin
    //具体逻辑
end
```

```
//多个沿触发的时序逻辑
always@(<沿变化 1> or <沿变化 2>)
begin
    //具体逻辑
end
```

(11) 运算操作符: 各种逻辑操作符、移位操作符、算术操作符大多是可综合的。

Verilog 中绝大多数运算操作符都是可综合的,其列表如下:

```
+           //加
-           //减
!           //逻辑非
~           //取反
&           //与
~&          //与非
|           //或
~|          //或非
^           //异或
^~          //同或
~^          //同或
*           //乘,是否可综合看综合工具
/           //除,是否可综合看综合工具
%           //取模
<<          //逻辑左移
>>          //逻辑右移
<           //小于
<=          //小于或等于
>           //大于
>=          //大于或等于
==          //逻辑相等
!=          //逻辑不等于
&&          //逻辑与
||          //逻辑或
```

(12) 赋值符号: ＝和<=。

阻塞和非阻塞赋值,在具体设计中是很有讲究的,应该在具体实例中掌握它们的不同用法。

可综合的语法是 Verilog 语言中可用语法里很小的一个子集,硬件设计的精髓就是力求以最简单的语句描述最复杂的硬件,这也正是硬件描述语言的本质。对于 RTL 级设计来说,掌握好上面这些基本语法是很重要的。

5.3　代码风格与书写规范

不同的人可能对代码风格和代码书写规范这两个概念有不同的理解,很多人也会认为代码风格和代码书写规范说的是一码事。不管怎样,笔者在此为了说明和代码书写相关的

两个很重要的方面,进行如下区分界定:

- 代码书写规范,特指代码书写的基本格式,如不同语法之间的空格、换行、缩进以及大小写、命名等规则。强调代码书写规范,是为了更好地管理代码,便于阅读,以提高后续的代码调试、审查以及升级的效率。
- 代码风格,则是指一些常见的逻辑电路用代码实现的书写方式,它更多地是强调代码的设计。要想做好一个 FPGA 设计,好的代码风格能够起到事半功倍的效果。

下面将就这两个方面做一些深入的探讨,也许没有绝对意义上最优的代码书写规范和代码风格,但笔者会尽力结合自己多年的工程实践经验,给出一些具有较高参考价值的知识要点。

1) 代码书写规范

虽然没有"国际标准"级别的 Verilog 或 VHDL 代码书写规范可供参考,但是相信每一个稍微规范点的做 FPGA 设计的公司都会为自己的团队制定一套供参考的代码书写规范。毕竟一个团队中,大家的代码书写格式达到基本一致的情况下,相互查阅、整合或移植起来才会"游刃有余"。因此,希望初学者从一开始就养成好的习惯,尽量遵从比较规范的书写方式。尽管不同的公司为自己的团队制定的 Verilog 或 VHDL 代码书写规范可能略有差异,但是真正好的书写规范应该都是大同小异的。这里也不刻意区分 Verilog 和 VHDL 书写规范上的不同,只是谈论一些基本的可供遵循的规范。

2) 标识符

标识符包括语法保留的关键词、模块名称、端口名称、信号名称、各种变量或常量名称等。语法保留的关键词不可以作为后面几种名称使用。Verilog 和 VHDL 的主要关键字如下:

(1) Verilog 关键词。

```
always endmodule medium reg tranif0 and end primitive module release tranif1
assign endspecify nand repeat tri attribute endtable negedge rnmos tri0 begin
endtask nmos rpmos tri1 buf event nor rtran triand bufif0 for not rtranif0
trior bufif1 force notif0 rtranif1 trireg case forever notif1 scalared unsigned
casex fork or signed vectored casez function output small wait cmos highz0
parameter specify wand deassign highz1 pmos specparam weak0 default if posedge
strength weak1 defparam ifnone primitive strong0 while disable initial pull0
strong1 wire edge inout pull1 supply0 wor else input pulldown supply1 xnor
end integer pullup table xor endattribute join remos task endcase large real
time endfunction macromodule realtime tran
```

(2) VHDL 关键词。

```
abs downto library postponed subtype access else linkage procedure then after
elsif literal process to alias end loop pure transport all entity map range type
and exit mod record unaffected architecture file nand register units array for
new reject until assert function next rem use attribute generate nor report
variable begin generic not return wait block group null rol when body guarded
of ror while buffer if on select with bus impure open severity xnor case in
or shared xor component inertial others signal configuration inout out sla
constant is package sra disconnect label port srl
```

　　除了以上这些保留的关键词不可以作为用户自定义的其他名称,还必须遵循以下一些用户自定义的命名规则:

- 命名中只能够包含字母、数字和下画线"_"(Verilog 的命名还可以包含符号"$")。
- 命名的第一个字符必须是字母(Verilog 的命名首字符可以是下画线"_",但一般不推荐这么命名)。
- 在一个模块中的命名必须是唯一的。
- VHDL 的命名中不允许连续出现多个下画线"_",也不允许下画线"_"作为命名的最后一个字符。

　　关于模块名称、端口名称、信号名称、各种变量或常量名称等的命名,有很多推荐的规则可供参考:

- 尽可能使用能表达名称具体含义的英文单词命名,单词名称过长时可以采用易于识别的缩写形式替代,多个单词之间可以用下画线"_"进行分割。
- 对于出现频率较高的相同含义的单词,建议统一作为前缀或后缀使用。
- 对于低电平有效的信号,通常加后缀"_n"表示。
- 在同一个设计中,尽可能统一大小写的书写规范。很多规范里对命名的大小写书写格式有要求,但是笔者这里不做详细规定,可以根据自己的需要设定。

　　3) 格式

　　这里的格式主要是指每个代码功能块之间、关键词、名称或操作符之间的间距(行间距、字符间距)规范。得体的代码格式不仅看起来美观大方,而且便于阅读和调试。关于格式,可能不同的公司也都有相关的规范要求,笔者在此建议尽量遵循以下的一些原则:

- 每个功能块(如 Verilog 的 always 逻辑、VHDL 的 process 逻辑)之间尽量用一行或数行空格进行隔离。
- 一个语法语句一行,不要在同一行写多个语法语句。
- 单行代码不宜过长,所有代码行长度尽量控制在一个适当的便于查看的范围。
- 同层次的语法尽量对齐,使用 Tab 键(通常一个 Tab 对应 4 个字符宽度)进行缩进。
- 行尾不要有多余的空格。
- 关键词、各类名称或变量、操作符相互间都尽量保留一个空格以作隔离。

　　4) 注释

　　Verilog 的注释有"/ * * /"和"//"两种方式。"/ *"右侧和"* /"左侧之间的部分为注释内容,此注释可以用在行前、行间、行末或多行中;"//"后面的内容为注释,该注释只可用在行末(当然,它也可以顶格,那么意味着整行都是注释)。

　　VHDL 的注释只有"--"一种。类似 Verilog 的"//"。"--"后面的内容为注释,该注释只可用在行末。

　　注释的位置和写法通常也有讲究,归纳出如下几个要点:

- 每个独立的功能模块都要有简单的功能描述,对输入/输出信号功能进行描述。
- 无论是习惯在代码末注释还是代码上面注释,在同一个模块或工程中尽量保持一致。
- 注释内容简明扼要,不要过于冗长或写废话(例如:add=add+1;//add 自增)。

5）代码风格

代码风格主要是指工程师用于实现具体逻辑电路的代码书写方式。换句话说，通常对于一样的逻辑电路，可以有多种不同的代码书写方式来实现，不同的工程师一般也会根据自己的喜好和习惯写出不同的代码，这就是所谓的代码风格。

对于一些复杂的 FPGA 开发，工程师的代码风格将会在很大程度上影响器件的时序性能、逻辑资源的利用率以及系统的可靠性。有人可能会说，今天的 EDA 综合工具已经做得非常强大了，能够在很大程度上保证 HDL 代码所实现逻辑电路的速度和面积的最优化。但是要提醒读者注意的是，人工智能永远无法完全识破人类的意图，当然，综合工具通常也无法知晓设计者真正的意图。要想让综合工具明白设计者的用心良苦，也只有一个办法，便是要求设计者写出的 HDL 代码尽可能最优化。那么，就又回到了老议题上来——设计者的代码风格。而到底如何书写 HDL 代码才算是最优化，什么样的代码才称得上是好的代码风格呢？对于琳琅满目的 FPGA 厂商和 FPGA 器件，既有都拍手叫好的设计原则和代码风格，也有需要根据具体器件和具体应用随机应变的漂亮的代码风格。一些基本的设计原则是所有器件都应该遵循的。当然，设计者若是能够对所使用器件的底层资源情况了如指掌，并在编写代码过程中结合器件结构，这样才有可能设计出最优化的代码风格。

这里将和读者一起探讨在绝大多数 FPGA 设计中必定会而且可能是非常频繁涉及的逻辑电路的设计原则、思想或代码书写方式。

6）寄存器电路的设计方式

5.2 节中已经介绍了寄存器的基本原型，在现代逻辑设计中，时序逻辑设计是核心，而寄存器又是时序逻辑的基础。因此，掌握时序逻辑的几种常见代码书写方式就是基础中的基础。下面以图文（代码）并茂地方式来讲解这些基本寄存器模型的代码书写。

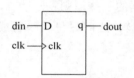

图 5.2 基本寄存器

（1）简单的寄存器输入/输出模型如图 5.2 所示。在每个时钟信号 clk 的有效沿（通常是上升沿），输入端数据 din 将被锁存到输出端 dout。

基本的代码书写方式如下：

```verilog
//Verilog 例程
module dff(clk,din,dout);
input clk;
input din;
output dout;
reg dout;

always @ (posedge clk) begin
    dout <= din;
end

endmodule
```

（2）带异步复位的寄存器输入/输出模型如图 5.3 所示。在每个时钟信号 clk 的有效沿（通常是上升沿），输入端数据 din 将被锁存到输出端 dout；而在异步复位信号 clr 的下降沿（低电平有效复位），将强制给输出数据 dout 赋值为 0（不论此时的输入数据 din 取何值），此输出状态将一直保持到 clr 拉高后的下一个 clk 有效触发沿。

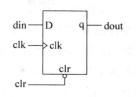

图 5.3　异步复位的寄存器

基本的代码书写方式如下：

```verilog
//Verilog 例程
module dff(clk,rst_n,din,dout);
input clk;
input rst_n;
input din;
output dout;
reg dout;

always @ (posedge clk or negedge rst_n) begin
    if(!rst_n) dout <= 1'b0;
    else dout <= din;
end

endmodule
```

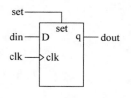

图 5.4　异步置位的寄存器

（3）带异步置位的寄存器输入/输出模型如图 5.4 所示。在每个时钟信号 clk 的有效沿（通常是上升沿），输入端数据 din 将被锁存到输出端 dout；而在异步置位信号 set 的上升沿（高电平有效置位），将强制给输出数据 dout 赋值为 1（不论此时的输入数据 din 取何值），此输出状态将一直保持到 set 拉低后的下一个 clk 有效触发沿。

基本的代码书写方式如下：

```verilog
//Verilog 例程
module dff(clk,set,din,dout);
input clk;
input din;
input set;
output dout;
reg dout;

always @ (posedge clk or posedge set) begin
    if(set) dout <= 1'b1;
    else dout <= din;
end

endmodule
```

（4）既带异步复位又带异步置位的寄存器如图 5.5 所示。既带异步复位又带异步置位的寄存器其实是个很矛盾的模型，下面简单地分析一下：如果 set 和 clr 都处于无效状态（set＝0，clr＝1），那么寄存器正常工作；如果 set 有效（set＝1）且 clr 无效（clr＝1），那么 dout＝1 没有异议；同理，如果 set 无效（set＝0）且 clr 有效（clr＝0），那么 dout＝0 也没有异议；但是如果 set 和 clr 同时有效（set＝1，clr＝0），则输出 dout 到底是 1 还是 0？

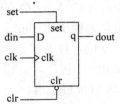

图 5.5　异步复位和异步
置位的寄存器

其实这个问题也不难，设置一个优先级就可以了。当然，图 5.5 的理想寄存器模型通常只是作为电路的一部分来实现。如果期望这种既带异步复位又带异步置位的寄存器在复位和置位同时出现时，异步复位的优先级高一些，那么代码书写方式如下：

```verilog
//Verilog 例程
module dff(clk,rst_n,set,din,dout);
input clk;
input din;
input rst_n;
input set;
output dout;
reg dout;

always @ (posedge clk or negedge rst_n posedge set) begin
    if(!rst_n) dout <= 1'b0;
    else if(set) dout <= 1'b1;
    else dout <= din;
end

endmodule
```

这样的代码，综合出来的寄存器视图则如图 5.6 所示。

（5）图 5.7 所示是一种很常见的带同步使能功能的寄存器。在每个时钟 clk 的有效沿（通常是上升沿），判断使能信号 ena 是否有效（此处取高电平为有效），在 ena 信号有效的情况下，din 的值才会输出到 dout 信号上。

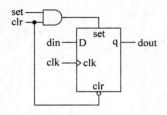

图 5.6　异步复位和置位的寄存器（复位优先级高）

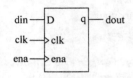

图 5.7　带同步使能的寄存器

基本的代码书写方式如下：

```
//Verilog 例程
```

```
module dff(clk,ena,din,dout);
input clk;
input din;
input ena;
output dout;
reg dout;

always @ (posedge clk) begin
    if(ena) dout <= din;
end

endmodule
```

7）同步以及时钟的设计原则

有了前面的铺垫，读者应该明白了寄存器的代码编写。接下来要更进一步从深层次来探讨基于寄存器的同步以及时钟的设计原则。

虽然在 3.2 节已经对组合逻辑和时序逻辑的基本概念做过描述，但在这里还是要再简单介绍一下组合逻辑和时序逻辑的历史渊源，以便读者更加了解为什么时序逻辑要明显优于组合逻辑的设计。早期的可编程逻辑设计，限于当时的工艺水平，无论是逻辑资源还是布线资源都比较匮乏，所以工程师们多是用可编程器件做一些简单的逻辑粘合。所谓的**逻辑粘合**，无非是由一些与、或、非等逻辑门电路简单拼凑的组合逻辑，没有时序逻辑，因此不需要引入时钟。而今天的 FPGA 器件的各种资源都非常丰富，已经很少有人只是用其来实现简单的组合逻辑功能，而更多地使用时序逻辑来实现各种复杂的功能，一旦大量地使用时序逻辑，时钟设计的各种攻略也就被不断地提上台面。时钟好比时序逻辑的"心脏"，它的好坏直接关系到整个系统的成败。那么，时钟设计到底有什么讲究？哪些基本原则是必须遵循的呢？在搞清楚这个问题之前，要先全面地了解时钟以及整个时序电路的工作原理。

在一个时序逻辑中，时钟信号掌控着所有输入和输出信号的进出。在每个时钟有效沿（通常是上升沿），寄存器的输入数据将会被采样并传送到输出端，此后输出信号可能会在长途跋涉般的"旅途"中经过各种组合逻辑电路并会随着信号的传播延时而处于各种"摇摆晃荡"之中，直到所有相关的信号都到达下一级寄存器的输入端。这个输入端的信号将会一直保持到下一个时钟有效沿来临。每一级寄存器都在不断重复着这样的数据流采集和传输。仅用这些枯燥的文字来描述时序逻辑和时钟之间的工作机理未免有些乏味，不妨举个**轮船通行三峡大坝**的例子做类比。

如图 5.8 所示，三峡大坝有 5 级船闸，船由上游驶往下游时，船位于上游。先关闭上游闸门和阀门；关闭第 1 级下游闸门和阀门，打开上游阀门，水由上游流进闸室，闸室水面与上游相平时，打开上游闸门，船由上游驶进闸室；关闭上游闸门和阀门，打开第 1 级下**游阀门**，当闸室水面降到与下游水面相平时，打开下游闸门，船驶出第 1 级闸室。如此操作 4 **次**，通过后面的 4 级船闸，开往下游。船闸的工作原理实际上是靠两个阀门开关，人为地先后造成两个连通器，使船闸内的水面先后与上、下游水面相平。

对于单个数据的传输，就与这里轮船通过多级闸门的例子非常类似。轮船就是要传输的数据，闸门的开关就好比时钟的有效边沿变化，水位的升降过程也好比相关数据在两个寄

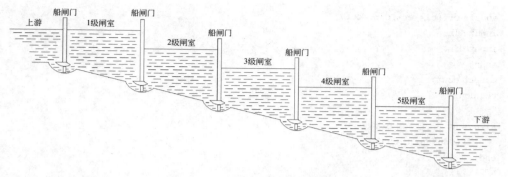

图 5.8　三峡大坝 5 级闸门示意图

存器间经过各种组合逻辑的传输过程。当轮船还处于上一级闸门准备进入下一级闸门时，要么当前闸门的水位要降低到下一级闸门的水平，要么下一级闸门的水位要升到上一级闸门的水平，只要不满足这个条件，最终都有可能造成轮船的颠簸甚至翻船。这多少也有点像寄存器锁存数据需要保证的建立时间和保持时间要求。关于建立时间和保持时间，有如下定义：

- 在时钟的有效沿之前，必须确保输入寄存器的数据在建立时间内是稳定的。
- 在时钟的有效沿之后，必须确保寄存器的输出数据至少在保持时间内是稳定的。

在理解了时钟和时序逻辑的工作机理后，也就能够理解为什么时钟信号对于时序逻辑而言是如此重要。关于时钟的设计要点，主要有以下 4 个方面：

（1）避免使用门控时钟或系统内部逻辑产生的时钟，多用使能时钟去替代。

门控时钟或系统内部逻辑产生的时钟很容易导致功能或时序出现问题，尤其是内部逻辑（组合逻辑）产生的时钟容易出现毛刺，影响设计的功能实现；组合逻辑固有的延时也容易导致时序问题。

（2）对于需要分频或倍频的时钟，用器件内部的专用时钟管理（如 PLL 或 DLL）单元去生成。

用 FPGA 内部的逻辑去做分频倒不是难事，倍频恐怕就不行了。但是无论是分频还是倍频，通常情况下都不建议用内部逻辑去实现，而应该采用器件内部的专用时钟管理单元（如 PLL 或 DLL）来产生，这类专用时钟管理单元的使用并不复杂，在 EDA 工具中打开配置页面进行简单的参数设置，然后在代码中对接口进行例化就可以很方便地使用引出的相应分频或倍频时钟了。

（3）尽量对输入的异步信号用时钟进行锁存。

异步信号是指两个处于不同时钟频率或相位控制下的信号。这样的信号在相互接口时如果没有可靠的同步机制，则存在很大的隐患，甚至极有可能导致数据的误采集。笔者在工程实践中常常遇到这类异步信号误触发或误采集的问题，因此也需要引起初学者足够的重视。在笔者的《深入浅出玩转 FPGA》一书的笔记 6 中，列举了一些改进的复位设计方法，这就是非常典型的异步信号的同步机制。

（4）避免使用异步信号进行复位或置位控制。

这一点和上文所强调的是同一类问题，异步信号不建议直接作为内部的复位或置位控制信号，最好能够用本地时钟锁存多拍后做同步处理，然后再使用。

上述几点对于初学者可能很难理解和体会,没有关系,当有了实践经历以后回头再品味一下或许就有"味道"多了。由于这几点多少也算是比较高级的技巧了,所以无法一一扩展开来深入剖析,更多相关的知识点可以参考笔者的《深入浅出玩转FPGA》一书,那里有更多、更详细的介绍和说明。

8) 双向引脚的控制代码

对于单向的引脚,输入信号或者输出信号,它们的控制比较简单,输入信号可以直接用在各类等式的右边用于作为赋值的一个因子,而输出信号则通常在等式的左边被赋值。那么,既可以作为输入信号又可以作为输出信号的双向信号又是如何进行控制的呢?如果直接地和单向控制一样既做输入又做输出,势必会使信号的赋值发生紊乱。列举一个简单的冲突,就是当输入为0而输出为1时,到底这个信号是什么值?而如何控制才能够避免这类不期望的赋值情况发生?可以先看看表5.1所列出的I/O驱动真值表。

表 5.1　I/O驱动真值表

驱　动　源	0	1	X	Z
0	0	X	X	0
1	X	1	X	1
X	X	X	X	X
Z	0	1	X	Z

从这个表里可以发现,当高阻态Z和0或1值同时出现时,总能保持0或1的原状态不变。在设计双向引脚的逻辑时要利用这个特性:引脚作为输入时,让输出值取Z状态,那么读取的输入值就完全取决于实际的输入引脚状态,而与输出值无关;引脚作为输出时,则只要保证与器件引脚连接的信号也是处于类似的Z状态,便可以正常输出信号值。当然,外部的状态是用对应芯片或外设的时序来保证的,在FPGA器件内部不直接可控,但我们还是可以把握好FPGA内部的输入、输出状态,保证不出现冲突情况。

用了不少篇幅,其实只要一幅图再加几段代码,读者可能就会明白其中的精髓。如图5.9所示,link信号的高低用于控制双向信号的值是输出信号yout还是高阻态Z。当link控制当前的输出状态为Z时,则输入信号yin的值由引脚信号ytri来决定。

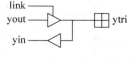

图5.9　双向信号控制

实现代码如下:

```verilog
//Verilog 例程
modulebidir(ytri, …);
inout ytri;
…

reg link;
wire yin;

…//link 的取值控制逻辑以及其他逻辑

assign ytri = link ? yout:1'bz;
```

```
assign yin = ytri;

…//yin 用于内部赋值

endmodule
```

9）提升系统性能的代码风格

下面要列举的代码示例是一些能够起到系统性能提升的代码风格。在逻辑电路的设计过程中，同样的功能可以由多种不同的逻辑电路来实现，那么就存在这些电路中孰优孰劣的问题。因此，带着这样的疑问，我们也一同来探讨一下几种常见的能够提升系统性能的编码技巧。请注意，本知识点所涉及的代码更多地是希望能够授人以"渔"，而非授人以"鱼"，读者应重点掌握前后不同代码所实现出来的逻辑结构，在不用的应用场合，可能会有不同的逻辑结构需求，那么就要学会灵活应变并写出适合需求的代码。

（1）减少关键路径的逻辑等级。

在时序设计过程中遇到一些无法收敛（即时序达不到要求）的情况，很多时候只是某一两条关键路径（这些路径在器件内部的走线或逻辑门延时太长）太糟糕。因此，设计者只要通过优化这些关键路径就可以改善时序性能。而这些关键路径所经过的逻辑门过多，往往是设计者在代码编写时误导综合工具所致。下面通过一个简单的例子，来看看两段不同的代码，其中的关键路径是如何明显得到改善的。

要实现如下的逻辑运算，它们的运算真值表如表 5.2 所示。

$$y = ((\sim a \& b \& c) \mid \sim d) \& \sim e;$$

表 5.2　运算真值表

输　　　入					输　　出
a	b	c	d	e	y
x	x	x	x	1	0
x	x	x	0	0	1
1	x	x	1	0	0
x	0	x	1	0	0
x	x	0	1	0	0
0	1	1	1	0	1

注：x 表示可以任意取 0 或 1。

按照常规的思路，可能会写出如下的代码：

```
//Verilog 例程
moduleexample(a,b,c,d,e,y);

input a,b,c,d,e;
output y;

wire m,n;
```

```
assign m = ~a & b & c;
assign n = m | ~d;
assign y = n & ~e;

endmodule
```

使用 Quartus Ⅱ 自带的综合工具，可以看到它的 RTL 视图如图 5.10 所示，与代码相吻合。

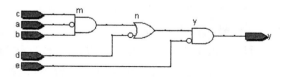

图 5.10　未优化前的综合结果

而现在假定输入 a 到输出 y 的路径是关键路径，其影响了整个逻辑的时序性能。那么，下面就要想办法从这条路径着手做一些优化的工作。很简单，目标是减少输入 a 到输出 y 之间的逻辑等级，目前是 3 级，可以想办法减少到 2 级甚至 1 级。

来分析一下公式"y=((~a & b & c) | ~d) & ~e;"，把"~a"从最里面的括号往外提取一级就等于减少了一级逻辑。当 a=0 时，y=((b & c) | ~d) & ~e；当 a=1 时，y=~d & ~e。由此不难得到"y=((~a | ~d) & ((b & c) | ~d)) & ~e;"与前式是等价的。可以修改前面的代码如下：

```
//Verilog 例程
module example(a,b,c,d,e,y);

input a,b,c,d,e;
output y;

wire m,n;

assign m = ~a | ~d;
assign n = (b & c) | ~d;
assign y = m & n & ~e;

endmodule
```

经过修改后代码的综合结果如图 5.11 所示，虽然 b 和 c 到 y 的逻辑等级还是 3，但是关键路径 a 到 y 的逻辑等级已经优化到了 2 级。与前面不同的是，优化后的 d 信号多了一级的负载，也多了一个逻辑门，这其实也是一种"面积换速度"思想的体现。正可谓"鱼和熊掌不可兼得"，在逻辑设计中往往需要在"鱼和熊掌"之间做抉择。

上面这个实例，只是一个未必非常恰当的"鱼"的例子。在前面章节里已经介绍过，在实际工程应用中，类似的逻辑关系可能在映射到最终器件结构时并非以逻辑门的方式来表现，通常是由 4 输入查找表来实现，那么它的优化可能与单纯简单逻辑等级的优化又有些不同。

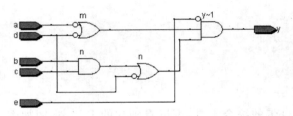

图 5.11　优化后的综合结果

不过,希望读者能在这个小例子中学到"渔"的技巧。

(2) 逻辑复制(减少重载信号的散出)与资源共享。

逻辑复制是一种通过增加面积来改善时序条件的优化手段。逻辑复制最主要的应用是调整信号的扇出。如果某个信号需要驱动的后级逻辑信号较多,也就是其扇出非常大,那么为了增加这个信号的驱动能力,就必须插入很多级的缓存(buffer),这样就在一定程度上增加了这个信号的路径延时。这时可以复制生成这个信号的逻辑,用多路同频同相的信号驱动后续电路,使平均到每路的扇出变低,这样不需要插入 buffer 就能满足驱动能力增加的要求,从而减少该信号的路径延时。

资源共享和逻辑复制恰恰是逻辑复制的一个逆过程,它的好处在于节省面积,同时可能也要以速度的牺牲为代价。

看下面的一个实例:

```verilog
//Verilog 例程
module example(sel,a,b,c,d,sum);

input sel,a,b,c,d;
output[1:0] sum;

wire[1:0] temp1 = {1'b0,a} + {1'b0,b};
wire[1:0] temp2 = {1'b0,c} + {1'b0,d};

assign sum = sel ? temp1:temp2;

endmodule
```

该代码综合后的视图如图 5.12 所示。和代码的表述一致,有两个加法器进行运算,结果通过 2 选 1 选择器后输出给 sum。

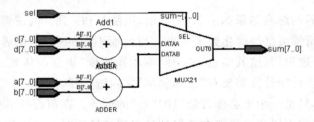

图 5.12　两个加法器的视图

同样实现这个功能,还可以这样编写代码:

```
//Verilog 例程
module example(sel,a,b,c,d,sum);

input sel;
input[7:0] a,b,c,d;
output[7:0] sum;

wire[7:0] temp1 = sel ? a:c;
wire[7:0] temp2 = sel ? b:d;

assign sum = temp1 + temp2;

endmodule
```

综合后的视图如图 5.13 所示,原先两个加法器现在用一个加法器同样可以实现其功能。而原先的一个 2 选 1 选择器则需要 4 选 2 选择器(可能是以两个 2 选 1 选择器来实现)来替代。如果在设计中加法器资源更宝贵一些,那么后面这段代码通过加法器的复用,相比前面一段代码更加节省资源。

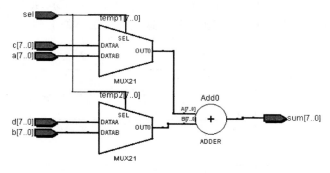

图 5.13　一个加法器的视图

(3) 消除组合逻辑的毛刺。

在 3.2 节的最后部分,对于组合逻辑和时序逻辑的基本概念做了较详细的介绍,并且以一个实例说明了时序逻辑在大多数设计中更优于组合逻辑。组合逻辑在实际应用中,的确存在很多让设计者头疼的隐患,例如这里要说的毛刺。

任何信号在 FPGA 器件内部通过连线和逻辑单元时,都有一定的延时,正是通常所说的走线延时和门延时。延时的大小与连线的长短和逻辑单元的数目有关,同时还受器件本身的制造工艺、工作电压、温度等条件的影响。信号的高低电平转换也需要一定的上升或下降时间。由于存在这些因素的影响,多个信号的电平值发生变化时,在信号变化的瞬间,组合逻辑的输出并非同时,而是有先有后,因此往往会出现一些不正确的信号,例如一些很小的脉冲尖峰信号,称为“毛刺”。如果一个组合逻辑电路中有毛刺出现,就说明该电路存在“冒险”。

下面列举一个简单例子来看看毛刺现象是如何产生和消除的。如图 5.14 所示,这里在图 5.10 所示实例的基础上,对这个组合逻辑的各条走线延时和逻辑门延时做了标记。每个门延时的时间是 2ns,而不同的走线延时略有不同。

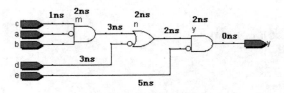

图 5.14　组合逻辑路径的延时标记

在这个实例模型中,不难计算出输入信号 a、b、c、d、e,从输入到输出(信号 y)所经过的延时。通过计算,可以得到 a、b、c 信号到达输出 y 的延时是 12ns,d 到达输出 y 的延时是 9ns,而 e 到达输出 y 的延时是 7ns。从这些传输延时中可以推断出,在第一个输入信号到达输出端 y 之前,输出 y 将保持原来的结果;而在最后一个输入信号到达输出端之后,输出 y 将获得所期望的新的结果。从本实例来看,7ns 之前输出 y 保持原结果,12ns 之后输出 y 获得新的结果。那么这里就存在一个问题,在 7ns 和 12ns 之间的这 5ns 时间内,输入 y 将会是什么状态呢?

如图 5.15 所示,这里列举一种出现毛刺的情况。假设在 0ns 以前,输入信号 a、b、c、d、e 取值均为 0,此时输出 y=1;在 0ns 时,b、c、d 由 0 变化为 1,输出 y=1。在理想情况下,输出 y 应该一直保持 1 不变。但从延时模型来看,实际上在 9~12ns 期间,输出 y 有短暂的低脉冲出现,这不是电路应有的状态,其实这就是这个组合逻辑的毛刺。

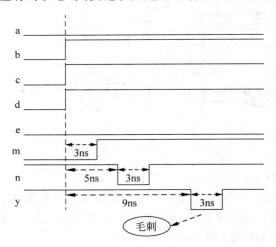

图 5.15　逻辑延时波形

既然多个输入信号的变化前后取值都保持高电平,那么这个低脉冲的毛刺其实不是所希望看到的,在后续电路中,这个毛刺很有可能导致后续的采集出现错误,甚至使得一些功能被误触发。

要消除这个毛刺,通常有两种办法。一种办法是“硬”办法,如果在 y 信号上并联一个电容,便可轻松地将这类脉冲宽度很小的干扰滤除。但是,现在是在 FPGA 器件内部,还真没有条件和可能这么处理,那么只能放弃这种方法。另一种办法其实就是引入时序逻辑,用寄存器使输出信号多打一拍,这也是时序逻辑明显优于组合逻辑的特性。

如图 5.16 所示,在原有组合逻辑的基础上,添加了一个寄存器用于锁存最终的输出信号 y。

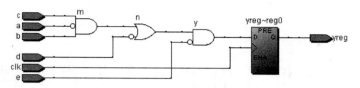

图 5.16　寄存器锁存组合逻辑输出

如图 5.17 所示,在引入了寄存器后,新的最终的输出 yreg 不再随意地改变,而是在每个时钟 clk 的上升沿锁存当前的输出值。

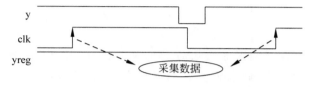

图 5.17　寄存器锁存波形

引入时序逻辑后,并不是说完全就不会产生错误的数据采集或锁存。在时序逻辑中,只要遵循一定的规则就可以避免很多问题,如保证时钟 clk 有效沿前后的数据建立时间和保持时间内待采集的数据是稳定的。

第 6 章

基于仿真的第一个工程实例

本章导读

　　本章引导读者建立第一个属于自己的 FPGA 工程，包括工程新建、基本器件和工具配置、Verilog 源码文件创建和编辑、Verilog 语法检查以及进行 Modesim 的仿真验证。

6.1 新建工程

　　双击 Quartus Ⅱ 13.1 (32-bit)图标，或者选择"开始"→"程序"→Altera 13.1.0.162 → Quartus Ⅱ 13.1.0.162 菜单命令，打开 Quartus Ⅱ软件。Quartus Ⅱ软件的主界面如图 6.1 所示。第一次打开软件，通常默认由菜单栏、工具栏、工程文件导航窗口、编译流程窗口、主编辑窗口以及各种输出打印窗口组成。

图 6.1　Quartus Ⅱ 主界面

下面要新建一个工程,在这之前建议大家在硬盘中专门建立一个文件夹用于存储 Quartus Ⅱ 工程。这个工程目录的路径名应该只有字母、数字和下画线,以字母为首字符,且不要包含中文和其他符号。在菜单栏上选择 File→ New Project Wizard,首先弹出 Introduction 页面,单击 Next 按钮进入 Directory,Name,Top-Level Entity 界面,如图 6.2 所示。

- 在 What is the working directory for this project 文本框中输入新建工程所在的路径,如本实例工程的存放路径为 D:/myfpga/DK_SF_CY4/project/cy4ex1。
- 在 What is the name of this project 文本框中输入工程名,如本实例的工程名为 cy4。
- 在 What is the name of the top-level design entity for this project 文本框中输入工程顶层设计文件的名字。通常建议工程名和工程顶层文件保持一致,这里统一命名为 cy4。

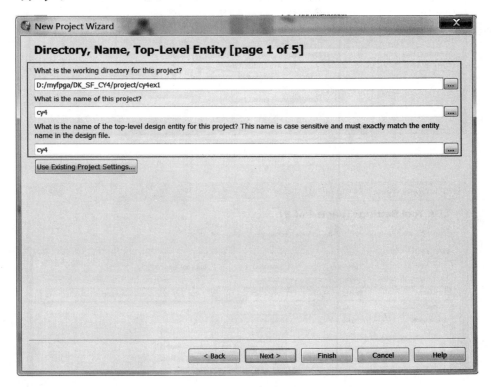

图 6.2　新建工程向导

设置完毕,单击 Next 按钮,在出现的界面中可以添加已有的工程设计文件(Verilog 或 VHDL 文件),因为是完全新建的工程,没有任何预先可用的设计文件,所以不用选择。然后单击 Next 按钮,进入 Family & Device Setting 界面,如图 6.3 所示。该界面主要用于选择元器件,在 Family 下拉列表中选择 Cyclone Ⅳ E 系列,在 Available devices 列表框中选择具体型号 EP4CE6E22C8,单击 Next 按钮进入下一个界面。

如图 6.4 所示,在 EDA Tool Settings 界面中,可以设置工程各个开发环节需要用到的第三方(Altera 公司以外)EDA 工具,这里只需要设置 Simulation 工具为 ModelSim-Altera,Format 为 Verilog HDL 即可,其他工具不涉及,因此都默认为< None >。

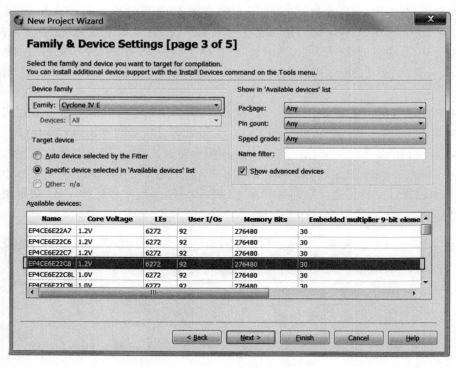

图 6.3　元器件型号选择

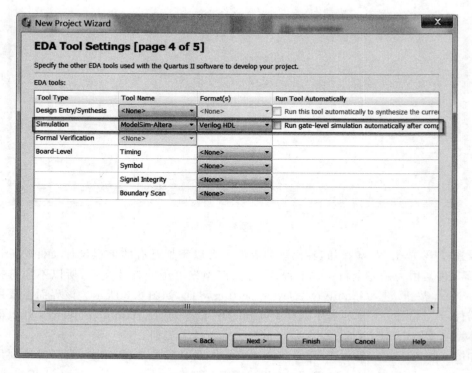

图 6.4　EDA 工具设置

完成 EDA 工具的配置后,可以单击 Next 按钮继续进入下一界面,查看并核对前面设置的结果,也可以直接单击 Finish 按钮完成工程创建。

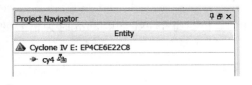

图 6.5　工程向导

工程创建完成后,如图 6.5 所示,在 Project Navigator 窗口中出现了所选择的器件以及顶层文件名,但是实际上此时并未创建工程的顶层设计文件,只不过命名为 cy4。若双击试图打开 cy4 文件,系统马上会弹出 Can't find design entity "cy4"的错误提示。

6.2　Verilog 源码文件创建与编辑

6.2.1　Verilog 源码文件创建

下面就来创建工程顶层文件。选择 File→New 菜单命令,打开如图 6.6 所示的新建文件窗口。在这里可以选择各种需要的设计文件格式。作为工程顶层设计文件的格式主要在 Design Files 类别下,选择 Verilog HDL File(或者 VHDL File),单击 OK 按钮完成文件创建。

紧接着在 Notepad＋＋主编辑窗口弹出新建的 Verilog 文件,按快捷键 Ctrl＋S 或选择 File→Save 菜单命令,则会打开一个对话框,提示输入文件名和保存路径,默认文件名和所命名的 module 名一致,默认路径保存在当前工程文件夹下的 source_code 目录(这个目录也是需要新建的)下。

6.2.2　Verilog 源码文件编辑

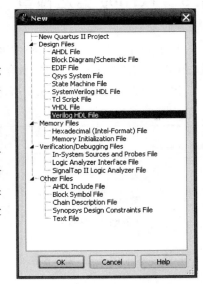

图 6.6　新建 Verilog 文件

在该文件中输入实现实验功能的一段 Verilog 代码。

```
//对外部输入时钟做二分频
module cy4(
          input ext_clk_25m,            //外部输入 25MHz 时钟信号
          input ext_rst_n,              //外部输入复位信号,低电平有效
          output reg clk_12m5            //二分频时钟信号
      );
always @(posedge ext_clk_25m or negedge ext_rst_n)
    if(!ext_rst_n) clk_12m5 <= 1'b0;
    else clk_12m5 <=  ~clk_12m5;
endmodule
```

这段代码的功能是：

- 输入复位信号 ext_rst_n 为低电平时，即复位状态。无论输入时钟 ext_clk_25m 是否运行，输出信号 clk_12m5 始终保持低电平。
- 输入复位信号 ext_rst_n 为高电平时，即退出复位。每个 ext_clk_25m 时钟信号的上升沿，信号 clk_12m5 的输出值翻转。

如图 6.7 所示，这便是前面的代码将要实现的功能。

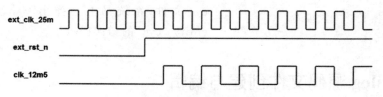

图 6.7　代码实现功能波形

6.3　Verilog 语法检查

为了验证设计输入的代码的基本语法是否正确，可以单击 Flow→Compilation 下的 Analysis & Elaboration 按钮，如图 6.8 所示。

语法检查完成后，如图 6.9 所示，Analysis & Elaboration 按钮前面打上了绿色的钩。

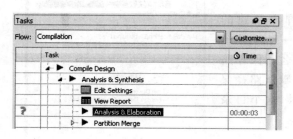

图 6.8　编译源码

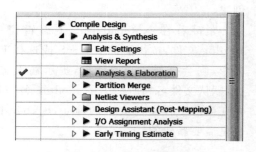

图 6.9　语法检查成功

同时可以查看打印窗口的 Processing 中的信息，包括各种 Warning 和 Error。Error 是不得不关注的，因为 Error 意味着代码有语法错误，后续的编译将无法继续；而 Warning 则不一定是致命的，但很多时候 Warning 中暗藏玄机，一些潜在的问题都可以从这些条目中寻找到蛛丝马迹。当然，也并不是说一个设计编译下来就不可以有 Warning，如果设计者确认这些 Warning 符合设计要求，那么可以忽略它。

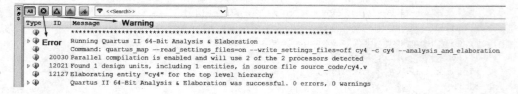

图 6.10　语法检查打印信息

6.4　ModelSim 仿真验证

6.4.1　Quartus Ⅱ基本设置

既然语法检查通过了,那么接下来不妨小试牛刀,让仿真工具 ModelSim 来输出波形验证设计结果和预想是否一致。在用 ModelSim 仿真前,在 Quartus Ⅱ中需要确认几个设置。如图 6.11 所示,选择 Tools→Options 菜单命令。

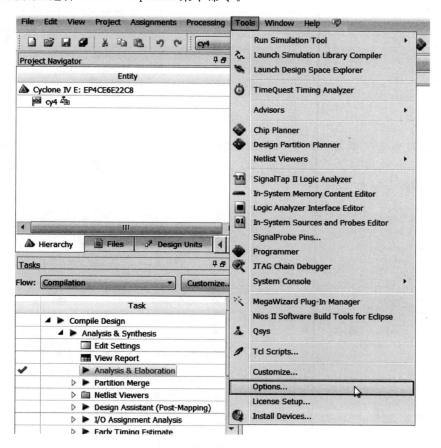

图 6.11　选择 Options 命令

如图 6.12 所示,选择 General→EDA Tool Options,设置 ModelSim-Altera 后面的路径,即安装 ModelSim 时的路径。

6.4.2　测试脚本创建与编辑

回到 Quartus Ⅱ工具中,如图 6.13 所示,选择 Processing→Start→Start Test Bench Template Writer 菜单命令,随后弹出提示 Test Bench Template Writer was successful(在

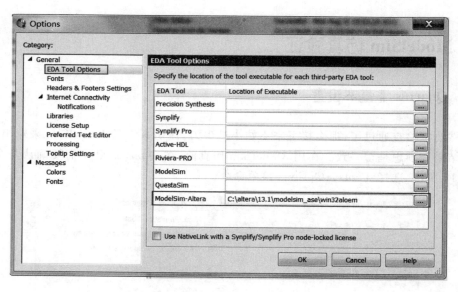

图 6.12　设置 ModelSim 路径

此之前，最好对整个工程做一次全编译，否则可能报错），已经创建了一个 Verilog 测试脚本。在此脚本中，可以设计一些测试激励输入并且观察相应输出，借此就能够验证原工程的设计代码是否符合要求。

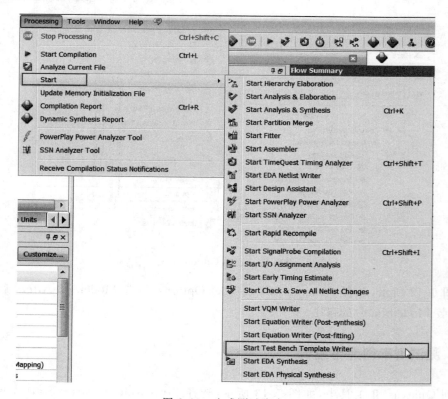

图 6.13　生成测试脚本

打开工程所在文件夹下的"…/simulation/modelsim"文件夹,如图 6.14 所示,可以看到一个名为 cy4.vt 的测试脚本文件已创建好了。

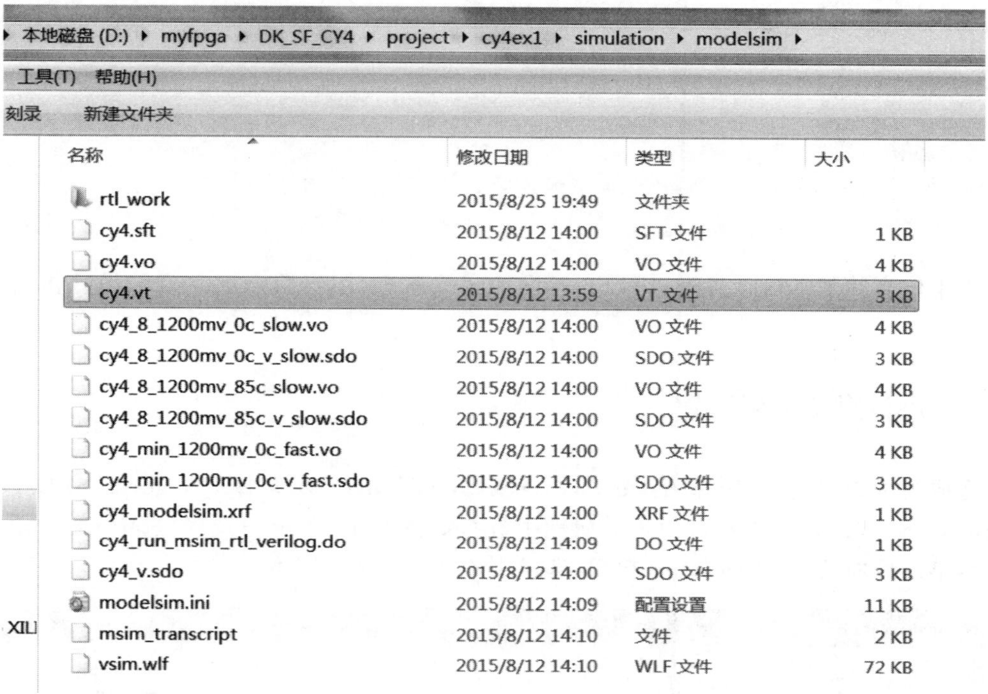

名称	修改日期	类型	大小
▸ 本地磁盘 (D:) ▸ myfpga ▸ DK_SF_CY4 ▸ project ▸ cy4ex1 ▸ simulation ▸ modelsim ▸			
工具(T)　帮助(H)			
刻录　　新建文件夹			
rtl_work	2015/8/25 19:49	文件夹	
cy4.sft	2015/8/12 14:00	SFT 文件	1 KB
cy4.vo	2015/8/12 14:00	VO 文件	4 KB
cy4.vt	2015/8/12 13:59	VT 文件	3 KB
cy4_8_1200mv_0c_slow.vo	2015/8/12 14:00	VO 文件	4 KB
cy4_8_1200mv_0c_v_slow.sdo	2015/8/12 14:00	SDO 文件	3 KB
cy4_8_1200mv_85c_slow.vo	2015/8/12 14:00	VO 文件	4 KB
cy4_8_1200mv_85c_v_slow.sdo	2015/8/12 14:00	SDO 文件	3 KB
cy4_min_1200mv_0c_fast.vo	2015/8/12 14:00	VO 文件	4 KB
cy4_min_1200mv_0c_v_fast.sdo	2015/8/12 14:00	SDO 文件	3 KB
cy4_modelsim.xrf	2015/8/12 14:00	XRF 文件	1 KB
cy4_run_msim_rtl_verilog.do	2015/8/12 14:09	DO 文件	1 KB
cy4_v.sdo	2015/8/12 14:00	SDO 文件	3 KB
modelsim.ini	2015/8/12 14:09	配置设置	11 KB
msim_transcript	2015/8/12 14:10	文件	2 KB
vsim.wlf	2015/8/12 14:10	WLF 文件	72 KB

图 6.14　测试脚本文件

测试脚本文件在 Notepad++中打开了。这里的测试脚本只是一个基本的模板,它把设计文件 cy4.v 的接口在这个模块里面例化声明了,还需要动手添加复位和时钟的激励,编辑好的测试脚本如下。

```
'timescale 1 ns/ 1 ps
module cy4_vlg_tst();
// 测试向量输入寄存器
reg ext_clk_25m;
reg ext_rst_n;
// 测试向量输出寄存器
wire clk_12m5;
// 例化被测试模块
cy4 i1 (
// 引脚映射
    .clk_12m5(clk_12m5),
    .ext_clk_25m(ext_clk_25m),
    .ext_rst_n(ext_rst_n)
);
    initial begin
        // 初始化信号值
        ext_clk_25m = 0;
```

```
                ext_rst_n = 0;
                // 等待 100ns 系统复位结束
                #100;
                ext_rst_n = 1;
                // 复位结束后仿真 2000ns
                #2000;
                $ stop;
        end
        always #20 ext_clk_25m = ~ext_clk_25m; //产生 25MHz 时钟源
endmodule
```

关于仿真的基本概念可查看《FPGA 设计实战演练(逻辑篇)》第 9 章的设计仿真部分内容。

6.4.3 测试脚本关联设置

完成测试脚本编写,选择 Assigement→Settings 菜单命令,选择 Categorys→EDA Tool Settings→Simulation,在右边的相关属性中进行如图 6.15 所示的设置,选中 Compile test bench,单击后面的 Test Benches 按钮,选择刚才创建的测试脚本。

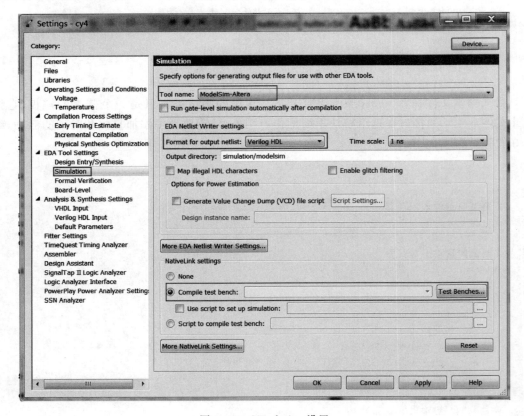

图 6.15　Simulation 设置

　　如图 6.16 所示,在弹出的 Test Benches 对话框中,单击 New 按钮,弹出如图 6.17 所示的 Edit Test Bench Settings 对话框。

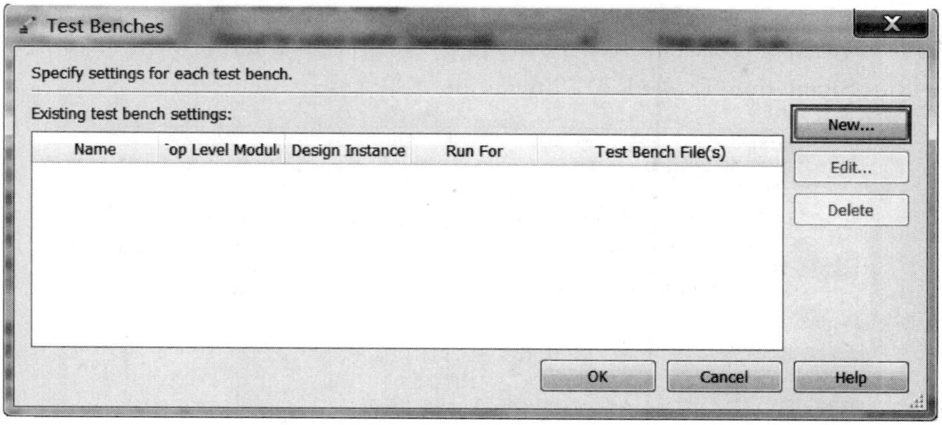

图 6.16　Test Benches 窗口

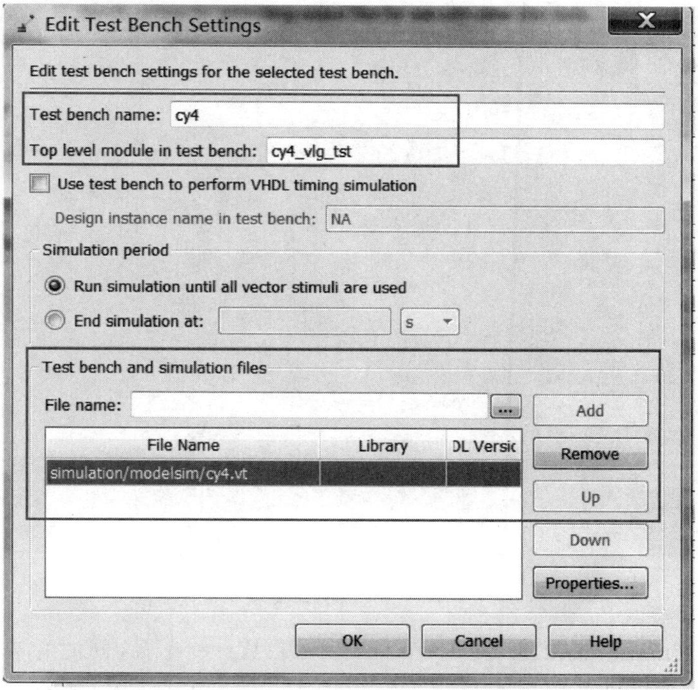

图 6.17　设置测试脚本路径

　　在此对话框中,根据实际情况输入 Test bench name 和 Top level module in test bench 的名称,在 Test bench and simulation files 下面选择测试脚本文件,然后单击 Add 按钮添加到最下面的列表中。单击 OK 按钮,便可看到如图 6.16 所示的 Test Benches 对话框的 Existing test bench settings 列表框中出现了刚才添加的测试脚本相关信息,单击 OK 按钮完成设置。

6.4.4　调用 ModelSim 仿真

仿真测试的所有准备工作就绪了，就可以一键完成仿真工作。如图 6.18 所示，选择 Tools→Run Simulation Tool→RTL Simulation 菜单命令。

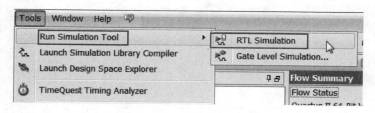

图 6.18　运行仿真菜单

图 6.19 所示是 ModelSim-Altera 软件的波形界面。

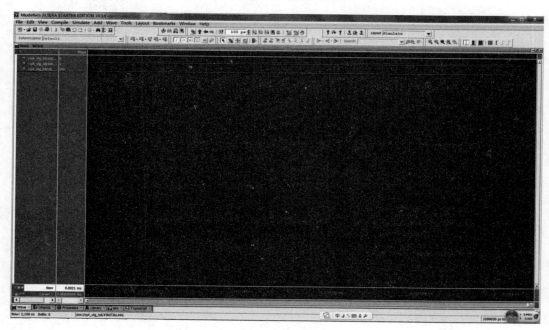

图 6.19　波形界面

弹出 ModelSim 后，如图 6.20 所示，可以打开 Wave 查看，同时单击右上角的 Zoom Full 按钮，整个有效的波形将展开显示。ModelSim 的使用并不难，所有的菜单按钮都简单易懂，有些地方右键菜单也有很多功能，读者可以自己动手试试。

图 6.21 所示是设计的二分频效果。

通过这个简单的工程，相信读者已经掌握了使用 Quartus Ⅱ 进行工程创建、设计文本创建和编辑、测试脚本创建和编辑、使用 ModelSim 进行仿真等基本技能。当然，这只是刚刚把您领进门，让您熟悉一下工具的一些基本操作。这个例程就到这里，不进行板级的实验。

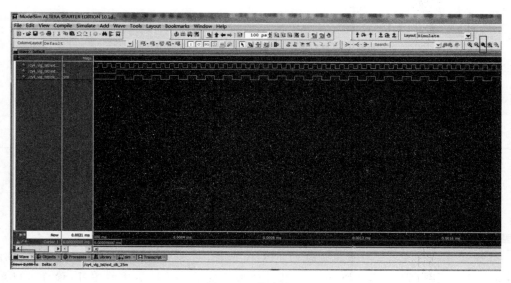

图 6.20　仿真波形

图 6.21　放大的仿真波形

第7章

基于板级调试的第二个工程实例

本章导读

　　本章建立一个可以进行板级调试的 FPGA 工程,包括工程的综合、实现与配置文件生成,进行在线下载调试以及 FPGA 配置芯片的固化烧录。通过本章的学习,读者可以熟悉 FPGA 开发从代码编写到最终在 FPGA 上运行代码的各个步骤。

7.1　PWM 蜂鸣器驱动——功能概述

1.　功能概述

　　蜂鸣器是一种最简单的发声元器件,应用非常广泛,大都作为报警或发声提醒装置。比如家里的计算机在刚开启时,通常主板上会发出一声较短的尖锐的"滴……"的鸣叫声,提示用户主板自检通过,可以正常进行启动;而如果是 1 长 1 短或 1 长 2 短的鸣叫声,则表示可能发生了计算机内存或显卡故障;当然还可以有其他不同的鸣叫声提示其他的故障。总而言之,可别小看了这区区几毛钱的小家伙,关键时刻还挺有用的。可以毫不夸张地说,蜂鸣器也算是一种人机交互的手段。

　　脉冲宽度调制信号(Pulse Width Modulation,PWM)如图 7.1 所示,其输出只有高电平 1 和低电平 0。PWM 不停地重复输出,周期为 T,其中高电平 1 是时间为 t 的脉冲,t/T 是它的占空比,$1/T$ 是它的频率。

　　图 7.2 是 CY4 板上蜂鸣器的电路原理图。BEEP 网络连接到 FPGA 的 I/O 上,当

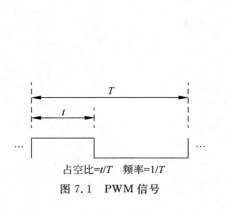

图 7.1　PWM 信号

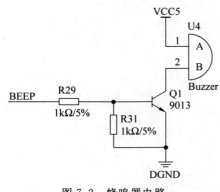

图 7.2　蜂鸣器电路

BEEP ＝ 1 时，三极管 Q1 的 BE 导通，CE 也导通，U4 的 2 端直接接地，则在它的两端有 5V 的电压，因此蜂鸣器就发声了；当 BEEP ＝ 0 时，Q1 截止，U4 的 2 端相当于开路，则蜂鸣器不会发出声音。

如图 7.3 所示，基于蜂鸣器在 FPGA 的 I/O 输出 1 就发声、0 则不发声的原理，给 I/O 口一个占空比为 50％的 PWM 的信号，让蜂鸣器间歇性地发声鸣叫。如果它的频率高，则发声就显得相对尖锐急促一些；如果它的发声频率低，则发声就显得低沉平缓一些。

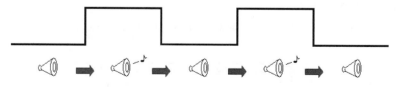

图 7.3　蜂鸣器与 PWM 发声映射

在给出的实例代码中，期望产生一个输出频率为 25Hz(40ms)、占空比为 50％的 PWM 信号去驱动蜂鸣器的发声。因此，使用系统时钟 25MHz(40ns)进行计数，每计数 1 000 000 次，这个计数器就清零重新计算。因为这个计数器是二进制的，要能够表达 0～999 999 的任意一个计数值，那么这个二进制计数器至少必须是 20 位的。此外，为了得到输出的 PWM 占空比为 50％，那么只要判断计数值小于最大计数值的一半（即 500 000）时，输出高电平 1，反之输出低电平 0。

2. 设计源码

```verilog
//产生频率为 25Hz,占空比为 50％的蜂鸣器发声信号
module cy4(
            input ext_clk_25m,          //外部输入 25MHz 时钟信号
            input ext_rst_n,            //外部输入复位信号,低电平有效
            output reg beep             //蜂鸣器控制信号,1－－响,0－－不响
        );
//------------------------------------
reg[19:0] cnt;                          //20 位计数器
//cnt 计数器进行 0～999 999 的循环计数,即 ext_clk_25m 时钟的 1 000 000 分频,对应 cnt 一个周期
//为 25Hz
always @ (posedge ext_clk_25m or negedge ext_rst_n)
    if(!ext_rst_n) cnt <= 20'd0;
    else if(cnt < 20'd999_999) cnt <= cnt + 1'b1;
    else cnt <= 20'd0;
//------------------------------------
//产生频率为 25Hz,占空比为 50％的蜂鸣器发声信号
always @ (posedge ext_clk_25m or negedge ext_rst_n)
    if(!ext_rst_n) beep <= 1'b0;
    else if(cnt < 20'd500_000) beep <= 1'b1;        //蜂鸣器响
    else beep <= 1'b0;                              //蜂鸣器不响
endmodule
```

7.2　PWM 蜂鸣器驱动——引脚分配

1. 工程移植

复制 cy4ex1 整个文件夹，将其更名为 cy4ex2。然后打开"…\cy4ex2\source_code"文件夹下的 cy4.v 源代码文件。

删除 cy4.v 文件中原有的代码，重新编辑源码，如图 7.4 所示。

```verilog
//Altera ATPP合作伙伴 至芯科技 携手 特权同学 共同打造 FPGA开发板系列
//工程硬件平台：  Altera Cyclone IV FPGA
//开发套件型号： SF-CY4 特权打造
//版 权 申 明：本例程由《深入浅出玩转FPGA》作者"特权同学"原创，
//              仅供SF-CY4开发套件学习使用，谢谢支持
//官方淘宝店铺：http://myfpga.taobao.com/
//最新资料下载：http://pan.baidu.com/s/1jGpMIJc
//公          司：上海或与电子科技有限公司
//产生频率为25Hz，占空比为50%的蜂鸣器发声信号
module cy4(
            input ext_clk_25m,   //外部输入25MHz时钟信号
            input ext_rst_n,     //外部输入复位信号，低电平有效
            output reg beep //蜂鸣器控制信号，1—响，0—不响
    );

//-----------------------------
reg[19:0] cnt;        //20位计数器

    //cnt计数器进行0~999999的循环计数，即ext_clk_25m时钟的1000000分频，对应cnt一个周期为25Hz
always @ (posedge ext_clk_25m or negedge ext_rst_n)
    if(!ext_rst_n) cnt <= 20'd0;
    else if(cnt < 20'd999_999) cnt <= cnt+1'b1;
    else cnt <= 20'd0;

//-----------------------------

    //产生频率为25Hz，占空比为50%的蜂鸣器发声信号
always @ (posedge ext_clk_25m or negedge ext_rst_n)
    if(!ext_rst_n) beep <= 1'b0;
    else if(cnt < 20'd500_000) beep <= 1'b1;     //蜂鸣器响
    else beep <= 1'b0;        //蜂鸣器不响

endmodule
```

图 7.4　移植后的工程源码

使用 Quartus Ⅱ 打开刚刚移植好的 cy4ex2 文件夹下的工程，即双击工程文件夹下的 cy4.qpf 文件即可。

2. PlanAead 引脚分配

这个例程的顶层源码里有 3 个接口，即：

> input ext_clk_25m,　　　//外部输入 25MHz 时钟信号
> input ext_rst_n,　　　　//外部输入复位信号,低电平有效
> output reg beep　　　　//蜂鸣器控制信号,1-- 响,0-- 不响

这 3 个信号都是 FPGA 引脚上定义和外部设备连接的信号,因此需要将这些信号和 FPGA 的引脚进行映射。

如图 7.5 所示,选择 Quartus Ⅱ 的 Assignments→Pin Planner 菜单命令。

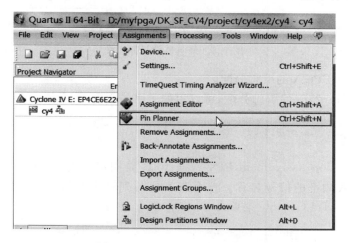

图 7.5　Pin Planner 菜单命令

如图 7.6 所示,在 Pin Planner 界面下面出现的 Node Name 列中,有 3 个信号接口,这里 Location 列可以输入它们对应 FPGA 的引脚;I/O Standard 列可以输入 I/O 电平标准,默认是 2.5V,但由于原理图上已经把 VCC I/O 连接 3.3V,所以实际上输出是 3.3V,默认设置即可。

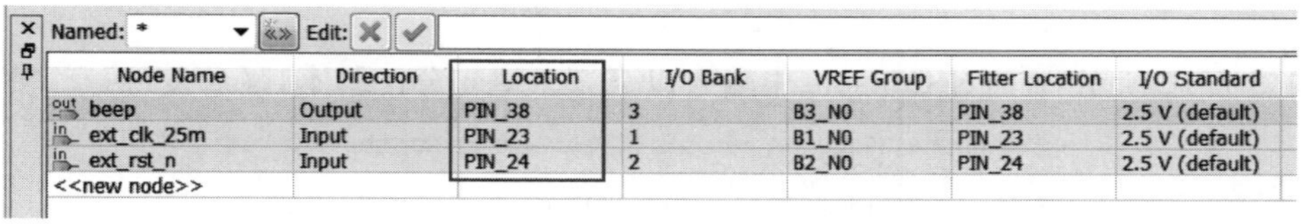

Node Name	Direction	Location	I/O Bank	VREF Group	Fitter Location	I/O Standard
beep	Output	PIN_38	3	B3_N0	PIN_38	2.5 V (default)
ext_clk_25m	Input	PIN_23	1	B1_N0	PIN_23	2.5 V (default)
ext_rst_n	Input	PIN_24	2	B2_N0	PIN_24	2.5 V (default)
<<new node>>						

图 7.6　引脚分配

查看 SF-CY4 开发板的原理图,如图 7.7 和图 7.8 所示,这里 BEEP 对应 FPGA 引脚号是 38,那么前面就在 Location 列输入 PIN_38;RST_N 和 CLK_25M 分别为 24 和 23,则输入 PIN_24 和 PIN_23。

3. 脚本直接引脚分配

Tcl(Tool command language,工具命令语言)是一种好用易学的编程语言,在 EDA 工具中广泛使用,几乎所有 FPGA 开发工具都支持这种语言进行辅助设计。例如,这里就要尝

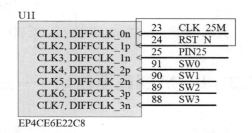

图 7.7　时钟和复位信号原理图

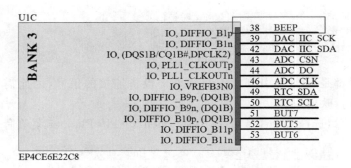

图 7.8　蜂鸣器信号原理图

试用 Tcl 脚本进行 FPGA 的引脚分配。

前面对 ext_clk_25m 的引脚分配,可以用如下语句实现。

```
set_location_assignment PIN_23 - to ext_clk_25m
```

语法"set_location_assignment PIN_A － to B"是固定格式。其中,A 代表 FPGA 引脚号;B 代表 FPGA 内部的信号名称。这个脚本要写到哪里? 如图 7.9 所示,选择 View→Utility Windows→Tcl Console 菜单命令。

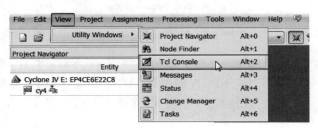

图 7.9　Tcl Console 菜单命令

如图 7.10 所示,在 Tcl Console 中输入以下 3 条语句分配脚本,最后按"回车"键。

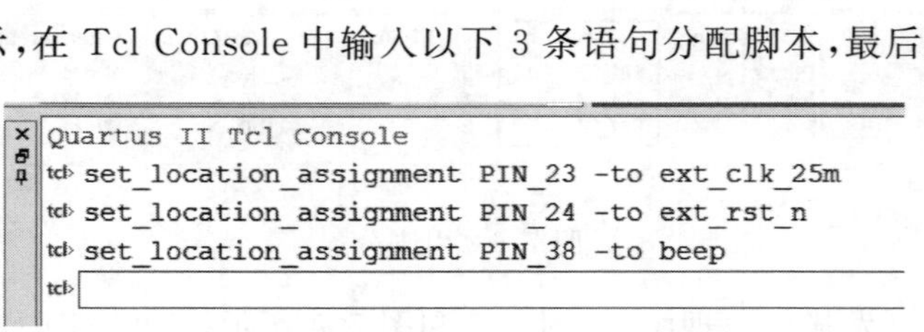

```
Quartus II Tcl Console
tcl set_location_assignment PIN_23 -to ext_clk_25m
tcl set_location_assignment PIN_24 -to ext_rst_n
tcl set_location_assignment PIN_38 -to beep
tcl
```

图 7.10　Tcl 脚本输入

此时,返回 Pin Planner 中,可以看到所有引脚自动完成分配。

7.3　PWM 蜂鸣器驱动——综合、映射与配置文件产生

如图 7.11 所示,在 Quartus Ⅱ 主界面的右侧,有 Project Navigator 和 Tasks 面板。Tasks 面板中有很多编译选项,这些编译步骤是从上到下依次进行的,若双击某一步,它上

面的步骤都会相应执行。大体上来说,Quartus Ⅱ中把FPGA的编译主要分为三个步骤,即综合(Analysis & Synthesis)、映射(Fitter)和配置文件产生(Assembler)。只要有这三步,就可以产生配置FPGA的数据流,使FPGA按照期望运行起来。

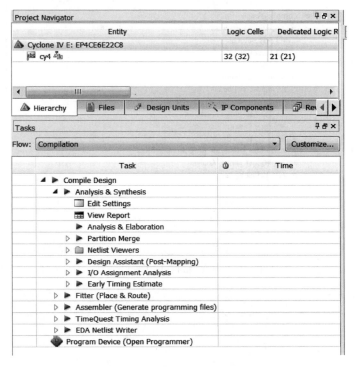

图 7.11　Project Navigator 和 Tasks 面板

如图7.12所示,双击Analysis & Synthesis进行综合时,图示的"‰"状态表示正在进行中。

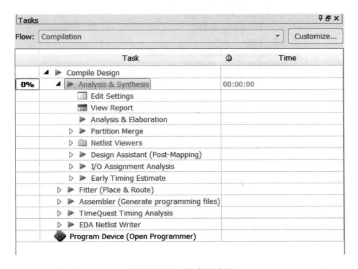

图 7.12　综合编译

如图 7.13 所示，Analysis & Synthesis 前面出现了钩号，表示已经完成综合编译。

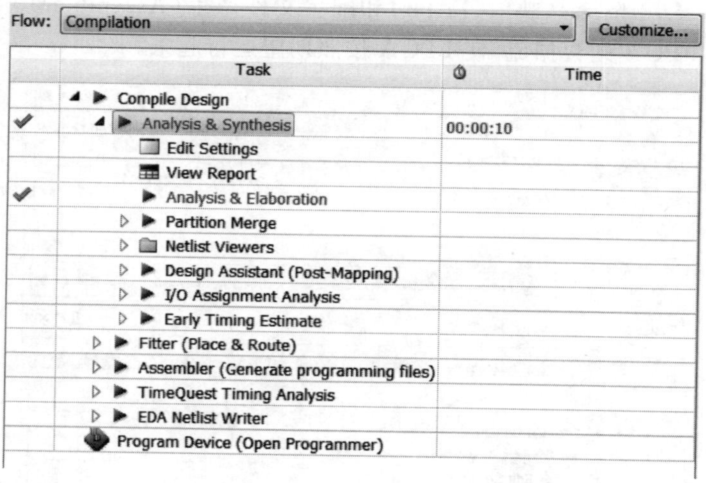

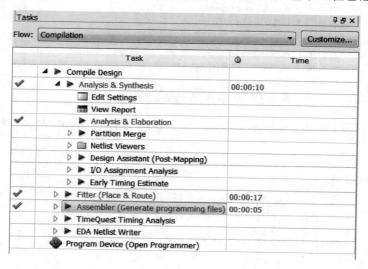

图 7.13　综合编译成功

　　一般情况下，不需要一步一步地单击，直接双击 Assembler 完成编译即可。如图 7.14 所示，Assembler 以及其上的所有编译选项都打上了钩号，表示整个工程已经编译成功。

图 7.14　整个工程编译成功

7.4　Altera FPGA 配置方式

7.4.1　概述

　　FPGA 是基于 RAM 结构的，当然也有基于 Flash 结构的，但 RAM 结构的是主流，也是我们讨论的重点。而 RAM 是易失存储器,在掉电后保存的数据就丢失了,重新上电后需要再下载一次才可以。因此,肯定不希望每次重新上电后都用计算机去下载一次,工程实现也不允许这么做。所以,通常 FPGA 旁边都配置有芯片,一般是一片并行或者是串行接口的 Flash。不管是串行还是并行的 Flash,它们的启动加载原理基本相同,后面会专门讨论。

7.4.2　配置方式

FPGA 器件有三类配置下载方式:主动配置方式(AS)、被动配置方式(PS)和最常用的基于 JTAG 的配置方式。AS 和 PS 模式主要是将比特流下载到配置芯片中;而 JTAG 模式则既能将代码下载到 FPGA 中直接在线运行(速度快,调试时优选),也能够通过 FPGA 将比特流下载到配置芯片中。由于 JTAG 方式灵活多用,所以 SF-CY4 开发板就只预留了 JTAG 接口。

1. AS 配置方式

AS 配置方式由 FPGA 器件引导配置操作过程,控制着外部存储器及其初始化过程,EPCS 系列配置芯片(如 EPCS1、EPCS4)专供 AS 模式。在 AS 配置期间,使用 Altera 串行配置器件来完成,FPGA 器件处于主动地位,配置器件处于从属地位,配置数据通过 DATA0 引脚送入 FPGA。配置数据被同步在 DCLK 输入上,1 个时钟周期传送 1 位数据。

2. PS 配置方式

PS 配置方式则由外部计算机或其他控制器控制配置过程,通过加强型配置器件(EPC16、EPC8、EPC4)等完成。在 PS 配置期间,配置数据从外部储存部件,通过 DATA0 引脚送入 FPGA。配置数据在 DCLK 上升沿锁存,1 个时钟周期传送 1 位数据。

3. JTAG 配置方式

JTAG 接口是业界标准,主要用于芯片测试等功能,使用 IEEE STD 1149.1 联合边界扫描接口引脚,支持 JAM STAPL 标准,可以使用 Altera 下载电缆或主控器来完成。

FPGA 在正常工作时,它的配置数据存储在 SRAM 中,加电时必须重新下载。在实验系统中,通常用计算机或控制器进行调试,因此可以使用 PS。在实际系统中,多数情况下必须由 FPGA 主动引导配置操作过程,这时 FPGA 将主动从外围专用存储芯片中获得配置数据,而此芯片中 FPGA 配置信息是用普通编程器将设计所得的 POF 格式文件烧录进去。

JTAG 模式在线下载 FPGA 的原理如图 7.15 所示,计算机端的 Quartus Ⅱ 软件通过下载线缆将 bit 流(SOF 文件)下载到 FPGA 内部,下载完成后 FPGA 中立刻执行下载代码,速度很快,非常适合调试。

FPGA 下载数据到配置芯片的原理如图 7.16 所示,计算机端的 Quartus Ⅱ 软件通过下载线缆将比特流(JIC 格式文件)下载到配置芯片中。由于配置芯片和 JTAG 接口都是分别连接到 FPGA 的,它们不是直接连接,所以配置文件从计算机先传送到 FPGA,然后再经 FPGA 内部转送

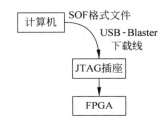

图 7.15　基于 JTAG 的在线配置原理

给配置芯片,在这个过程中 FPGA 起到一个桥接的作用。

　　看完 JTAG 模式下在线配置 FPGA 和烧录配置芯片的原理,再了解一下 FPGA 上电初始的配置过程。FPGA 上电后,内部的控制器首先工作,确认当前的配置模式,如果是外部配置芯片启动,则通过和外部配置芯片的接口(如 SPI 接口)将配置芯片的数据加载到 FPGA 的 RAM 中,配置完成后开始正式运行,数据流加载方向如图 7.17 所示。当然,有人可能在想,JTAG 在线配置是否和配置芯片加载相冲突呢? 非也,JTAG 在线配置的优先级是最高的,无论此时 FPGA 中在运行什么逻辑,只要 JTAG 下载启动,则 FPGA 便停下当前的工作,开始运行 JTAG 下载的新的配置数据。

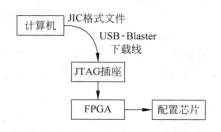

图 7.16　基于 FPGA 的配置芯片固化原理

图 7.17　FPGA 离线加载原理

7.5　PWM 蜂鸣器驱动——FPGA 在线下载配置

1. 打开 Programmer 窗口

　　连接好 USB-Blaster 下载线,SF-CY4 开发板上电,同时打开"…\prj\cy4ex2"目录下的工程(即双击 cy4. qpf)。如图 7.18 所示,单击工具栏中的 Programmer 按钮,打开下载配置窗口。

　　如图 7.19 所示,确认 Mode 选项为 JTAG,确认 File 列下的下载文件名称为 output_files/cy4. sof,勾选 Program/Configure。

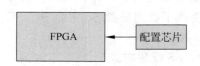

图 7.18　Programmer 按钮

2. 识别 USB-Blaster

　　确认 Quartus Ⅱ 是否识别了 USB-Blaster 下载线。若没有识别,则单击图 7.19 左上角的 Hardware Setup 按钮。

　　如图 7.20 所示,在弹出的 Hardware Setup 对话框中,选择当前硬件为 USB-Blaster,然后单击 Close 按钮。如果当前硬件里面没有 USB-Blaster 选项,首先确认硬件上是否已经把 USB-Blaster 和计算机连接好,然后再尝试多次拔插,或者重新启动 Quartus Ⅱ 软件。

3. 执行在线下载操作

　　如图 7.21 所示,直接单击左侧的 Start 按钮就可以启动下载操作,观察右上角的 Process 是否会从 0 变为 100%。完成下载后,可以听到 SF-CY4 开发板上的蜂鸣器发出清脆的"滴滴"声。

　　JTAG 模式主要用于将工程编译生成的 *. sof 文件烧录到 FPGA 中,如果下载完成后断电重新上电,那么刚下载的代码会不见了。(注意,如果配置芯片本身的代码就是闪烁灯,

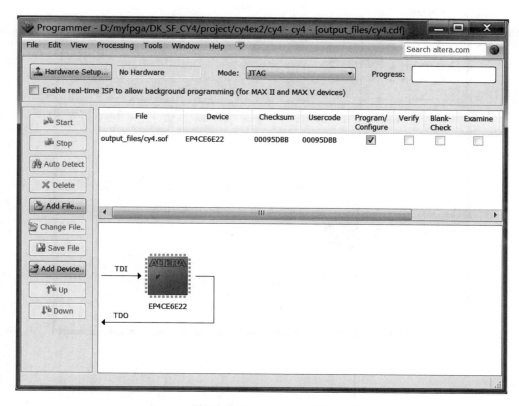

图 7.19　Programmer 窗口

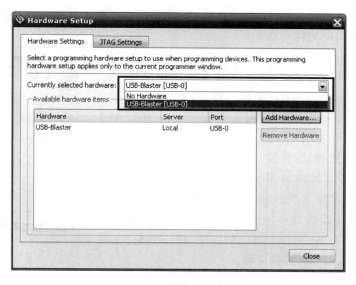

图 7.20　下载器识别与选择

那么重新上电后肯定还是闪烁灯,如果大家要看看重新上电后 JTAG 在线下载的数据是否真的丢失了,那么不妨按照后面的 JTGA 烧录配置芯片的步骤烧录一个不闪烁灯的代码,然后再做前面的下载。)

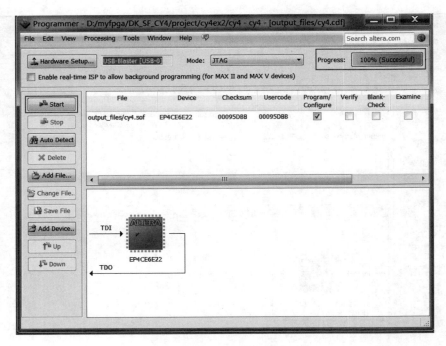

图 7.21　下载操作

7.6　PWM 蜂鸣器驱动——FPGA 配置芯片固化

1. sof 文件转 jic 文件

很多网友在购买 FPGA 开发板时,都以为必须有 AS 接口才可以对 FPGA 的配置 Flash 芯片进行固化操作,因此就一定要找带 AS 接口的开发板。其实,配置 Flash 芯片的固化使用 JTAG 接口即可,根本不需要专门加个 AS 接口来实现。

和 AS 下载方式相比,使用 JTAG 固化配置 Flash 芯片需要先把 ∗.sof 文件转换成 ∗.jic 文件,然后在 JTAG 模式下选择 ∗.jic 文件下载即可。

首先,工程必须编译并产生一个包含 FPGA 配置数据的 SRAM 目标文件(∗.sof)。默认情况下,Quartus Ⅱ 在编译后都会产生 ∗.sof 的目标文件。

如图 7.22 所示,选择 Quarutus Ⅱ 软件的 File→Convert Programming Files 菜单命令。

弹出转换窗口后,进行如图 7.23 所示的设置。

具体的设置说明如下:

* 在 Output programming file 下的 Programming

图 7.22　Convert Programming
Files 菜单命令

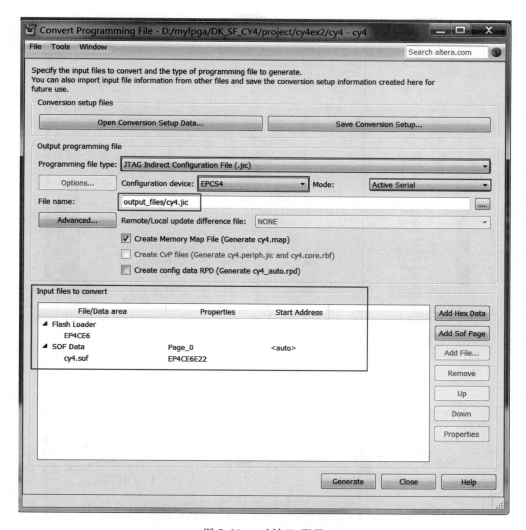

图 7.23 sof 转 jic 配置

file type 下拉列表中选择需要转换的文件类型 JTAG Indirect Configuration File(.jic)。

- 在 Configuration device 下拉列表中选择 CY4 开发板上使用的配置器件 EPCS4(和 M25P40 完全兼容的 SPI Flash)。
- 在 Mode 下拉列表中选择 Active Serial。
- 在 File name 文本框中输入转换后的文件存放路径(相对于当前工程文件夹)和文件名,命名为 cy4.jic(在 output_files 文件夹下)。
- 如图 7.24 所示,在 Input files to convert 中,首先选中 Flash Loader 所在的行,然后单击右侧的 Add Device 按钮。在打开的对话框中选择 Cyclone Ⅳ E→EP4CE6,然后单击 OK 按钮。
- 如图 7.25 所示,选中 SOF Data 所在行,然后单击右侧的 Add File 按钮。在打开的对话框中选择 cy4.sof 文件,然后单击 Open 按钮。

完成设置,单击 Generate 按钮生成 *.jic。

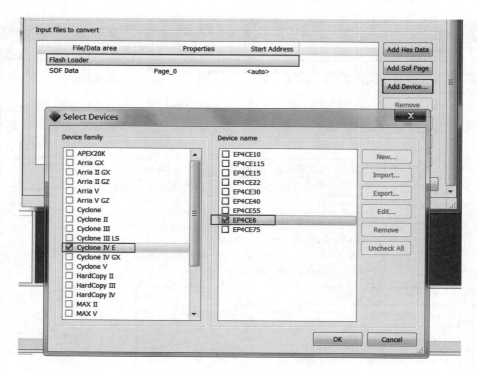

图 7.24 目标器件选择

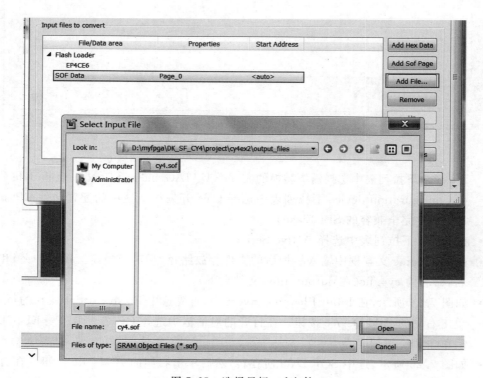

图 7.25 选择目标 sof 文件

2. 配置芯片固化操作

如图 7.26 所示，打开 Programmer 下载窗口，先把之前的 sof 文件删除，即选中图示的
cy4.sof 文件，然后单击左侧的 Delete 按钮。接着单击 Add File 按钮，在 output_files 文件
夹选择刚才生成的 cy4.jic 文件。

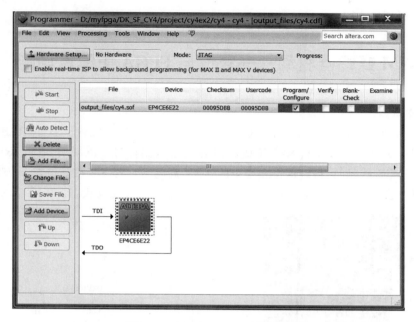

图 7.26 Programmer 下载窗口

如图 7.27 所示，cy4.jic 文件的 Program/Configure 列必须勾选。

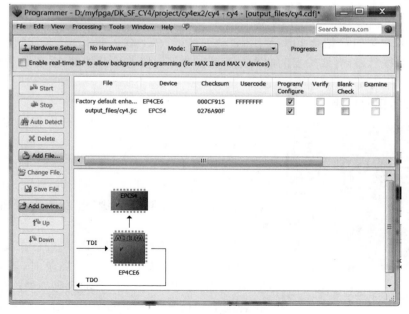

图 7.27 Programmer 下载配置界面

确认 Hardware Setup 中已经识别了 USB-Blaster 下载线,之后就可以执行下载操作。同样,等待进度条到 100%,则表示下载完成。注意:jic 文件的下载要比 sof 文件的下载慢很多,10s 左右才能完成。

完成下载后,SF-CY4 板子处于不工作状态,需要重启开发板,就可以看到刚才下载的代码已经生效运行了。

7.7　PWM 蜂鸣器驱动——复位与 FPGA 重配置功能

1. 复位功能

如图 7.28 所示,在 SF-CY4 开发板的左下有一个 RESET 按键。这个 RESET 按键的电路图如图 7.29 所示,C23 和 R27 组成的阻容复位电路保证 FPGA 上电后,RST_N 信号从 0 到 1 上升有一些延时,最终保持在稳定的 3.3V 高电平。若 S18 按键被按下,则 RST_N 信号的电平值就会被拉低,那么在设计中就会让系统再次进入复位状态。

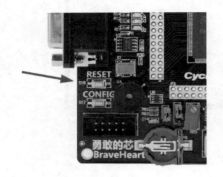

图 7.28　复位按键

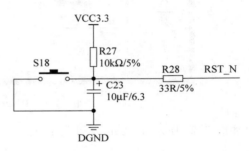

图 7.29　复位电路

现在大家可以自己结合 FPGA 代码,动手试试,在下载了 cy4.sof 文件到 FPGA 以后,单击 RESET 按键,看看蜂鸣器的叫声是否就停止了;接着松开按键,看看是否蜂鸣器又开始"滴滴"地工作了。

2. 在线重配置功能

图 7.30　重配置按键

如图 7.30 所示,在 SF-CY4 开发板的 RESET 按键下面有一个 CONFIG 按键。

CONFIG 按键的电路图如图 7.31 所示,nCONFIG 信号在正常情况下是高电平,当按键 S17 按下后,则被拉低,FPGA 就进入重配置状态,松开后,FPGA 将重新配置。

前面已经介绍了如何对 FPGA 进行在线烧录以及对 FPGA 配置 Flash 做固化。在线烧录时,若按下并松开 CONFIG 按键,则 FPGA 原有的代码丢失;而 Flash 固化后,若按下并松开 CONFIG 按键,则 FPGA 仍然能够正常运行原有的代码。

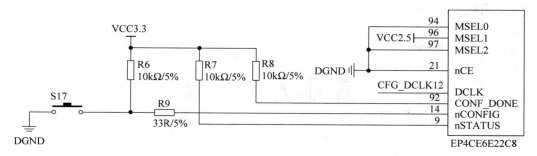

图 7.31 重配置电路

第 8 章

基础入门实例

本章导读

本章开始,将呈现给读者各种 FPGA 入门例程。在本章给出的是最基本的入门例程,通过这些例程对一些简单常见外设的控制,可以很好地掌握 Verilog 的基本语法,以及使用 Quartus Ⅱ 进行 FPGA 开发的流程。

8.1 蜂鸣器开关实例

8.1.1 功能简介

在第 7 章的实例中,知道了蜂鸣器工作的基本原理,即 FPGA 输出高电平就发出响声, FPGA 输出低电平就停止发声。在本节中,增加一个拨码开关,让拨码开关的 ON 或 OFF 状态相应地去控制蜂鸣器的发声与不发声。

拨码开关 SW3 的电路如图 8.1 所示。拨码开关与 FPGA 相连接的 SW0 信号的电平值取决于拨码开关当前的位置,若拨码开关连接了 2-3 脚,那么 SW0 就是高电平状态;若拨码开关连接了 3-4 脚,那么 SW0 就是低电平状态。

如图 8.2 所示,每一个拨码开关的右侧都有 ON 和 OFF 的丝印标示。其中,ON 对应的是 3-4 脚连接状态;OFF 对应的是 2-3 脚连接状态。

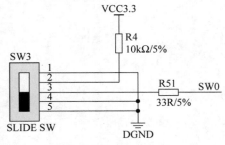

图 8.1　拨码开关电路

图 8.2　拨码开关实物照片

综上所述,当拨码开关处于 ON 状态时,SW0 输出低电平;当拨码开关处于 OFF 状态时,SW0 输出高电平。

8.1.2　代码解析

本实例的工程代码如下,只有 cy4.v 一个 Verilog 源文件。

```
module cy4(
        input ext_clk_25m,           //外部输入 25MHz 时钟信号
        input ext_rst_n,             //外部输入复位信号,低电平有效
        input[0:0] switch,           //拨码开关 SW3 输入,ON -- 低电平; OFF -- 高电平
        output reg beep              //蜂鸣器控制信号,1 -- 响,0 -- 不响
    );
//----------------------------------------------
    //蜂鸣器发声控制
always @ (posedge ext_clk_25m or negedge ext_rst_n)
    if(!ext_rst_n) beep <= 1'b0;
    else if(!switch[0]) beep <= 1'b1;    //蜂鸣器响
    else beep <= 1'b0;                   //蜂鸣器不响
endmodule
```

这段代码中,ext_rst_n 是复位信号,当它为低电平时,即复位按键被按下时,beep 信号为低电平,蜂鸣器不发声;当 ext_rst_n 为高电平时,即系统正常运行时,蜂鸣器控制信号 beep 的高低电平状态由拨码开关 switch[0] 决定,即由拨码开关 SW3 的状态决定。当 SW3 处于 ON 状态(低电平)时,蜂鸣器发声;当 SW3 处于 OFF 状态(高电平)时,蜂鸣器不发声。

8.1.3　打开工程

对于已有的例程,打开工程通常有两种方式。

第一种方式,如图 8.3 所示,在 cy4ex3 工程文件夹中找到 cy4.qpf 文件,双击该文件直接启动 Quartus Ⅱ,打开该工程。

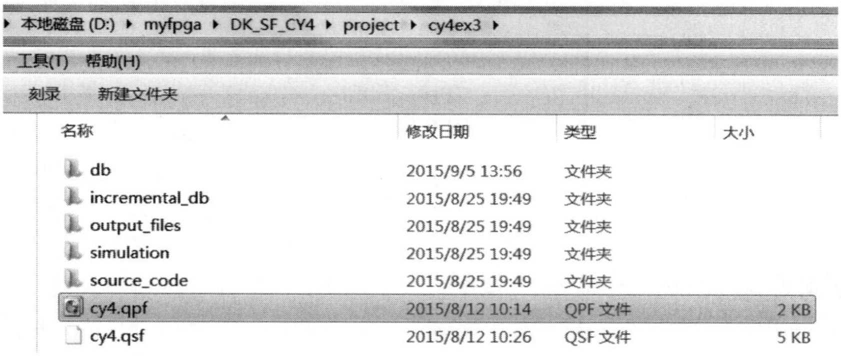

图 8.3　工程文件夹

第二种方式,先启动 Quartus Ⅱ,如图 8.4 所示,选择 File→Open Project 菜单命令。

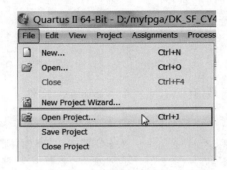

图 8.4　打开工程菜单

在打开的如图 8.5 所示的对话框中,找到 cy4ex3 工程文件夹,选择 cy4.qpf 文件,单击"打开"按钮。

图 8.5　打开 cy4.qpf 工程文件

打开工程以后,如图 8.6 所示,在 Project Navigator 窗口中,可以双击查看工程源代码 cy4.v。

图 8.6　工程导航窗口

8.1.4　下载配置操作

将 cy4ex3 工程下的 cy4.sof 文件下载到 FPGA 中,下载完成后,尝试拨动拨码开关

SW3,看看蜂鸣器的发声是否有变化。

8.2 流水灯实例

8.2.1 功能简介

如图 8.7 所示,在 SF-CY4 开发板的左上角有 8 个 LED 指示灯。

如图 8.8 所示,这些 LED 的正极连接 510Ω 限流电阻到 3.3V 电压,负极都连接到了 FPGA 的 I/O 引脚上。因此,FPGA 可以通过引脚的高或低电平控制 LED 的亮灭状态。

图 8.7 电路 LED 实物照片

本实例中,通过 FPGA 内部的定时器循环点亮每个 LED,达到流水灯的效果。如图 8.9 所示,8 个 LED 指示灯,依次给它们赋值,每次只有一个 LED 点亮,每次点亮某个 LED 的时间一定(固定延时),8 个 LED 依次被点亮一次,如此循环便成了流水灯的效果。

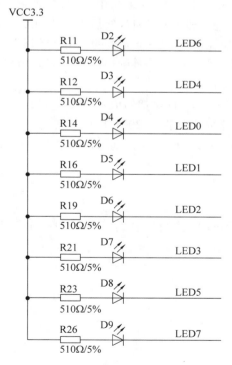

图 8.8 LED 电路

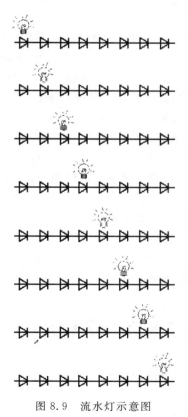

图 8.9 流水灯示意图

8.2.2　代码解析

本实例的工程代码如下。

```verilog
module cy4(
        input ext_clk_25m,          //外部输入 25MHz 时钟信号
        input ext_rst_n,            //外部输入复位信号,低电平有效
        output reg[7:0] led         //8 个 LED 指示灯接口
    );
//------------------------------------
reg[19:0] cnt;                      //20 位计数器
    //cnt 计数器进行循环计数
always @ (posedge ext_clk_25m or negedge ext_rst_n)
    if(!ext_rst_n) cnt <= 20'd0;
    else cnt <= cnt + 1'b1;
//------------------------------------
    //计数器 cnt 计数到最大值时,切换点亮的指示灯
always @ (posedge ext_clk_25m or negedge ext_rst_n)
    if(!ext_rst_n) led <= 8'b1111_1110;                        //默认只点亮一个指示灯 D2
    else if(cnt == 20'hfffff) led <= {led[6:0],led[7]};        //循环移位操作
    else ;
endmodule
```

这里只有两个很简单的 always 语句。在第一个 always 语句中,对计数器 cnt 循环计数,cnt 为 20 位宽,从 0 开始不断地计数到最大值,即 FFFFFH,然后下一个计数值虽然溢出,但实际上又返回计数值 0,然后重新计数,如此反复。一个完整的 cnt 计数周期的时间,大家可以算算,时钟信号 ext_clk_25m 是 25MHz,即 40ns,一个计数周期是 2^{20},即 1 048 576,那么一个计数周期就是 40ns×1 048 576,约为 42ms。

再来看第二个 always 语句,复位状态下给 8 个 LED 赋初始值 8'b1111_1110,也就是只有 led[0] 是点亮的。而正常运行时,判断 cnt 计数值是否为 20'hfffff,也就是说每一个 cnt 计数周期,都会做一次这样的处理:将 led 循环左移一位,从而实现 LED 流水切换的效果。

8.2.3　下载配置

将 cy4ex4 工程下的 cy4.sof 文件下载到 FPGA 中,可以看到 8 个 LED 指示灯从 D2 到 D9 不停地连续点亮。

8.3　3-8 译码器实例

8.3.1　功能简介

所谓 3-8 译码器,可以 Baidu 或 Bing 搜索一下。相信学习 FPGA 的读者一定都上过数

字电路的课程,所以这里对 3-8 译码器功能的实现给出真值表,如表 8.1 所示。

表 8.1　3-8 译码器真值表

SW3	SW6,SW5,SW4	复位	点亮 LED
X	X,X,X	0	全灭
OFF	X,X,X	1	全灭
ON	OFF,OFF,OFF	1	D2 点亮
ON	OFF,OFF,ON	1	D3 点亮
ON	OFF,ON,OFF	1	D4 点亮
ON	OFF,ON,ON	1	D5 点亮
ON	ON,OFF,OFF	1	D6 点亮
ON	ON,OFF,ON	1	D7 点亮
ON	ON,ON,OFF	1	D8 点亮
ON	ON,ON,ON	1	D9 点亮

注:X 表示 ON 或 OFF,即任意状态。

8.3.2　代码解析

本实例的工程代码如下。

```verilog
module cy4(
        input ext_clk_25m,          //外部输入 25MHz 时钟信号
        input ext_rst_n,            //外部输入复位信号,低电平有效
        input[3:0] switch,          //4 个拨码开关接口,ON -- 低电平;OFF -- 高电平
        output reg[7:0] led         //8 个 LED 指示灯接口
    );
//------------------------------------
always @ (posedge ext_clk_25m or negedge ext_rst_n)
    if(!ext_rst_n) led <= 8'hff;        //所有 LED 关闭
    else if(switch[0]) led <= 8'hff;    //SW3 处于 OFF 状态,所有 LED 关闭
    else begin                          //SW3 处于 ON 状态,点亮的 LED 位由 SW4/SW5/SW6 拨码
                                        //开关的输入决定
        case(switch[3:1])
            3'b111: led <= 8'b1111_1110;        //D2 点亮
            3'b110: led <= 8'b1111_1101;        //D3 点亮
            3'b101: led <= 8'b1111_1011;        //D4 点亮
            3'b100: led <= 8'b1111_0111;        //D5 点亮
            3'b011: led <= 8'b1110_1111;        //D6 点亮
            3'b010: led <= 8'b1101_1111;        //D7 点亮
            3'b001: led <= 8'b1011_1111;        //D8 点亮
            3'b000: led <= 8'b0111_1111;        //D9 点亮
            default: ;
        endcase
    end
endmodule
```

这个代码中只有一个 always 语句,这里对拨码开关做判断,首先判断拨码开关 SW3
(switch[0])为 OFF,则所有 LED 也都 OFF;接着用 case 语句判断拨码开关 SW4/SW5/
SW6(switch[3:1])的输入状态,根据真值表,相应获得输出结果,点亮译码后的某个特
定 LED。

8.3.3　板级调试

将 cy4xe5 工程下的 cy4.sof 文件下载到 FPGA 中,操作拨码开关,实现 3-8 译码器的
功能。

8.4　按键消抖与 LED 开关实例

8.4.1　按键消抖原理

键盘分编码键盘和非编码键盘。键盘上闭合键的识别由专用的硬件编码器实现,并产
生键编码号或键值的称为编码键盘,如计算机键盘。而靠软件编程来识别的称为非编码
键盘。

在一般嵌入式应用中,用得最多的是非编码键盘,也有用到编码键盘的。非编码键盘又
分为独立键盘和行列式(又称为矩阵式)键盘。所谓独立式键盘,即嵌入式 CPU(或称
MCU)的一个 GPIO 口对应一个按键输入,这个输入值的高低状态就是键值。矩阵键盘用
于采集键值的 GPIO,是复用的,一般分为行和列采集。例如,4×4 矩阵键盘就只需要行列
各 4 个按键就可以了,矩阵键盘的控制较独立键盘要复杂得多,本实验未涉及,所以对其原
理不做详细介绍。

独立按键一般有 2 组引脚,虽然市面上常常看到有 4 个引脚的按键,但它们一般是两两
导通的,这 2 组引脚在按键未被按下时是断开的,在按键被按下时则是导通的。基于此原
理,一般会把按键的一个引脚接地,另一个引脚上拉到 VCC,并且也连接到 GPIO。这样,在
按键未被按下时,GPIO 的连接状态为上拉到 VCC,则键值为 1;按键被按下时,GPIO 虽然
还是上拉到 VCC,但同时被导通的另一个引脚下拉到地了,所以它的键值实际上是 0。

如图 8.10 所示,在本实验中,有一组 4×4 矩阵键盘。当通过 P12 的 PIN1 和 PIN2 短
接时,其实 S1、S2、S3、S4 可以作为独立按键使用,它的一端接地,另一端在上拉的同时连接
到 FPGA 的 I/O 口。当 I/O 口的电平为高(1)时,说明按键没有被按下;当 I/O 口的电平
为低(0)时,说明按键被按下了。

有人可能会说,按键值的采集判断有什么难的,连接按键的 GPIO 为 1 则未被按下,为
0 则被按下。话虽这么说,可实际情况可比这要复杂得多。如图 8.11 所示,按键在闭合和
断开时,触点会存在抖动现象,这个抖动不仅和按键本身的机械结构有关,也和按键者的动
作快慢轻重有关。因此,在按键按下或者释放的时候都会出现一个不稳定的抖动时间,如果
不处理好这个抖动时间,就无法采集到正确有效地按键值,所以设计中必须有效消除按键抖
动。如何进行有效消抖,是本实验的重点。

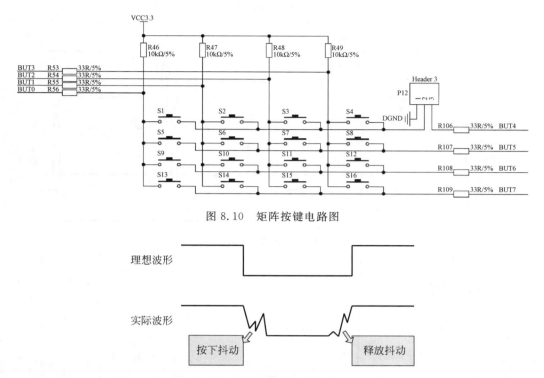

图 8.10 矩阵按键电路图

理想波形

实际波形

按下抖动 　 释放抖动

图 8.11 按键抖动波形

在按键采集中,为了有效地滤除按键抖动,使用了一个大约 40ms 的计数器,在按键值没有变化的时候,这个计数器总是不停地计数,并且计数到 40ms 最大值时进行一次当前按键值采样(作为最终键值锁存下来)。另外,专门设置 2 个寄存器对当前的按键输入值进行多拍锁存(并不作为最终的键值),并且利用这两个寄存器前后值的变化来判断当前键值是否有跳变(如从 1 变成 0,或从 0 变成 1)。若有键值的跳变,则 40ms 计数器就会清零,相当于重新开始计数,这样就能够保证按键被按下或者松开时短于 40ms 的抖动情况下不锁存键值,从而达到滤除任何短于 40ms 的按键抖动。在实际应用中,40ms 足以应付一般的按键抖动,当然具体环境也要具体分析,设计者可以根据需要调整这个计数器的计数值,只要能够更好地满足抖动的需要即可。

如图 8.12 所示,这里的 40ms 计数器只有在计数到最大值时产生锁存当前键值的使能信号,在抖动期间按键的采样周期也会相应地变长一些,但却能够得到更加稳定准确的键值。

8.4.2 功能简介

除了前面讨论的按键消抖处理,该实验还需要 LED 指示灯进行按键状态的指示。实验要实现一个独立按键控制一个 LED 亮暗状态翻转。上电初始,LED 不亮,当某一个按键被按下(即键值为 0),LED 被点亮;当按键再次被按下,LED 则又灭了。按键控制 LED,如此反复进行亮暗变化。

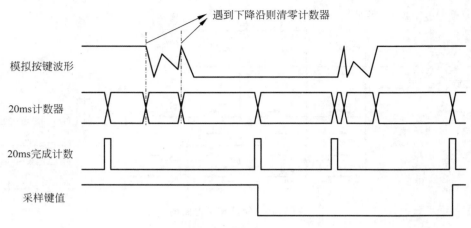

图 8.12　按键消抖处理

8.4.3　代码解析

本实例代码如下。

```
module cy4(
            input ext_clk_25m,          //外部输入 25MHz 时钟信号
            input ext_rst_n,            //外部输入复位信号,低电平有效
            input[3:0] key_v,           //4 个独立按键输入,未按下为高电平,按下后为低电平
            output reg[7:0] led         //8 个 LED 指示灯接口
            );
//------------------------------------
//按键抖动判断逻辑
wire key;                              //所有按键值相与的结果,用于按键触发判断
reg[3:0] keyr; //按键值 key 的缓存寄存器
assign key = key_v[0] & key_v[1] & key_v[2] & key_v[3];
always @(posedge ext_clk_25m or negedge ext_rst_n)
    if (!ext_rst_n) keyr <= 4'b1111;
    else keyr <= {keyr[2:0],key};
wire key_neg = ~keyr[2] & keyr[3];     //有按键被按下
wire key_pos = keyr[2] & ~keyr[3];     //有按键被释放
//------------------------------------
//定时计数逻辑,用于对按键的消抖判断
reg[19:0] cnt;
    //按键消抖定时计数器
always @ (posedge ext_clk_25m or negedge ext_rst_n)
    if (!ext_rst_n) cnt <= 20'd0;
    else if(key_pos || key_neg) cnt <= 20'd0;
    else if(cnt < 20'd999_999) cnt <= cnt + 1'b1;
    else cnt <= 20'd0;
reg[3:0] key_value[1:0];
```

```
    //定时采集按键值
always @(posedge ext_clk_25m or negedge ext_rst_n)
    if (!ext_rst_n) begin
        key_value[0] <= 4'b1111;
        key_value[1] <= 4'b1111;
    end
    else begin
        key_value[1] <= key_value[0];
        if(cnt == 20'd999_999) key_value[0] <= key_v;      //定时键值采集
        else ;
    end
wire[3:0] key_press = key_value[1] & ~key_value[0];          //消抖后按键值变化标志位
//-------------------------------------------
//LED切换控制
always @(posedge ext_clk_25m or negedge ext_rst_n)
    if (!ext_rst_n) led <= 8'hff;
    else if(key_press[0]) led[0] <= ~led[0];
    else if(key_press[1]) led[1] <= ~led[1];
    else if(key_press[2]) led[2] <= ~led[2];
    else if(key_press[3]) led[3] <= ~led[3];
    else ;
endmodule
```

这段代码的前提是,所有 4 个独立按键,在任意一个按键被按下和释放期间,不会有其他按键也被按下或释放。在通常的应用中,一定要符合这个假设的场景。

处理消抖的逻辑是:首先将所有按键输入信号做"逻辑与"操作,得到信号 key。信号 key 的值锁存 4 拍分别存储到寄存器 keyr[0]、keyr[1]、keyr[2] 和 keyr[3] 中(此时的采样频率和基准时钟一致,为 25MHz),通过 keyr[2] 和 keyr[3] 这两个寄存器获得 key 信号的上升沿标志位 key_pos 和下降沿标志位 key_neg。key_pos 和 key_neg 的获得过程分别如图 8.13 和图 8.14 所示,这是很典型的"脉冲边沿检测法",后续很多代码中都会用到这个逻辑。

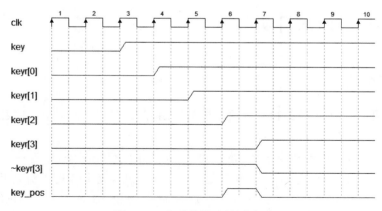

图 8.13　上升沿脉冲检测波形

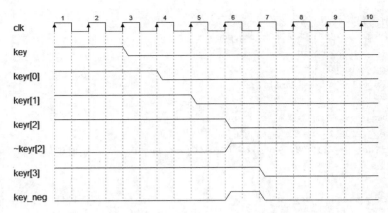

图 8.14　下降沿脉冲检测波形

　　计数器 cnt 在 key_pos 和 key_neg 有效拉高时,都会清零重新开始计数,计数器 cnt 的最大计数值为 40ms,若在某个固定时间内按键有抖动(这个抖动通常不会大于 40ms,这是经验值),那么这段时间内计数器 cnt 会频繁地清零,cnt 的计数值就不会计数到最大值。一旦 cnt 计数到最大值,就会对当前所有的按键值做一次锁存,锁存到 4 位寄存器 key_value[0] 中(即这个锁存操作的采样率是 40ms 为周期的,若按键的抖动小于 40ms,那么采样的按键值是不会变化的,那么就达到了消除抖动的目的)。在系统时钟节拍下,key_value[1] 会锁存 key_value[0] 的值。当按键按下操作,产生按键值的下降沿变化,那么 key_press 就会获得一个时钟周期高脉冲的键值指示信号,通过这个键值指示信号,就可以对 LED 的翻转做相应处理。

8.4.4　板级调试

　　短接 P12 的 PIN1-2,给 CY4 开发板上电,将工程实例 cy4ex6 产生的 cy4.sof 文件下载到 FPGA 中,分别按下 S1/S2/S3/S4 按键,对应的 LED 指示灯的亮灭将会翻转。

8.5　经典模式流水灯实例

8.5.1　功能简介

　　本实例使用一个拨码开关和 2 个独立按键控制流水灯的各种不同变化模式。模式流水灯功能示意如图 8.15 所示。

　　这里需要注意,当拨码开关 SW3 处于 OFF 时,LED 停止不动,只有一个 LED 处于点亮,并且点亮的 LED 不会变化;而 SW3 处于 ON 状态时,流水灯处于流动状态。按键 S2 被按下后,LED 流动方向是从上到下(D9～D2 方向);按键 S3 被按下后,LED 流动方向是从下到上(D2～D9)。

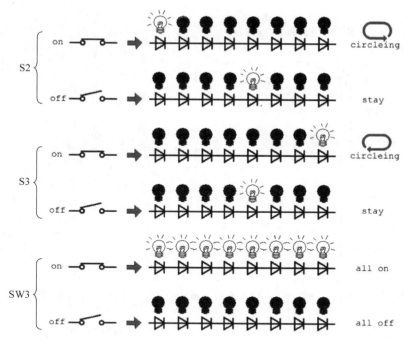

图 8.15　模式流水灯功能示意图

8.5.2　代码解析

本实例代码虽然比之前几个实例都要长，但是若把它们解析来看，其实也不复杂。首先，接口部分代码如下，除了时钟和复位信号，还有拨码开关 switch[0]、2 个独立按键 key_v[1] 和 key_v[0]、8 个 LED 指示灯信号 led[7:0]。

```
module cy4(
            input ext_clk_25m,        //外部输入 25MHz 时钟信号
            input ext_rst_n,          //外部输入复位信号,低电平有效
            input[0:0] switch,        //拨码开关 SW3 输入,ON -- 低电平; OFF -- 高电平
            input[1:0] key_v,         //S1/S2 两个按键输入,未按下为高电平,按下后为低电平
            output reg[7:0] led       //8 个 LED 指示灯接口
        );
//------------------------------------------
//按键抖动判断逻辑
wire key;                             //所有按键值相与的结果,用于按键触发判断
reg[3:0] keyr; //按键值 key 的缓存寄存器
assign key = key_v[0] & key_v[1];
always @(posedge ext_clk_25m or negedge ext_rst_n)
    if (!ext_rst_n) keyr <= 4'b1111;
    else keyr <= {keyr[2:0],key};
wire key_neg = ~keyr[2] & keyr[3];    //有按键被按下
wire key_pos = keyr[2] & ~keyr[3];    //有按键被释放
```

```
//----------------------------------------
//定时计数逻辑,用于对按键的消抖判断
reg[19:0] cnt;
always @ (posedge ext_clk_25m or negedge ext_rst_n)
   if (!ext_rst_n) cnt <= 20'd0;
    else if(key_pos || key_neg) cnt <= 20'd0;
    else if(cnt < 20'd999_999) cnt <= cnt + 1'b1;
    else cnt <= 20'd0;
reg[1:0] key_value[1:0];
always @ (posedge ext_clk_25m or negedge ext_rst_n)
    if (!ext_rst_n) begin
        key_value[0] <= 2'b11;
        key_value[1] <= 2'b11;
    end
    else if(cnt == 20'd999_999) begin           //定时键值采集
        key_value[0] <= key_v;
        key_value[1] <= key_value[0];
    end
wire[1:0] key_press = key_value[1] & ~key_value[0];   //消抖后按键值变化标志位
```

有了按键值标志信号 key_press,接下来就用它来控制 LED 流水灯的 2 个指示信号,即 LED 流水灯工作使能信号 led_en 和 LED 流水灯方向控制信号 led_dir。

```
//----------------------------------------
//流水灯开启、停止和流动方向控制开关、按键值采集
reg led_en;       //LED 流水灯工作使能信号,高电平有效
reg led_dir;      //LED 流水灯方向控制信号,1—从高到低流动,0—从低到高流动
always @ (posedge ext_clk_25m or negedge ext_rst_n)
    if(!ext_rst_n) begin
        led_en <= 1'b0;
        led_dir <= 1'b0;
    end
    else begin
        //流水灯开启/停止控制
        if(!switch[0]) led_en <= 1'b1;
        else led_en <= 1'b0;
        //流水灯方向控制
        if(key_press[0]) led_dir <= 1'b0;        //从低到高流动
        else if(key_press[1]) led_dir <= 1'b1;   //从高到低流动
        else ;
    end
```

最后两个 always 语句,前者对 24bit 计数器 delay 做循环计数,用于产生 LED 流水灯变化的切换频率;后者则根据 led_en 和 led_dir 信号控制 8 个 LED 流水灯实现最终的工作与否以及流动方向控制。

```
//----------------------------------------
//LED 流水灯变化延时计数器
```

```
reg[23:0] delay;
always @ (posedge ext_clk_25m or negedge ext_rst_n)
    if(!ext_rst_n) delay <= 24'd0;
    else delay <= delay + 1'b1;
// -----------------------------------------
//流水灯开启、停止和流动切换控制
always @ (posedge ext_clk_25m or negedge ext_rst_n)
    if(!ext_rst_n) led <= 8'b1111_1110;
    else if((delay == 24'h3fffff) && led_en) begin
        case (led_dir)
            1'b0: led <= {led[6:0],led[7]}; //从低到高流动
            1'b1: led <= {led[0],led[7:1]}; //从高到低流动
            default: ;
        endcase
    end
    else ;
endmodule
```

8.5.3 板级调试

确认 CY4 开发板上的 P12 插座 PIN1-2 短接，将 cy4ex7 工程产生的 cy4.sof 文件下载到 FPGA 中，通过改变拨码开关 SW3、导航按键 S1 和 S2 的状态，来观察 LED 流水灯的工作情况。

8.6 基于 PLL 分频计数的 LED 闪烁实例

8.6.1 PLL 概述

PLL(Phase Locked Loop)为锁相回路或锁相环，用来统一整合时脉信号，使内存能正确地存取资料。PLL 用于振荡器中的反馈技术。许多电子设备要正常工作，通常需要外部的输入信号与内部的振荡信号同步，利用锁相环路就可以实现这个目的。

时钟就是 FPGA 运行的心脏，它的每次跳动必须精准而毫无偏差(当然现实世界中不存在所谓的毫无偏差，但是希望它的偏差越小越好)。一个 FPGA 工程中，不同的外设通常工作在不同的时钟频率下，所以一个时钟肯定满足不了需求。此外，有时候可能两个不同的模块共用一个时钟频率，但是由于它们运行在不同的工作环境和时序下，所以它们常常是同频不同相(相位)。怎么办？用 PLL。当然了，FPGA 里面定义的 PLL，可不是仅仅只有一个反馈调整功能，还有倍频和分频等功能集成其中。严格一点讲，这个 PLL 实际上应该算是一个 FPGA 内部的时钟管理模块了。不多说，图 8.16 所示是 PLL 内部的功能框图。

PLL 一个最主要的功能，即能够对输入的基准时钟信号进行一定范围内的分频或者倍频，从而产生多个输出时钟信号供芯片内部的各个功能模块使用。

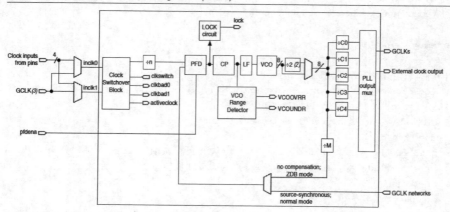

Figure 5–10. Cyclone IV E PLL Block Diagram　　*(Note 1)*

Notes to Figure 5–10:
(1) Each clock source can come from any of the four clock pins located on the same side of the device as the PLL.
(2) This is the VCO post-scale counter K.
(3) This input port is fed by a pin-driven dedicated GCLK, or through a clock control block if the clock control block is fed by an output from another PLL or a pin-driven dedicated GCLK. An internally generated global signal cannot drive the PLL.

图 8.16　Cyclone Ⅳ PLL 内部结构（DataSheet 截图）

8.6.2　功能简介

如图 8.17 所示，本实例将用到 FPGA 内部的 PLL 资源，输入 FPGA 引脚上的 25MHz
时钟，配置 PLL 使其输出 4 路分别为 12.5MHz、25MHz、50MHz 和 100MHz 的时钟信号，
这 4 路时钟信号又分别驱动 4 个不同位宽的计数器不停地计数工作，这些计数器的最高位
最终输出用于控制 4 个不同的 LED 亮灭。由于这 4 个时钟频率都有一定的倍数关系，所以
也很容易通过调整合理的计数器位宽，达到 4 个 LED 闪烁一致的控制。

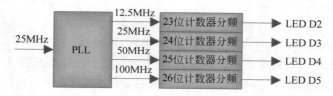

图 8.17　基于 PLL 分频计数的 LED 闪烁功能框图

8.6.3　新建 IP 核文件

复制上一个实例 cy4ex7 的整个工程文件夹，更名为 cy4ex8，然后在 Quartus Ⅱ 中打开
这个新的工程。

Cyclone Ⅳ 的 PLL 输入一个时钟信号，最多可以产生 5 个输出时钟，输出的频率和相位
都是可以在一定范围内调整的。

下面来看本实例如何配置一个 PLL 硬核 IP，并将其集成到工程中。如图 8.18 所示，在

新建的工程中,选择菜单 Tools→MegaWizard Plug-In Manager 选项。

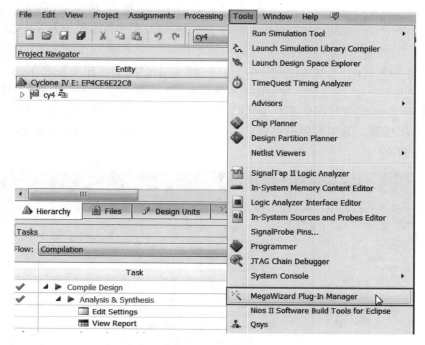

图 8.18　MegaWizard Plug-In Manager 菜单

如图 8.19 所示,选择 Create a new custom megafunction variation,然后单击 Next 按钮。

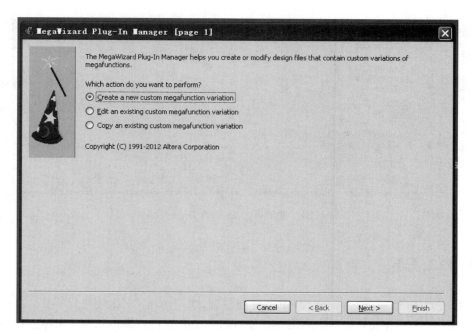

图 8.19　新建 IP 核向导

选择所需要的 IP 核,如图 8.20 所示。

(1) 在 Select a megafunction from the list below 中选择 IP 核为 I/O→ALTPLL。

(2) 在 Which device family will you be using 下拉列表中选择所使用的器件系列为 Cyclone IV E。

(3) 在 Which type of output file do you want to create 中选择语言为 Verilog HDL。

(4) 在 What name do you want for the output file 中输入工程所在的路径,并且在最后面添加名称,这个名称就是现在正在例化的 PLL 模块的名称,也可以起名为 pll_controller,然后单击 Next 按钮。这里所说的路径,实际上是在工程文件夹 cy4ex8 中创建的 ip_core 文件夹和 pll 文件夹。

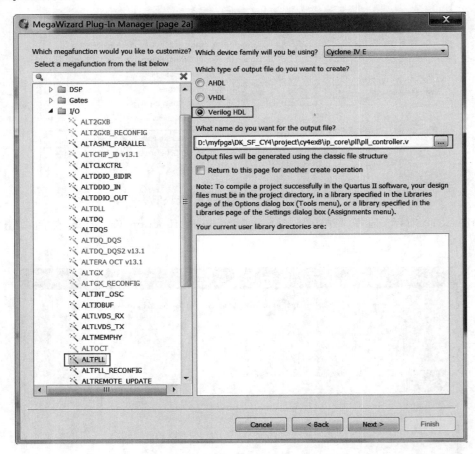

图 8.20　选择 ALTPLL 为 IP 核并设置

8.6.4　PLL 配置

如图 8.21 所示进行 General/Modes 页面设置,然后单击 Next 按钮。

(1) 在 Which device speed grade will you be using 下拉列表中选择 8,即使用的器件的速度等级。

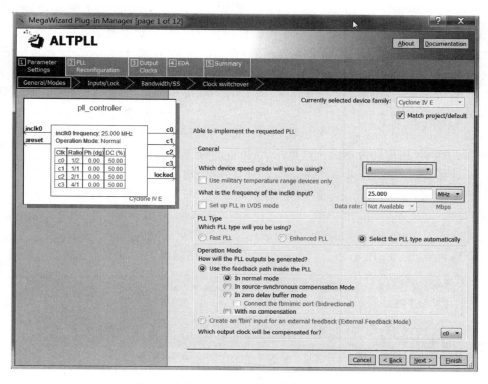

图 8.21　PLL 的 General/Modes 配置页面

（2）在 What is the frequency of the inclk0 input 下拉列表中选择 25MHz，即输入到该 PLL 的基准时钟频率。

如图 8.22 所示，进行 Inputs/Lock 页面设置，然后单击 Next 按钮。

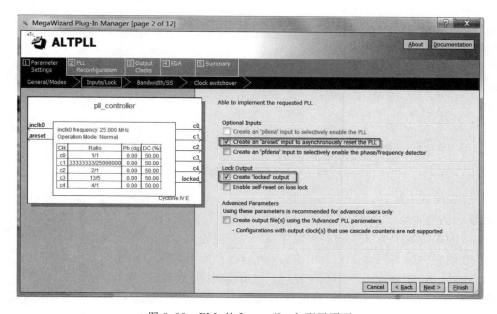

图 8.22　PLL 的 Inputs/Lock 配置页面

（1）选择 Create an 'areset' input to asynchronously reset the PLL 复选框，即引出该 PLL 硬核的 areset 信号，这是该 PLL 硬核的异步复位信号，高电平有效。

（2）选择 Create 'locked' output 复选框，即引出该 PLL 硬核的 locked 信号，该信号用于指示 PLL 是否完成内部初始化，高电平有效。

Bandwidth/SS、Clock switchover 和 PLL Reconfiguration 页面不用设置，默认即可。直接进入 Ouput Clocks 页面，如图 8.23 所示，这里有 5 个可选的时钟输出通道，通过选择对应通道下方的 Use this clock 复选框，开启对应的时钟输出通道，可以在配置页面中设置输出时钟的频率、相位和占空比。这里是 c0 通道的设置。

（1）选择 Use this clock 复选框，表示使用该时钟输出信号。

（2）输入 Enter output clock frequency 为 12.5MHz，表示该通道输出的时钟频率为 12.5MHz。

（3）输入 Clock phase shift 为 0deg，表示该通道输出的时钟相位为 0deg。

（4）输入 Clock duty cycle 为 50.00%，表示该通道输出的时钟占空比为 50%。

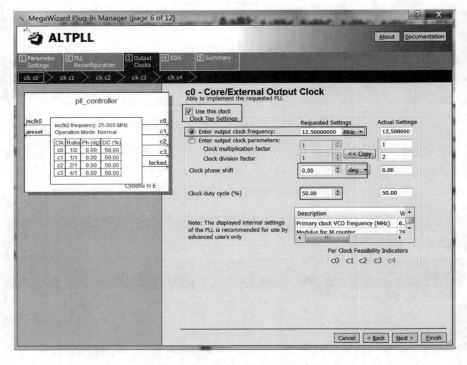

图 8.23　PLL 的 clk c0 配置页面

和 c0 的配置一样，可以分别开启并配置 c1、c2、c3，这些时钟虽然这个例程暂时用不上，但是后续的例程将会使用到。

- c1 的时钟频率为 25MHz，相位为 0deg，占空比为 50%。
- c2 的时钟频率为 50MHz，相位为 0deg，占空比为 50%。
- c3 的时钟频率为 100MHz，相位为 0deg，占空比为 50%。

配置完成后，进行 Summary 页面配置，如图 8.24 所示，勾选 * _inst.v 文件，这是一个 PLL 例化的模板文件，可以在工程目录下找到该文件，打开文件并将它的代码复制到工程中,修改对应接口即可完成 IP 核的集成。

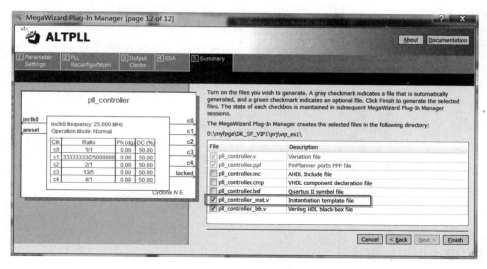

图 8.24　PLL 的 Summary 配置页面

单击 Finish 按钮,完成 PLL 的配置。工程中若弹出如图 8.25 所示的对话框,勾选 Automatically add Quartus Ⅱ IP Files to all projects 复选框,单击 Yes 按钮。

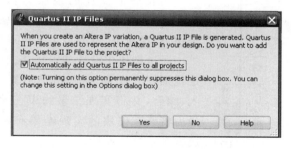

图 8.25　添加 IP 核文件到工程

此时,如图 8.26 所示,在 pll 文件夹中打开 pll_controller_inst.v 文件,这是 PLL IP 核的例化模板。

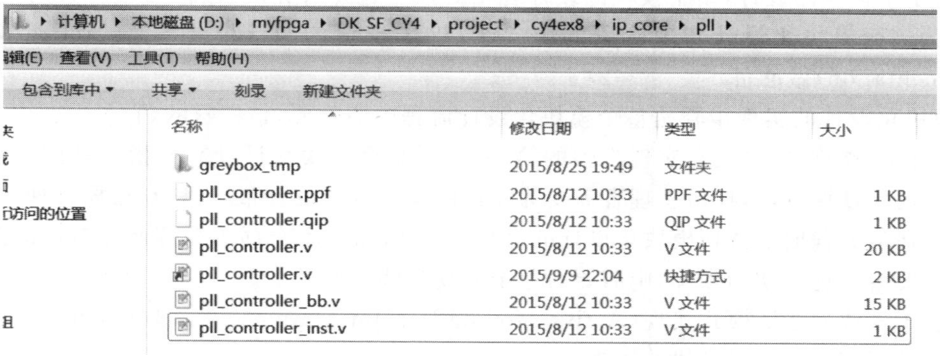

图 8.26　PLL IP 核生成文件

如图 8.27 所示,复制文件中的内容,将"()"内的信号名改为连接到这个模块的接口信号名就可以了。

```
cy4.v    pll_controller_inst.v
1  pll_controller  pll_controller_inst (
2      .areset ( areset_sig ),
3      .inclk0 ( inclk0_sig ),
4      .c0 ( c0_sig ),
5      .c1 ( c1_sig ),
6      .c2 ( c2_sig ),
7      .c3 ( c3_sig ),
8      .locked ( locked_sig )
9      );
10
```

图 8.27　PLL IP 核例化模板

8.6.5　模块化设计概述

模块化设计是 FPGA 设计中一个很重要的技巧,它能够使一个大型设计的分工协作、仿真测试更加容易,代码维护或升级更加便利。

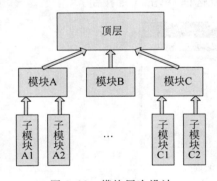

图 8.28　模块层次设计

一般整个设计的顶层只做例化,不做逻辑。如图 8.28 所示,顶层下面会有模块 A、模块 B、模块 C 等,模块 A、模块 B、模块 C 下又可以分多个子模块实现。

通过模块化设计就可以将大规模复杂系统按照一定规则划分成若干模块,然后对每个模块进行设计输入、综合,并将实现结果约束在预先设置好的区域内,最后将所有模块的实现结果有机地组织起来,就能完成整个系统的设计。

对于顶层模块的设计,主管设计师需要完成顶层模块的设计输入与综合,为进行模块化设计实现阶段的第一步(即初始预算阶段,Initial Budgeting Phase)做准备。

对于子模块的设计,多个模块的设计者相对独立地并行完成各自子模块的设计输入与综合,为进行模块化设计实现阶段的第二步(即子模块的激活模式实现,Active Module Implementation)做准备。

模块化设计的实现步骤是整个模块化设计流程中最重要、最特殊的,它包含:

- 初始预算,本阶段是实现步骤的第一步,对整个模块化设计起着指导性的作用。在初始预算阶段,项目管理者需要为设计的整体进行位置布局,只有布局合理,才能够在最大程度上体现模块化设计的优势;反之,如果因布局不合理而在较后的阶段需要再次进行初始预算,则需要对整个实现步骤全面返工。
- 子模块的激活模式实现(Active Module Implementation),在该阶段,每个项目成员并行完成各自子模块的实现。
- 模块的最后合并(Final Assembly),在该阶段项目管理者将顶层的实现结果和所有子模块的激活模式实现结果有机地组织起来,完成整个设计的实现步骤。

模块划分的基本原则是,子模块功能相对独立,模块内部联系尽量紧密,而模块间的连接尽量简单。对于那些难以满足模块划分准则的具有强内部关联的复杂设计,并不适合采用模块化设计方法。

8.6.6 模块化设计实践

如图 8.29 所示,在这个设计中,顶层模块是 cy4.v,在此之前的实例中,都只有孤零零的一个 cy4.v 是源代码文件,所有的逻辑代码都写在这个文件中,但是从本实例开始,将使用模块化的设计,将各个不同的独立的功能逻辑代码分别写在不同的源文件中,然后通过"例化"的方式,将它们之间的接口互连起来。

因此,本实例中,cy4.v 文件里面其实几乎是没有具体的逻辑功能的,它只是做一些基本的例化和互连,将它下面的 5 个功能模块相关的接口信号都连接起来。如图 8.29 所示,各模块还具有层级的关系,一目了然,非常易于查看和编辑管理。

cy4	100 (0)	99 (0)
pll_controller:pll_controller_inst	2 (0)	1 (0)
led_controller:uut_led_controller_clk12m5	23 (23)	23 (23)
led_controller:uut_led_controller_clk25m	24 (24)	24 (24)
led_controller:uut_led_controller_clk50m	25 (25)	25 (25)
led_controller:uut_led_controller_clk100m	26 (26)	26 (26)

图 8.29 模块层次图

8.6.7 代码解析

1. cy4.v 模块代码解析

先来看 cy4.v 模块的代码,它是工程的顶层模块,主要做接口定义和模块例化,一般不会在这个模块中做任何的具体逻辑设计。

首先是接口部分,只有时钟、复位和 8 个 LED 信号。

```
module cy4(
        input ext_clk_25m,      //外部输入 25MHz 时钟信号
        input ext_rst_n,        //外部输入复位信号,低电平有效
        output[7:0] led         //8 个 LED 指示灯接口
    );
```

这里声明 5 个 wire 类型的信号,所有在不同模块间接口的信号,在它们的上级模块中都必须定义为 wire 类型,这里有 4 个不同频率的时钟以及由 PLL 的 lock 信号引出的复位信号 sys_rst_n。

```
wire clk_12m5;      //PLL 输出 12.5MHz 时钟
wire clk_25m;       //PLL 输出 25MHz 时钟
```

```
wire clk_50m;        //PLL 输出 50MHz 时钟
wire clk_100m;       //PLL 输出 100MHz 时钟
wire sys_rst_n;      //PLL 输出的 locked 信号,作为 FPGA 内部的复位信号,低电平复位,高电平正常
                     //工作
```

PLL 是配置的 IP 核模块,需要在代码中例化。

```
//------------------------------------
//PLL 例化
pll_controllerpll_controller_inst (
    .areset ( !ext_rst_n ),
    .inclk0 ( ext_clk_25m ),
    .c0 ( clk_12m5 ),
    .c1 ( clk_25m ),
    .c2 ( clk_50m ),
    .c3 ( clk_100m ),
    .locked ( sys_rst_n )
    );
```

最后 4 个 LED 闪烁控制模块的例化,它们的源码都是 led_controller.v 模块,但它们的名称不一样,分别为 uut_led_controller_clk12m5、uut_led_controller_clk25m、uut_led_controller_clk50m、uut_led_controller_clk100m。这样的定义方式最终实现效果不同于软件的函数调用,软件的函数调用只有一个函数,分时复用;而 FPGA 的这种代码例化却会实现 4 个完全一样的硬件逻辑。当然了,这 4 个模块略有不同,就是两个名称中间的"#(n)",n 有 23、24、25 和 26,这是输入到 led_controller.v 模块的参数。

```
//------------------------------------
//12.5MHz 时钟进行分频闪烁,计数器为 23 位
led_controller  #(23)    uut_led_controller_clk12m5(
                            .clk(clk_12m5),      //时钟信号
                            .rst_n(sys_rst_n),   //复位信号,低电平有效
                            .sled(led[0])        //LED 指示灯接口
                        );
//------------------------------------
//25MHz 时钟进行分频闪烁,计数器为 24 位
led_controller  #(24)    uut_led_controller_clk25m(
                            .clk(clk_25m),       //时钟信号
                            .rst_n(sys_rst_n),   //复位信号,低电平有效
                            .sled(led[1])        //LED 指示灯接口
                        );
//------------------------------------
//25MHz 时钟进行分频闪烁,计数器为 25 位
led_controller  #(25)    uut_led_controller_clk50m(
                            .clk(clk_50m),       //时钟信号
                            .rst_n(sys_rst_n),   //复位信号,低电平有效
                            .sled(led[2])        //LED 指示灯接口
                        );
```

```
//----------------------------------
//25MHz 时钟进行分频闪烁,计数器为 26 位
led_controller  #(26)    uut_led_controller_clk100m(
                         .clk(clk_100m),       //时钟信号
                         .rst_n(sys_rst_n),    //复位信号,低电平有效
                         .sled(led[3])         //LED 指示灯接口
                         );
//----------------------------------
//高 4 位 LED 指示灯关闭
assign led[7:4] = 4'b1111;
endmodule
```

2. led_controller.v 模块代码解析

led_controller.v 模块代码如下,这里重点注意刚刚提到的输入参数。在代码中,有"parameter CNT_HIGH = 24;"这样的定义,若是例化这个模块的上层接口中不定义"#(n)",则表示"parameter CNT_HIGH = 24;"语句生效,若是定义的"#(n)"中的 n 值与代码中定义的 24 不同,那么以 n 为最终值。

```
module led_controller(
        input clk,          //时钟信号
        input rst_n,        //复位信号,低电平有效
        output sled         //LED 指示灯接口
     );
parameter CNT_HIGH = 24;    //计数器最高位
//----------------------------------
reg[(CNT_HIGH－1):0] cnt;    //24 位计数器
    //cnt 计数器进行循环计数
always @ (posedge clk or negedge rst_n)
    if(!rst_n) cnt <= 0;
    else cnt <= cnt + 1'b1;
assign sled = cnt[CNT_HIGH－1];
endmodule
```

8.6.8　板级调试

参考前面的例程,将本实例工程 cy4ex8 生成的 cy4.sof 文件烧录到 FPGA 中,可以看到 D2、D3、D4 和 D5 这 4 个 LED 完全同步地进行闪烁。当然了,这也至少证明了 PLL 输出的 4 个时钟相互之间所呈现的倍频关系。

8.7　数码管驱动实例

8.7.1　数码管驱动原理

先来了解一下数码管的工作原理。如图 8.30 所示,这是一个典型的带小数点的一位数

码管。如果忽略小数点,通常称它为 7 段数码管(即便有小数点,也习惯称为 7 段数码管)。

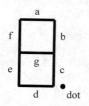

图 8.30　数码管示意图

所谓 7 段,是指 7 个发光二极管而言的。任意一个 0～9 的阿拉伯数字的显示,只要通过这 7 个发光二极管进行亮或灭的组合都可以实现。例如,要显示数字 0,那么只要让发光二极管 a、b、c、d、e、f 点亮(g 和 dot 熄灭)就可以了。

接下来,大家可能就要关心这 7 个发光二极管是如何控制的,又是如何通过 FPGA 的 I/O 口去点亮或熄灭任意一个发光二极管? 很简单,原理上来讲,一个带小数点的数码管的所有 8 个发光二极管的正极或负极有一个公共端,通常必须接 GND(共阴极数码管)或者接 VCC(共阳极数码管),而另一个非公共端的 8 个引脚就留给用户的 I/O 直接控制了。例如,如果使用的是共阴极的数码管,那么在使用该数码管时就要将其公共端接地(或者接低电平 0),实际应用中,把这个公共端连接到 FPGA 的 I/O 脚上,这便是数码管的片选信号。如果 FPGA 的这个 I/O 脚输出低电平 0,那么这个数码管就能够显示数字;如果这个 I/O 输出高电平 1,那么无论数码管的 8 个段选端输出 0 还是 1,都无法将 8 个发光二极管的任意一个点亮,这就达到了关闭数码管显示的效果。这样一来,这个数码管的公共端被当做数码管片选引脚使用,虽然不是名副其实的"片选",但还真达到了异曲同工之妙。

实例要实现的功能比较简单:让 4 个数码管每隔 1s 不断地递增计数显示,计数范围为 0～F。为了便于代码编写控制 7 个用于段选(不包括小数点)的发光二极管显示不同的字符,这里只做了一个简单的对应表,把不同字符显示时的 7 个 I/O 值进行编码,如表 8.2 所示。

表 8.2　数码管显示字符与驱动编码映射表

数字/字符	0	1	2	3	4	5	6	7
编码(十六进制)	3f	06	5b	4f	66	6d	7d	07
数字/字符	8	9	A	B	C	D	E	F
编码(十六进制)	7f	6f	77	7c	39	5e	79	71

8.7.2　功能概述

本实例的功能框图如图 8.31 所示。PLL 产生的 25MHz 时钟,分别供给两个子模块,秒计数器(counter.v)模块产生一个每秒递增的位宽为 16 的数据,这个 16 位数据以十六进制形式通过数码管显示驱动模块(seg7.v)显示到数码管上。数码管显示驱动模块以分时复用的片选方式,将数据送到数码管的各个段选位上。

该实例的工程模块间层级关系如图 8.32 所示。

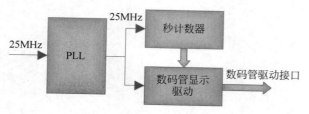

图 8.31　数码管驱动功能框图

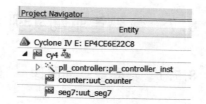

图 8.32　数码管驱动实例代码层次

8.7.3　代码解析

1. cy4.v 模块代码解析

在顶层模块 cy4.v 代码中,可以查看其 RTL Schematic,如图 8.33 所示,4 个模块的接口关系一目了然。cy4.v 模块主要定义接口信号以及对各个子模块进行互连。其中 pll_controller.v 模块例化 PLL IP 核,产生 FPGA 内部其他逻辑工作所需的时钟信号 clk_25m和复位信号 sys_rst_n;counter.v 模块进行 1s 的定时计数,产生数码管显示所需的每秒递增的位宽为 4 的十六进制数据 display_num;seg7.v 模块对需要显示到数码管的数据display_num 进行译码,并驱动数码管显示。

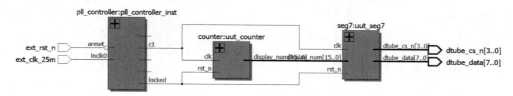

图 8.33　数码管实例模块互连接口

cy4.v 模块代码如下。

```
module cy4(
        input ext_clk_25m,          //外部输入 25MHz 时钟信号
        input ext_rst_n,            //外部输入复位信号,低电平有效
        output[3:0] dtube_cs_n,     //7 段数码管位选信号
        output[7:0] dtube_data      //7 段数码管段选信号(包括小数点为 8 段)
    );
//--------------------------------------
//PLL 例化
wire clk_12m5;                      //PLL 输出 12.5MHz 时钟
wire clk_25m;                       //PLL 输出 25MHz 时钟
wire clk_50m;                       //PLL 输出 50MHz 时钟
wire clk_100m;                      //PLL 输出 100MHz 时钟
wire sys_rst_n;                     //PLL 输出的 locked 信号,作为 FPGA 内部的复位信号,低
                                    //电平复位,高电平正常工作
pll_controller  pll_controller_inst (
    .areset ( !ext_rst_n ),
    .inclk0 ( ext_clk_25m ),
    .c0 ( clk_12m5 ),
    .c1 ( clk_25m ),
    .c2 ( clk_50m ),
    .c3 ( clk_100m ),
    .locked ( sys_rst_n )
    );
//--------------------------------------
//25MHz 时钟进行分频,产生每秒递增的 16 位数据
wire[15:0] display_num;             //数码管显示数据,[15:12] -- 数码管千位,[11:8] -- 数
                                    //码管百位,[7:4] -- 数码管十位,[3:0] -- 数码管个位
```

```
counter    uut_counter(
            .clk(clk_25m),              //时钟信号
            .rst_n(sys_rst_n),          //复位信号,低电平有效
            .display_num(display_num)   //LED 指示灯接口
        );
//--------------------------------------------------
//4 位数码管显示驱动
seg7    uut_seg7(
            .clk(clk_25m),              //时钟信号
            .rst_n(sys_rst_n),          //复位信号,低电平有效
            .display_num(display_num),  //LED 指示灯接口
            .dtube_cs_n(dtube_cs_n),    //7 段数码管位选信号
            .dtube_data(dtube_data)     //7 段数码管段选信号(包括小数点为 8 段)
        );
endmodule
```

2. counter.v 模块代码解析

counter.v 模块接口定义如下,输入时钟信号 clk、复位信号 rst_n,输出递增的数码管显示数据寄存器 display_num。

```
module counter(
            input clk,                    //时钟信号,25MHz
            input rst_n,                  //复位信号,低电平有效
            output reg[15:0] display_num  //数码管显示数据,[15:12] —— 数码管千位,[11:8] ——
                                          //数码管百位,[7:4] —— 数码管十位,[3:0] —— 数码管
                                          //个位
        );
```

counter.v 模块分为两部分,第一部分代码如下,计数器 timer_cnt 不停递增,以 1s 为周期循环计数,每个周期(即 1s)产生定时信号 timer_1s_flag,该信号每秒只有一个时钟周期为高电平。

```
//--------------------------------------------------
//1s 定时产生逻辑
reg[24:0] timer_cnt; //1s 计数器,0～24 999 999
    //1s 定时计数
always @(posedge clk or negedge rst_n)
    if(!rst_n) timer_cnt <= 25'd0;
    else if(timer_cnt < 25'd24_999_999) timer_cnt <= timer_cnt + 1'b1;
    else timer_cnt <= 25'd0;
wire timer_1s_flag = (timer_cnt == 25'd24_999_999);  //1s 定时到标志位,高有效一个时钟周期
```

第二部分代码如下,秒定时信号 timer_1s_flag 拉高时,display_num 递增。

```
//--------------------------------------------------
//递增数据产生逻辑
    //显示数据每秒递增
```

```
always @ (posedge clk or negedge rst_n)
    if(!rst_n) display_num <= 16'd0;
    else if(timer_1s_flag) display_num <= display_num + 1'b1;
endmodule
```

3. seg7.v 模块代码解析

seg7.v 模块对数据 display_num 进行译码,驱动数码管显示。该模块的接口定义如下,其中输入信号 display_num 由 counter.v 模块产生,输出信号 dtube_cs_n[3:0]是数码管的位选信号,dtube_data[7:0]为数码管的段选信号。

```
module seg7(
        input clk,          //时钟信号,25MHz
        input rst_n,        //复位信号,低电平有效
        input[15:0] display_num,//数码管显示数据,[15:12]-- 数码管千位,[11:8]-- 数码
                            //管百位,[7:4]-- 数码管十位,[3:0]-- 数码管个位
        output reg[3:0] dtube_cs_n,   //7 段数码管位选信号
        output reg[7:0] dtube_data    //7 段数码管段选信号(包括小数点为 8 段)
        );
```

以下参数定义数码管显示 0~F 对应的数码管段选输出值,即"译码"。

```
//------------------------------------------------------
//参数定义
//数码管显示 0~F 对应段选输出
parameter   NUM0  = 8'h3f,//c0,
            NUM1  = 8'h06,//f9,
            NUM2  = 8'h5b,//a4,
            NUM3  = 8'h4f,//b0,
            NUM4  = 8'h66,//99,
            NUM5  = 8'h6d,//92,
            NUM6  = 8'h7d,//82,
            NUM7  = 8'h07,//F8,
            NUM8  = 8'h7f,//80,
            NUM9  = 8'h6f,//90,
            NUMA  = 8'h77,//88,
            NUMB  = 8'h7c,//83,
            NUMC  = 8'h39,//c6,
            NUMD  = 8'h5e,//a1,
            NUME  = 8'h79,//86,
            NUMF  = 8'h71,//8e;
            NDOT  = 8'h80; //小数点显示
```

以下参数则定义数码管不同位选单独选中的位选输出值,由于数码管的段选是 4 个位显示复用的,因此采用了"4 个位分时点亮"的办法来驱动数码管。实际上,4 位数码管在同一时刻,只有 1 位是点亮的,4 位轮流循环被点亮。点亮某一位时,则"译码"对应的输出数据。虽然数码管是分时点亮的,但是当它的频率控制在一定的范围内,人眼很容易被"欺

骗",看到 4 位一直点亮的显示数据。

```
//数码管位选 0～3 对应输出
parameter    CSN    = 4'b1111,
             CS0    = 4'b1110,
             CS1    = 4'b1101,
             CS2    = 4'b1011,
             CS3    = 4'b0111;
```

分时计数器 div_cnt 就是用来计数分频,产生 4 个不同的时间段,分别点亮 4 位的数码管,并且在单独选中某个位的数码管时,current_display_num[3:0]寄存器则用于缓存相应的位要显示的数据(display_num[15:0]的其中 4 位)。

```
//------------------------------------------------
//分时显示数据控制单元
reg[3:0] current_display_num;    //当前显示数据
reg[7:0] div_cnt;                //分时计数器
    //分时计数器
always @(posedge clk or negedge rst_n)
    if(!rst_n) div_cnt <= 8'd0;
    else div_cnt <= div_cnt + 1'b1;
    //显示数据
always @(posedge clk or negedge rst_n)
    if(!rst_n) current_display_num <= 4'h0;
    else begin
        case(div_cnt)
            8'hff: current_display_num <= display_num[3:0];
            8'h3f: current_display_num <= display_num[7:4];
            8'h7f: current_display_num <= display_num[11:8];
            8'hbf: current_display_num <= display_num[15:12];
            default: ;
        endcase
    end
```

接下来的 always 语句中进行数据段选"译码"逻辑的实现,根据显示数据 current_display_num 获得段选输出 dtube_data。

```
    //段选数据译码
always @(posedge clk or negedge rst_n)
    if(!rst_n) dtube_data <= NUM0;
    else begin
        case(current_display_num)
            4'h0: dtube_data <= NUM0;
            4'h1: dtube_data <= NUM1;
            4'h2: dtube_data <= NUM2;
            4'h3: dtube_data <= NUM3;
            4'h4: dtube_data <= NUM4;
            4'h5: dtube_data <= NUM5;
```

```
        4'h6: dtube_data <= NUM6;
        4'h7: dtube_data <= NUM7;
        4'h8: dtube_data <= NUM8;
        4'h9: dtube_data <= NUM9;
        4'ha: dtube_data <= NUMA;
        4'hb: dtube_data <= NUMB;
        4'hc: dtube_data <= NUMC;
        4'hd: dtube_data <= NUMD;
        4'he: dtube_data <= NUME;
        4'hf: dtube_data <= NUMF;
        default: ;
    endcase
end
```

最后一个 always 语句则对位选信号进行分时“开启”的处理。

```
    //位选译码
always @(posedge clk or negedge rst_n)
    if(!rst_n) dtube_cs_n <= CSN;
    else begin
        case(div_cnt[7:6])
            2'b00: dtube_cs_n <= CS0;
            2'b01: dtube_cs_n <= CS1;
            2'b10: dtube_cs_n <= CS2;
            2'b11: dtube_cs_n <= CS3;
            default: dtube_cs_n <= CSN;
        endcase
    end

endmodule
```

8.7.4　板级调试

将 cy4ex9 工程下的 cy4.sof 文件下载到 FPGA 中,可以看到数码管从最低位(0～F,十六进制形式)开始依次不断地递增。

8.8　SRAM 读写测试实例

8.8.1　SRAM 读写时序解读

存储器是计算机系统(包括嵌入式系统)必不可少的部分。可以毫不夸张地讲,有数据传输处理的地方必定有存储器,不管是 CPU 内嵌的或外挂的,在做代码存储或程序运行的时候必定少不了它。而本节的实验对象 SRAM(Static RAM)是一种异步传输的易失存储器,且读写传输较快,控制时序也不复杂,因此目前有着非常广泛的应用。

任何一颗 SRAM 芯片的 datasheet,会发现它们的时序操作大同小异,在这里总结一些它们共性的东西,以及一些用 Verilog 简单的快速操作 SRAM 的技巧。SRAM 内部的结构如图 8.34 所示,要访问实际的 Momory 区域,FPGA 必须送地址(A0~A14)和控制信号($\overline{CE}\backslash\overline{OE}\backslash\overline{WE}$),SRAM 内部有与此对应的地址译码(decoder)和控制处理电路(control circuit)。这样,数据总线(I/O0~I/O7)上的数据就可以相应的读或写了。

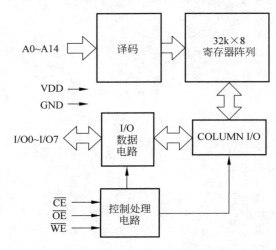

图 8.34　SRAM 功能框图

这里就以本实验使用的 IS62LV256AL-45ULI 为例进行说明,其引脚定义如表 8.3所示。

表 8.3　SRAM 接口定义

序号	引脚	方向	描　述
1	A0~A14	Input	地址总线
2	$\overline{CEn}$	Input	芯片使能输入,低有效
3	$\overline{OEn}$	Input	输出使能输入,低有效
4	$\overline{WEn}$	Input	写使能输入,低有效
5	I/O0~I/O7	Inout	数据输入/输出总线
6	VCC	Input	电源
7	GND	Input	数字地

本设计的硬件原理图如图 8.35 所示。

对于 SRAM 的读操作时序,其波形如图 8.36 所示。

对于 SRAM 的写操作时序,其波形如图 8.37 所示。

具体操作是这样的,要写数据(这里是相对于用 FPGA 操作 SRAM 而言的,软件读写可能有时间顺序的问题,需要注意)时,比较高效率的操作是送数据和地址,把$\overline{CE}$和$\overline{WE}$拉低。然后延时 t_{wc} 时间再把$\overline{CE}$和$\overline{WE}$拉高,这时就把数据写入了相应地址了,就这么简单。读数据就更简单了,只要把需要读出的地址放到 SRAM 的地址总线上,把$\overline{CE}$和$\overline{OE}$拉低,然后延时 t_{AA} 时间后就可以读出数据了。时序图中列出的相关时间参数如表 8.4 所示。

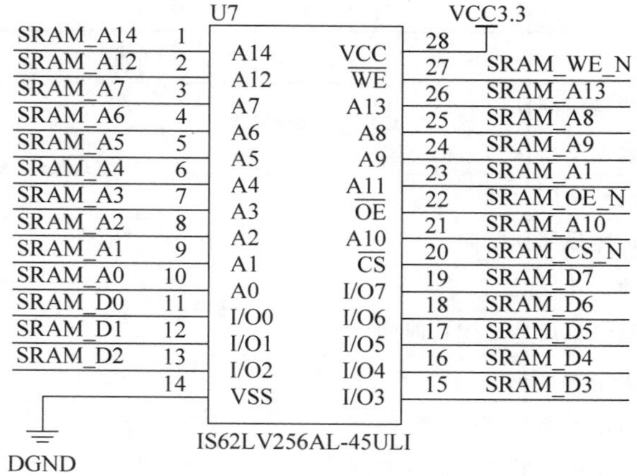

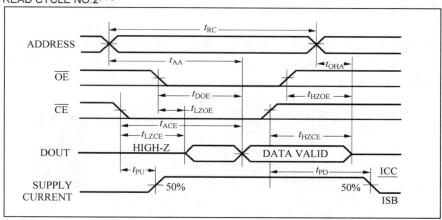

图 8.35　SRAM 接口

图 8.36　SRAM 读时序波形图

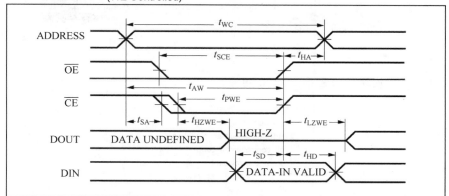

图 8.37　SRAM 写时序波形图

表 8.4　SRAM 读写时序表

参数	定义	最小值/ns	最大值/ns
t_{RC}	读操作周期时间	70	—
t_{OHA}	数据输出保持时间	2	—
t_{AA}	地址访问时间	—	70
t_{WC}	写操作周期时间	70	—
t_{SA}	地址建立时间	0	—
t_{HA}	写结束后地址保持时间	0	—
t_{PWE}	WE信号有效脉冲宽度	55	—
t_{SD}	写结束前的数据建立时间	30	—
t_{HD}	写结束后的数据保持时间	0	—

8.8.2　功能简介

如图 8.38 所示,本实例每秒钟定时进行一个 SRAM 地址的读和写操作。读写数据比对后,通过 D2 LED 状态进行指示。同时,也可以通过 SignalTap Ⅱ 在 Quartus Ⅱ 中查看当前操作的 SRAM 读写时序。

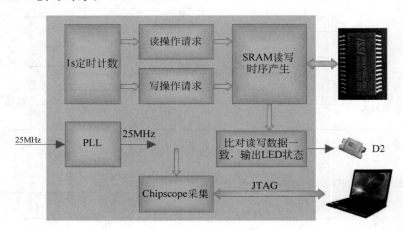

图 8.38　SRAM 实例功能框图

该实例的工程模块划分层次如图 8.39 所示。

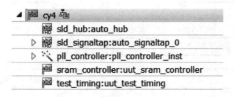

图 8.39　SRAM 实例模块层次

8.8.3 代码解析

1. cy4.v 模块代码解析

在顶层模块 cy4.v 代码中,可以查看其 RTL Schematic,如图 8.40 所示。其中,cy4.v 模块主要定义接口信号以及对各个子模块进行互连。其中,pll_controller.v 模块例化 PLL IP 核,产生 FPGA 内部其他逻辑工作所需的时钟信号 clk_25m 和复位信号 sys_rst_n; test_timing.v 模块产生 SRAM 的遍历读写请求,对比写入和读出的 SRAM 值是否一致,结果赋值给 LED 指示灯。

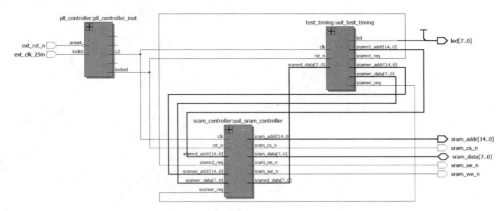

图 8.40 SRAM 实例顶层模块互连接口

cy4.v 模块接口定义如下。

```
module cy4(
        input ext_clk_25m,          //外部输入 25MHz 时钟信号
        input ext_rst_n,            //外部输入复位信号,低电平有效
        output[7:0] led,            //LED 指示灯,点亮表示读写 SRAM 同一个地址正确,熄灭
                                    //表示读写 SRAM 同一个地址失败
        output sram_cs_n,           //SRAM 片选信号,低电平有效
        output sram_we_n,           //SRAM 写选通信号,低电平有效
        output sram_oe_n,           //SRAM 输出选通信号,低电平有效
        output[14:0] sram_addr,     //SRAM 地址总线.
        inout[7:0] sram_data        //SRAM 数据总线
    );
```

Pll_controller.v 模块在顶层模块 cy4.v 中的例化如下

```
//--------------------------------------------
//PLL 例化
wire clk_12m5;      //PLL 输出 12.5MHz 时钟
wire clk_25m;       //PLL 输出 25MHz 时钟
wire clk_50m;       //PLL 输出 50MHz 时钟
wire clk_65m;       //PLL 输出 65MHz 时钟
wire clk_108m;      //PLL 输出 108MHz 时钟
```

```
wire clk_130m;            //PLL 输出 130MHz 时钟
wire sys_rst_n;           //PLL 输出的 locked 信号,作为 FPGA 内部的复位信号,低电平复位,高电
                          //平正常工作
pll_controller  pll_controller_inst (
    .areset ( !ext_rst_n ),
    .inclk0 ( ext_clk_25m ),
    .c0 ( clk_12m5 ),
    .c1 ( clk_25m ),
    .c2 ( clk_50m ),
    .c3 ( clk_100m ),
    .locked ( sys_rst_n )
    );
```

产生 SRAM 读写信号控制的模块 test_timing.v 模块在顶层模块 cy4.v 的例化如下。

```
//--------------------------------------
//每秒钟定时 SRAM 读和写时序产生模块
wire sramwr_req;                        //SRAM 写请求信号,高电平有效,用于状态机控制
wire sramrd_req;                        //SRAM 读请求信号,高电平有效,用于状态机控制
wire[7:0] sramwr_data;                  //SRAM 写入数据寄存器
wire[7:0] sramrd_data;                  //SRAM 读出数据寄存器
wire[14:0] sramwr_addr;                 //SRAM 写入地址寄存器
wire[14:0] sramrd_addr;                 //SRAM 读出地址寄存器
test_timing       uut_test_timing(
                          .clk(clk_50m),    //时钟信号
                          .rst_n(sys_rst_n), //复位信号,低电平有效
//LED 指示灯,点亮表示读写 SRAM 同一个地址正确,熄灭表示读写 SRAM 同一个地址失败
                          .led(led[0]),
// SRAM 写请求信号,高电平有效,用于状态机控制
                          .sramwr_req(sramwr_req),
                          .sramrd_req(sramrd_req),
// SRAM 读请求信号,高电平有效,用于状态机控制
                          .sramwr_data(sramwr_data),     //SRAM 写入数据寄存器
                          .sramrd_data(sramrd_data),     //SRAM 读出数据寄存器
                          .sramwr_addr(sramwr_addr),     //SRAM 写入地址寄存器
                          .sramrd_addr(sramrd_addr)      //SRAM 读出地址寄存器
                  );
```

SRAM 读写时序控制模块 sram_controller.v 在顶层模块 cy4.v 的例化如下。

```
//--------------------------------------
//SRAM 的基本读写时序模块
sram_controller    uut_sram_controller(
                          .clk(clk_50m),        //时钟信号
                          .rst_n(sys_rst_n),     //复位信号,低电平有效
    // SRAM 写请求信号,高电平有效,用于状态机控制
                          .sramwr_req(sramwr_req),
    // SRAM 读请求信号,高电平有效,用于状态机控制.
                          .sramrd_req(sramrd_req),
```

```
                    .sramwr_data(sramwr_data),      //SRAM 写入数据寄存器
                    .sramrd_data(sramrd_data),      //SRAM 读出数据寄存器
                    .sramwr_addr(sramwr_addr),      //SRAM 写入地址寄存器
                    .sramrd_addr(sramrd_addr),      //SRAM 读出地址寄存器
                    .sram_cs_n(sram_cs_n),          //SRAM 片选信号,低电平有效
                    .sram_we_n(sram_we_n),          //SRAM 写选通信号,低电平有效
                    .sram_oe_n(sram_oe_n),          //SRAM 输出选通信号,低电平有效
                    .sram_addr(sram_addr),          //SRAM 地址总线
                    .sram_data(sram_data)           //SRAM 数据总线
                );
assign led[7:1] = 7'b1111111;
endmodule
```

2. test_timing.v 模块代码解析

test_timing.v 模块接口定义如下。该模块要通过 SRAM 读数据时,拉高 sramrd_req 信号,同时赋地址值给地址总线 sramrd_addr[14:0],若干时钟周期后,数据出现在 sramrd_data[7:0] 总线上。该模块要通过 SRAM 写数据时,拉高 sramwr_req 信号,同时赋地址值给地址总线 sramrd_addr[14:0],并赋写入数据给数据总线 sramwr_data[7:0]。

```
module test_timing(
            input clk,                          //时钟信号
            input rst_n,                        //复位信号,低电平有效
//LED 指示灯,点亮表示读写 SRAM 同一个地址正确,熄灭表示读写 SRAM 同一个地址失败
            output reg led,
            output sramwr_req,                  //SRAM 写请求信号,高电平有效,用于状态机控制
            output sramrd_req,                  //SRAM 读请求信号,高电平有效,用于状态机控制
            output reg[7:0] sramwr_data,        //SRAM 写入数据寄存器
            input[7:0] sramrd_data,             //SRAM 读出数据寄存器.
            output reg[14:0] sramwr_addr,       //SRAM 写入地址寄存器
            output reg[14:0] sramrd_addr        //SRAM 读出地址寄存器
        );
```

26bit 计数器 delay 用于对 50MHz 时钟进行分频计数,产生 1s 的定时周期。在每秒周期内,发起一次 SRAM 的写入和读出操作,即 sramwr_req 和 sramrd_req 各保持一个时钟周期的高脉冲。

```
//-------------------------------
//1s 定时逻辑产生
reg[25:0] delay; //延时计数器,不断计数,周期为 1s,用于产生定时信号

always @ (posedge clk or negedge rst_n)
    if(!rst_n) delay <= 26'd0;
    //else if(delay < 26'd19_999) delay <= delay + 1; //for test
    else if(delay < 26'd49_999_999) delay <= delay + 1'b1;
    else delay <= 26'd0;
assign sramwr_req = (delay == 26'd1000); //产生写请求信号,每秒钟产生一个高电平脉冲
assign sramrd_req = (delay == 26'd1100); //产生读请求信号,每秒钟产生一个高电平脉冲
```

SRAM 每次写入之后,下次写入的数据 sramwr_data 的值递增。

```
//----------------------------------------
//定时 SRAM 写入数据寄存器
always @ (posedge clk or negedge rst_n)        //写入数据每 1s 自增 1
    if(!rst_n) sramwr_data <= 8'd0;
    else if(delay == 26'd4000) sramwr_data <= sramwr_data + 1'b1;
```

SRAM 每次读写之后,下次读地址 sramrd_addr 和写地址 sramwr_addr 均递增。

```
//----------------------------------------
//定时 SRAM 读和写地址寄存器
always @ (posedge clk or negedge rst_n)        //写入和读出地址每 1s 自增 1
    if(!rst_n) sramwr_addr <= 15'd0;
    else if(delay == 26'd4000) sramwr_addr <= sramwr_addr + 1'b1;
always @ (posedge clk or negedge rst_n)        //写入和读出地址每 1s 自增 1
    if(!rst_n) sramrd_addr <= 15'd0;
    else if(delay == 26'd4000) sramrd_addr <= sramrd_addr + 1'b1;
```

同一秒定时周期内,相同地址分别写和读的 SRAM 数据进行比较,若前后一致,表示读写成功,LED 拉低点亮;若前后不一致,表示读写失败,LED 拉高熄灭。

```
//----------------------------------------
//在同一地址读和写操作完成后,比对写入和读出的数据是否一致,通过 LED 输出比对结果
always @ (posedge clk or negedge rst_n)
    if(!rst_n) led <= 1'b0;
    else if(delay == 26'd3000) begin
        if(sramwr_data == sramrd_data) led <= 1'b0;        //LED 点亮
        else led <= 1'b1;                                  //LED 熄灭
    end
endmodule
```

3. sram_controller.v 模块代码解析

sram_controller.v 模块接口定义如下。除了时钟、复位信号,以及 test_timing.v 模块送来的读写控制信号,余下的 sram_* 信号均为 SRAM 芯片与 FPGA 器件接口的信号,控制这些信号的波形,可以实现 FPGA 对 SRAM 的读写操作。

```
module sram_controller(
            input clk,                      //时钟信号
            input rst_n,                    //复位信号,低电平有效
                //FPGA 内部对 SRAM 的读写控制信号
            input sramwr_req,               //SRAM 写请求信号,高电平有效,用于状态机控制
            input sramrd_req,               //SRAM 读请求信号,高电平有效,用于状态机控制
            input[7:0] sramwr_data,         //SRAM 写入数据寄存器
            output reg[7:0] sramrd_data,    //SRAM 读出数据寄存器
            input[14:0] sramwr_addr,        //SRAM 写入地址寄存器
            input[14:0] sramrd_addr,        //SRAM 读出地址寄存器
                //FPGA 与 SRAM 芯片的接口信号
```

```
          output reg sram_cs_n,              //SRAM 片选信号,低电平有效
          output reg sram_we_n,              //SRAM 写选通信号,低电平有效
          output reg sram_oe_n,              //SRAM 输出选通信号,低电平有效
          output reg [14:0] sram_addr,       //SRAM 地址总线
          inout[7:0] sram_data               //SRAM 数据总线
      );
```

定义 IDLE、WRT0、WRT1、REA0、REA1 这 5 个状态,用于产生 SRAM 操作的时序。

```
//--------------------------------------
//状态机控制 SRAM 的读或写操作
parameter    IDLE  = 4'd0,
             WRT0  = 4'd1,
             WRT1  = 4'd2,
             REA0  = 4'd3,
             REA1  = 4'd4;
reg[3:0] cstate,nstate;
```

宏定义判定 cnt 当前的计数值。例如,DELAY_00NS 拉高,则表示 cnt $=$ 3'd0;若拉低,则表示 cnt$\neq$3'd0。

```
'define  DELAY_00NS   (cnt == 3'd0)  //用于产生 SRAM 读写时序所需要的 0ns 延时
'define  DELAY_20NS   (cnt == 3'd1)  //用于产生 SRAM 读写时序所需要的 20ns 延时
'define  DELAY_40NS   (cnt == 3'd2)  //用于产生 SRAM 读写时序所需要的 40ns 延时
'define  DELAY_60NS   (cnt == 3'd3)  //用于产生 SRAM 读写时序所需要的 60ns 延时
```

cnt 计数用于产生 SRAM 时序所需要的多个时钟周期延时。

```
reg[2:0] cnt; //延时计数器
always @ (posedge clk or negedge rst_n)
    if(!rst_n) cnt <= 3'd0;
    else if(cstate == IDLE) cnt <= 3'd0;
    else cnt <= cnt + 1'b1;
```

SRAM 读写状态机实现如下。WRT0 和 REA0 分别为写和读 SRAM 时的状态,根据前面给出的 SRAM 操作时序要求,需要保持若干个时钟周期。

```
//--------------------------------------
//SRAM 读写状态机
always @ (posedge clk or negedge rst_n)            //时序逻辑控制状态变迁
    if(!rst_n) cstate <= IDLE;
    else cstate <= nstate;
always @ (cstate or sramwr_req or sramrd_req or cnt) begin   //组合逻辑控制不同状态的转换
    case (cstate)
        IDLE: if(sramwr_req) nstate <= WRT0;                 //进入写状态
            else if(sramrd_req) nstate <= REA0;              //进入读状态
            else nstate <= IDLE;
```

```
            WRT0: if('DELAY_60NS) nstate <= WRT1;
                  else nstate <= WRT0;
            WRT1: nstate <= IDLE;
            REA0: if('DELAY_60NS) nstate <= REA1;
                  else nstate <= REA0;
            REA1: nstate <= IDLE;
            default: nstate <= IDLE;
        endcase
    end
```

根据上面的状态变化对 SRAM 地址总线赋值。

```
//-------------------------------------
//地址赋值

always @ (posedge clk or negedge rst_n)
    if(!rst_n) sram_addr <= 15'd0;
    else if(cstate == WRT0) sram_addr <= sramwr_addr;   //写 SRAM 地址
    else if(cstate == WRT1) sram_addr <= 15'd0;
    else if(cstate == REA0) sram_addr <= sramrd_addr;   //读 SRAM 地址
    else if(cstate == REA1) sram_addr <= 15'd0;
```

由于 SRAM 的数据总线 sram_data 为 inout 接口,即可输入/可输出的双向接口,所以需要定义个寄存器 sdlink,用于指示当前的 SRAM 数据总线操作方向。从原理上讲,若 SRAM 数据总线定义为输入,即 FPGA 要读取 SRAM 数据时,不能给 SRAM 数据总线赋任何高低电平值,但实际操作必须赋值高阻态 z,即 sram_data＝8'hzz;若 SRAM 数据总线定义为输出,即 FPGA 要写数据到 SRAM 时,和一般的输出接口一样,直接赋值给 sram_data 即可。

```
//-------------------------------------
//SRAM 读写数据的控制
reg sdlink;         //SRAM 数据总线方向控制信号,1 为输出,0 为输入
always @ (posedge clk or negedge rst_n)      //在状态 REA1 时执行 SRAM 读数据操作
    if(!rst_n) sramrd_data <= 8'd0;
    else if((cstate == REA0) && 'DELAY_60NS) sramrd_data <= sram_data;
always @ (posedge clk or negedge rst_n)      //控制不同状态下 SRAM 数据总线的方向。SRAM 只有
                                             //在执行写操作时为输出,其他时候均为输入
    if(!rst_n) sdlink <= 1'b0;
    else if(cstate == WRT0) sdlink <= 1'b1;
    else if(cstate == WRT1) sdlink <= 1'b0;
assign sram_data = sdlink ? sramwr_data : 8'hzz;
```

以下是 SRAM 片选信号 sram_cs_n 的产生,它在 SRAM 操作期间(读或写)都需要拉低。

```
//-------------------------------------
//SRAM 片选、读选通和写选通信号的控制
```

```
        //SRAM 片选信号产生
always @ (posedge clk or negedge rst_n)
    if(!rst_n) sram_cs_n <= 1'b1;
    else if(cstate == WRT0) begin
        if('DELAY_00NS) sram_cs_n <= 1'b1;
        else sram_cs_n <= 1'b0;
    end
    else if(cstate == REA0) sram_cs_n <= 1'b0;
    else sram_cs_n <= 1'b1;
```

以下是 SRAM 读选通信号 sram_oe_n 和 SRAM 写选通信号 sram_we_n 的赋值,它们为低电平时有效。

```
        //SRAM 读选通信号产生
always @ (posedge clk or negedge rst_n)
    if(!rst_n) sram_oe_n <= 1'b1;
    else if(cstate == REA0) sram_oe_n <= 1'b0;
    else sram_oe_n <= 1'b1;
        //SRAM 写选通信号产生
always @ (posedge clk or negedge rst_n)
    if(!rst_n) sram_we_n <= 1'b1;
    else if(cstate == WRT0) begin
        if('DELAY_20NS) sram_we_n <= 1'b0;
        else if('DELAY_60NS) sram_we_n <= 1'b1;
    end
endmodule
```

8.8.4 仿真设置

打开文件夹 cy4ex16 下的 Quartus Ⅱ 工程,如图 8.41 所示,选择 Tools → Run Simulation Tool→RTL Simulation 选项进行仿真。当然了,在这之前,这个工程的仿真测试脚本以及在 Quartus Ⅱ 中的设置都已经就绪了。

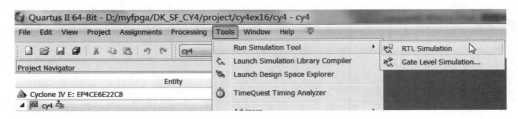

图 8.41 RTL Simulation 菜单

8.8.5 功能仿真

调用 Modelsim 运行仿真,这个 ModelSim 的强大功能就要充分发挥大家的自学能力了,打开 Wave,可以看到,SRAM 写时序仿真波形如图 8.42 所示。

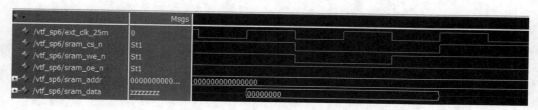

图 8.42　SRAM 写时序仿真波形

SRAM 读时序仿真波形如图 8.43 所示。

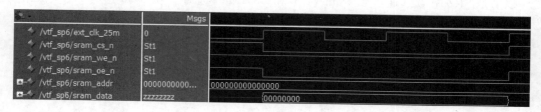

图 8.43　SRAM 读时序仿真波形

8.8.6　FPGA 在线配置

连接好下载线,CY4 开发板供电,打开工程实例 cy4ex16,选择菜单 Tools→SignalTap Ⅱ Logic Analyzer,进入逻辑分析仪主页面。在右侧的 JTAG China Configuration 窗口中,如图 8.44 所示,建立好 USB-Blaster 连接,单击 SOF Manager 后面的 Programmer 按钮进行下载。

图 8.44　FPGA 在线配置页面

8.8.7　触发采样波形

在 trigger 下罗列了已经添加好的需要观察的信号,尤其是在 sram_cs_n 信号的 Trigger Conditions 列,设置了下降沿,表示该信号的下降沿将触发采集。另外,单击选中 Instance 下的唯一一个选项,然后单击 Instance Manager 后面的"运行"按钮,如图 8.45 所示,即可执行一次触发采集。

波形如图 8.46 所示,设定连续采集两组满足触发条件的波形。"0"点左边是写 SRAM 的操作,右边是读 SRAM 的操作。

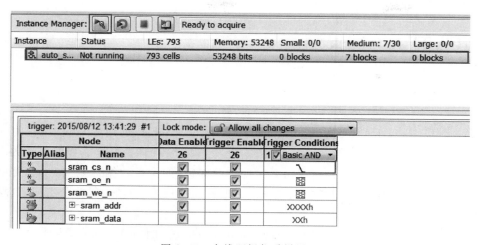

图 8.45　在线逻辑仪采样界面

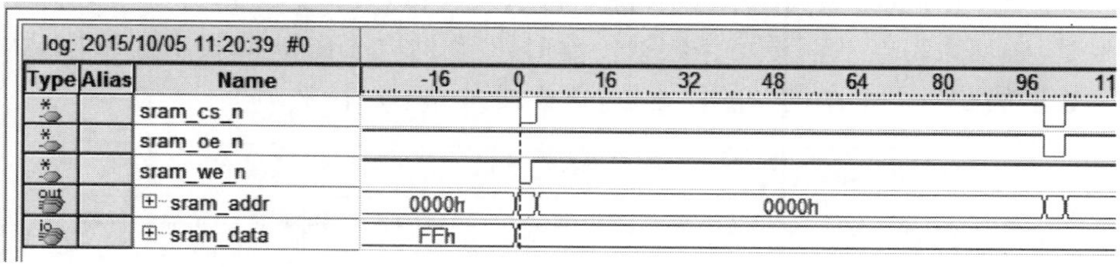

图 8.46　在线逻辑仪采样触发波形

将写 SRAM 波形放大后，如图 8.47 所示。

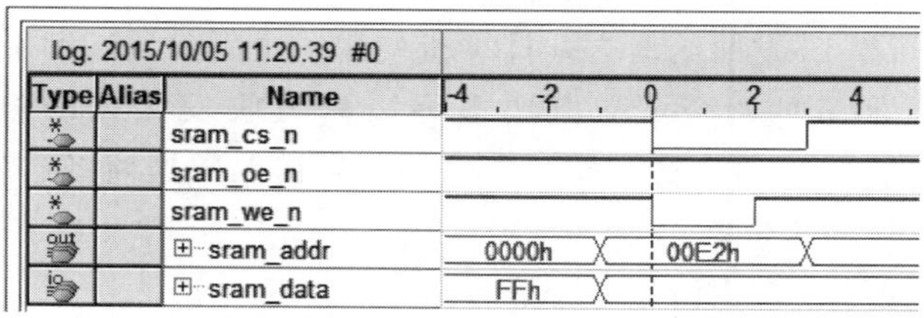

图 8.47　在线逻辑分析仪采样 SRAM 写时序波形

将读 SRAM 波形放大后，如图 8.48 所示。

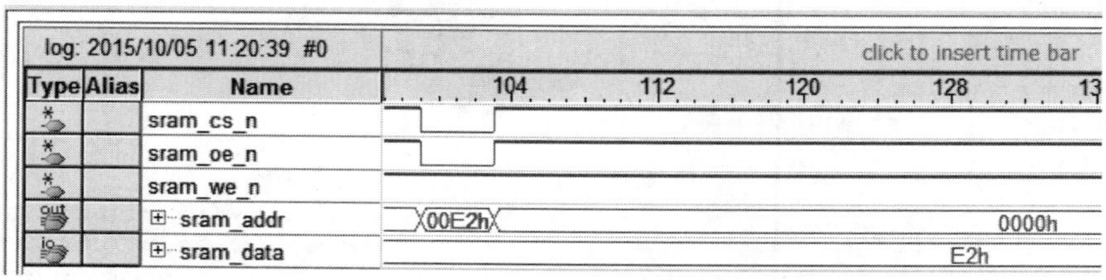

图 8.48　在线逻辑分析仪采样 SRAM 读时序波形

8.9　UART loopback 测试

8.9.1　功能概述

　　UART(Universal Asynchronous Receiver/Transmitter)即通用异步收发,它的数据传输不需要时钟,只要两条信号线分别进行数据收发。既然没有时钟,那么如何保证数据收发的准确性呢? 很简单,收发双方首先需要做到知己知彼,约定好数据传输的速率(简单地讲就是约定好一个数据位传输的时间)和帧格式(即一帧的长短,一帧由哪些位组成,其功能都是什么)。

　　下面来看 UART 的一个帧定义。简单的串口帧格式如图 8.49 所示,主要由 1 个起始位(必须为 0)、8 个数据位(用户数据)、1 个奇偶校验位(用于简单的纠错,以保证传输可靠性)和 1 或 2 个停止位(必须为 1)组成。除了奇偶校验位,其他三个部分都是必需的。当信号线空闲时,必须为高电平。要发起数据传输时,1 个低电平的脉冲表示起始位,然后连续传输 8 个数据位和若干个高电平的停止位,这样便完成一次传输。

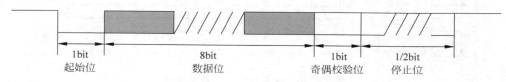

图 8.49　串口帧格式

　　该实验要实现的功能是 FPGA 实时监测 uart_rx 信号是否有数据,若接收到数据,则把接收到的数据通过 uart_tx 发回给对方。计算机使用一个串口调试助手进行通信。

　　在代码设计中,speed_setting.v 模块里可以修改收发数据的波特率,如 9600bps、19 200bps、38 400bps、57 600bps 或 115 200bps 等。发送的数据帧格式为：1bit 起始位,8bit 数据位,无校验位,1bit 停止位。

　　该实例的内部功能框图如图 8.50 所示。

　　该实例工程的代码模块层次如图 8.51 所示。

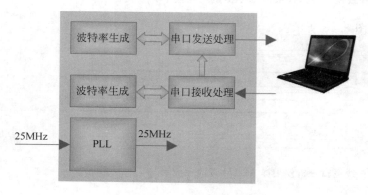

图 8.50　串口实例功能框图

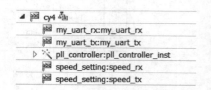

图 8.51　串口实例模块层次

8.9.2 代码解析

1. cy4.v 模块代码解析

在顶层模块 cy4.v 代码中,可以查看其 RTL Schematic,如图 8.52 所示。cy4.v 模块主要定义接口信号以及对各个子模块进行互连。其中 pll_controller.v 模块例化 PLL IP 核,产生 FPGA 内部其他逻辑工作所需的时钟信号 clk_25m 和复位信号 sys_rst_n;my_uart_rx.v 模块主要是完成数据的接收;speed_setting.v(speed_rx)模块主要响应 my_uart_rx.v 模块发出的使能信号进行波特率控制,并且回送一个数据采样使能信号;my_uart_tx.v 模块在 my_uart_rx.v 模块接收一个完整的数据帧后启动运行,将接收到的数据作为发送数据返回给计算机端,它的波特率控制是由 speed_setting.v(speed_tx)模块产生。

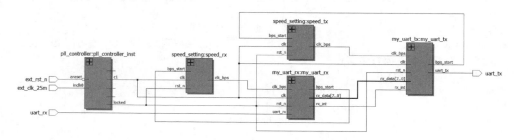

图 8.52 串口实例顶层模块互连接口

cy4.v 模块接口定义如下。uart_rx 和 uart_tx 分别为串口的接收和发送信号。

```
module cy4(
        input ext_clk_25m,        //外部输入 25MHz 时钟信号
        input ext_rst_n,          //外部输入复位信号,低电平有效
        input uart_rx,            //UART 接收数据信号
        output uart_tx            //UART 发送数据信号
    );
```

Pll_controller.v 模块在顶层模块 cy4.v 的例化如下。

```
//------------------------------------
//PLL 例化
wire clk_12m5;       //PLL 输出 12.5MHz 时钟
wire clk_25m;        //PLL 输出 25MHz 时钟
wire clk_50m;        //PLL 输出 50MHz 时钟
wire clk_100m;       //PLL 输出 100MHz 时钟
wire sys_rst_n;      //PLL 输出的 locked 信号,作为 FPGA 内部的复位信号,低电平复位,高电平正常
                     //工作
pll_controller  pll_controller_inst (
    .areset ( !ext_rst_n ),
    .inclk0 ( ext_clk_25m ),
    .c0 ( clk_12m5 ),
    .c1 ( clk_25m ),
```

```
                    .c2 ( clk_50m ),
                    .c3 ( clk_100m ),
                    .locked ( sys_rst_n )
                    );
```

以下例化的两个模块实现串口接收以及波特率设置功能,接收到串口数据后 rx_int 信号拉高,直到数据接收完成才拉低,后续模块可以根据 rx_int 信号的下降沿作为串口数据接收完成的指示,此时 rx_data[7:0]上的数据同时有效。

```
//-----------------------------------------
//下面的四个模块中,speed_rx 和 speed_tx 是两个完全独立的硬件模块,可称之为逻辑复制
wire bps_start1,bps_start2;          //接收到数据后,波特率时钟启动信号置位
// clk_bps_r 高电平为接收数据位的中间采样点,同时也作为发送数据的数据改变点
wire clk_bps1,clk_bps2;
wire[7:0] rx_data;                   //接收数据寄存器,保存直至下一个数据来到
wire rx_int;                         //接收数据中断信号,接收到数据期间始终为高电平
    //UART 接收信号波特率设置
speed_setting     speed_rx(
                        .clk(clk_25m),      //波特率选择模块
                        .rst_n(sys_rst_n),
                        .bps_start(bps_start1),
                        .clk_bps(clk_bps1)
                        );
    //UART 接收数据处理
my_uart_rx        my_uart_rx(
                        .clk(clk_25m),      //接收数据模块
                        .rst_n(sys_rst_n),
                        .uart_rx(uart_rx),
                        .rx_data(rx_data),
                        .rx_int(rx_int),
                        .clk_bps(clk_bps1),
                        .bps_start(bps_start1)
                        );
```

以下例化的两个模块实现串口发送以及波特率设置功能,串口接收指示信号 rx_int 信号的下降沿作为该模块启动的标志信号,将已经接收到的 rx_data[7:0]发送回去。

```
//-----------------------------------------
    //UART 发送信号波特率设置
speed_setting     speed_tx(
                        .clk(clk_25m),      //波特率选择模块
                        .rst_n(sys_rst_n),
                        .bps_start(bps_start2),
                        .clk_bps(clk_bps2)
                        );
    //UART 发送数据处理
my_uart_tx        my_uart_tx(
                        .clk(clk_25m),      //发送数据模块
```

```
                             .rst_n(sys_rst_n),
                             .rx_data(rx_data),
                             .rx_int(rx_int),
                             .uart_tx(uart_tx),
                             .clk_bps(clk_bps2),
                             .bps_start(bps_start2)
                        );
endmodule
```

2. speed_setting.v 模块代码解析

该模块实现串口波特率的控制。当 bsp_start 信号为高电平期间，波特率计数器工作，并且产生波特率指示信号 clk_bps，用于串口的收发模块作为数据采样或者数据变化的指示 inherit。

```
module speed_setting(
                clk,rst_n,
                bps_start,clk_bps
            );
input clk;        //25MHz 主时钟
input rst_n;       //低电平复位信号
input bps_start; //接收到数据后，波特率时钟启动信号置位
output clk_bps; //clk_bps 的高电平为接收或者发送数据位的中间采样点
```

以下的宏定义便于修改该模块的波特率变化。若希望变化波特率或者该模块输入的工作时钟信号 clk 的频率，那么相应修改 BPS_SET 和 CLK_PERIORD 即可。例如，时钟频率当前为 25MHz，那么对应的 CLK_PERIORD 定义为 40（对应 40ns）；若时钟频率变为 50MHz，那么这里修改 CLK_PERIORD 定义为 20（对应 20ns）。波特率修改也类似，如当前波特率定义为 9600bps，那么 BPS_SET 定义为 96（9600/100），若希望修改波特率为 115 200bps，则修改 BPS_SET 定位为 1152（115200/100）。

```
'define CLK_PERIORD  40   //定义时钟周期为 40ns(25MHz)
'define BPS_SET      96    //定义通信波特率为 9600b/s(将需要的波特率省去两个零后定义即可)
```

通过上述两个宏定义变量，可以计算出当前波特率下对应的 clk 技术最大值 BPS_PARA，它等于 1s（1 000 000 000ns）除以 CLK_PERIORD 和 BPS_SET，下面的定义中把除数和被除数 BSP_SET 都除以 100 即可。

```
'define BPS_PARA   (10_000_000/'CLK_PERIORD/'BPS_SET)
'define BPS_PARA_2  ('BPS_PARA/2)
```

分频计数器 cnt 从 0 到 BPS_PARA 之间循环计数，计数的中间值对应有一个时钟周期拉高 clk_bps 信号。

```
reg[12:0] cnt;           //分频计数
reg clk_bps_r;           //波特率时钟寄存器
```

```
//--------------------------------------------------------------
reg[2:0] uart_ctrl;        // uart 波特率选择寄存器
//--------------------------------------------------------------
always @ (posedge clk or negedge rst_n)
    if(!rst_n) cnt <= 13'd0;
    else if((cnt == 'BPS_PARA) || !bps_start) cnt <= 13'd0;   //波特率计数清零
    else cnt <= cnt + 1'b1;                                   //波特率时钟计数启动
always @ (posedge clk or negedge rst_n)
    if(!rst_n) clk_bps_r <= 1'b0;
    else if(cnt == 'BPS_PARA_2) clk_bps_r <= 1'b1;            //clk_bps_r 高电平为接收数据
                                                             //位的中间采样点,同时也作为
                                                             //发送数据的数据改变点

    else clk_bps_r <= 1'b0;
assign clk_bps = clk_bps_r;
endmodule
```

3. my_uart_rx. v 模块代码解析

该模块通过解析 uart_rx 信号获得串口数据字节,接口如下。

```
module my_uart_rx(
              clk, rst_n,
              uart_rx, rx_data, rx_int,
              clk_bps, bps_start
           );
input clk;            //25MHz 主时钟
input rst_n;          //低电平复位信号
input uart_rx;        //RS232 接收数据信号
input clk_bps;        //clk_bps 的高电平为接收或者发送数据位的中间采样点
output bps_start;     //接收到数据后,波特率时钟启动信号置位
output[7:0] rx_data;  //接收数据寄存器,保存直至下一个数据来到
output rx_int;        //接收数据中断信号,接收到数据期间始终为高电平
```

以下代码对 uart_rx 信号打 4 拍,即缓存 4 个寄存器,用于产生下降沿标志位信号 neg_uart_rx。

```
//--------------------------------------------------------------
reg uart_rx0, uart_rx1, uart_rx2, uart_rx3;   //接收数据寄存器,滤波用
wire neg_uart_rx;                             //表示数据线接收到下降沿
always @ (posedge clk or negedge rst_n)
    if(!rst_n) begin
        uart_rx0 <= 1'b0;
        uart_rx1 <= 1'b0;
        uart_rx2 <= 1'b0;
        uart_rx3 <= 1'b0;
    end
    else begin
        uart_rx0 <= uart_rx;
        uart_rx1 <= uart_rx0;
```

```
            uart_rx2 <= uart_rx1;
            uart_rx3 <= uart_rx2;
        end
    //下面的下降沿检测可以滤掉<40ns 的毛刺(包括高脉冲和低脉冲毛刺),
    //这里就是用资源换稳定(前提是对时间要求不是那么苛刻,因为输入信号打了好几拍)
    //当然有效低脉冲信号肯定是远远大于 80ns 的
//接收到下降沿后 neg_uart_rx 置高一个时钟周期
assign neg_uart_rx = uart_rx3 & uart_rx2 & ~uart_rx1 & ~uart_rx0;
```

以下代码根据 uart_rx 信号的第一个下降沿,启动内部"帧解析"处理逻辑,拉高 rx_int 信号,数据位计数器 num[3:0]开始计数。

```
//------------------------------------------------------------------
reg bps_start_r;
reg[3:0] num; //移位次数
reg rx_int;     //接收数据中断信号,接收到数据期间始终为高电平
always @ (posedge clk or negedge rst_n)
    if(!rst_n) begin
        bps_start_r <= 1'bz;
        rx_int <= 1'b0;
    end
    else if(neg_uart_rx) begin      //接收到串口接收线 uart_rx 的下降沿标志信号
        bps_start_r <= 1'b1;        //启动串口准备数据接收
        rx_int <= 1'b1;             //接收数据中断信号使能
    end
    else if(num == 4'd9) begin      //接收完有用数据信息
        bps_start_r <= 1'b0;        //数据接收完毕,释放波特率启动信号
        rx_int <= 1'b0;             //接收数据中断信号关闭
    end
assign bps_start = bps_start_r;
```

以下 always 语句内,逐位读取串口数据值,最终实现串并转换,解析一个完整字节的串口数据。

```
//------------------------------------------------------------------
reg[7:0] rx_data_r;                         //串口接收数据寄存器,保存至下一个数据来到
reg[7:0] rx_temp_data;                      //当前接收数据寄存器
always @ (posedge clk or negedge rst_n)
    if(!rst_n) begin
        rx_temp_data <= 8'd0;
        num <= 4'd0;
        rx_data_r <= 8'd0;
    end
    else if(rx_int) begin                   //接收数据处理
        if(clk_bps) begin //读取并保存数据,接收数据为一个起始位,8bit 数据,1 或 2 个结束位
            num <= num + 1'b1;
            case (num)
                4'd1: rx_temp_data[0] <= uart_rx;    //锁存第 0 位
```

```
                    4'd2: rx_temp_data[1] <= uart_rx;    //锁存第 1 位
                    4'd3: rx_temp_data[2] <= uart_rx;    //锁存第 2 位
                    4'd4: rx_temp_data[3] <= uart_rx;    //锁存第 3 位
                    4'd5: rx_temp_data[4] <= uart_rx;    //锁存第 4 位
                    4'd6: rx_temp_data[5] <= uart_rx;    //锁存第 5 位
                    4'd7: rx_temp_data[6] <= uart_rx;    //锁存第 6 位
                    4'd8: rx_temp_data[7] <= uart_rx;    //锁存第 7 位
                    default: ;
                endcase
            end
        else if(num == 4'd9) begin       //标准接收模式下只有 1 + 8 + 2 = 11bit 的有效数据
            num <= 4'd0;                  //接收到 STOP 位后结束,num 清零
            rx_data_r <= rx_temp_data;   //把数据锁存到数据寄存器 rx_data 中
        end
    end
assign rx_data = rx_data_r;
endmodule
```

4. my_uart_tx. v 模块代码解析

该模块的实现原理和 my_uart_rx. v 模块很类似。

```
module my_uart_tx(
                clk,rst_n,
                rx_data,rx_int,uart_tx,
                clk_bps,bps_start
            );
input clk;              //25MHz 主时钟
input rst_n;            //低电平复位信号
input clk_bps;          //clk_bps_r 高电平为接收数据位的中间采样点,同时也作为发送数据的
                        //数据改变点
input[7:0] rx_data;     //接收数据寄存器
input rx_int;           //接收数据中断信号,接收到数据期间始终为高电平,在该模块中利用它的
                        //下降沿来启动串口发送数据
output uart_tx;         //RS232 发送数据信号
output bps_start;       //接收或者要发送数据,波特率时钟启动信号置位
```

对 rx_int 信号打 3 拍,产生它的下降沿标志信号 neg_rx_int。

```
//-------------------------------------------------------------
reg rx_int0,rx_int1,rx_int2;        //rx_int 信号寄存器,捕捉下降沿滤波用
wire neg_rx_int;                    //rx_int 下降沿标志位
always @ (posedge clk or negedge rst_n)
    if(!rst_n) begin
        rx_int0 <= 1'b0;
        rx_int1 <= 1'b0;
        rx_int2 <= 1'b0;
    end
    else begin
```

```
                rx_int0 <= rx_int;
                rx_int1 <= rx_int0;
                rx_int2 <= rx_int1;
        end
//捕捉到下降沿后,neg_rx_int 拉高保持一个主时钟周期
assign neg_rx_int = ~rx_int1 & rx_int2;
```

判断到 rx_int 信号的下降沿后,该模块开始运行相应的控制逻辑,拉高 bsp_start 启动波特率计数,拉高 tx_en 信号开启数据"串并转换"发送功能,同时缓存 rx_data 到寄存器 tx_data 中准备发送,发送数据位计数器 num 准备计数。

```
//------------------------------------------------------------
reg[7:0] tx_data;                     //待发送数据的寄存器
reg bps_start_r;
reg tx_en;                            //发送数据使能信号,高有效
reg[3:0] num;
always @ (posedge clk or negedge rst_n)
    if(!rst_n) begin
        bps_start_r <= 1'bz;
        tx_en <= 1'b0;
        tx_data <= 8'd0;
    end
    else if(neg_rx_int) begin         //接收数据完毕,准备把接收到的数据发回去
        bps_start_r <= 1'b1;
        tx_data <= rx_data;           //把接收到的数据存入发送数据寄存器
        tx_en <= 1'b1;                //进入发送数据状态中
    end
    else if(num == 4'd10) begin       //数据发送完成,复位
        bps_start_r <= 1'b0;
        tx_en <= 1'b0;
    end
assign bps_start = bps_start_r;
```

以下则是对具体数据的"串并转换",将完整数据字节通过串口信号 uart_tx 发送。

```
//------------------------------------------------------------
reg uart_tx_r;
always @ (posedge clk or negedge rst_n)
    if(!rst_n) begin
        num <= 4'd0;
        uart_tx_r <= 1'b1;
    end
    else if(tx_en) begin
        if(clk_bps)  begin
            num <= num + 1'b1;
            case (num)
                4'd0: uart_tx_r <= 1'b0;            //发送起始位
                4'd1: uart_tx_r <= tx_data[0];     //发送 bit0
```

```
            4'd2: uart_tx_r <= tx_data[1];    //发送 bit1
            4'd3: uart_tx_r <= tx_data[2];    //发送 bit2
            4'd4: uart_tx_r <= tx_data[3];    //发送 bit3
            4'd5: uart_tx_r <= tx_data[4];    //发送 bit4
            4'd6: uart_tx_r <= tx_data[5];    //发送 bit5
            4'd7: uart_tx_r <= tx_data[6];    //发送 bit6
            4'd8: uart_tx_r <= tx_data[7];    //发送 bit7
            4'd9: uart_tx_r <= 1'b1;          //发送结束位
            default: uart_tx_r <= 1'b1;
        endcase
    end
    else if(num == 4'd10) num <= 4'd0;         //复位
    end
assign uart_tx = uart_tx_r;
endmodule
```

8.9.3　板级调试

连接好下载线,给 CY4 开发板供电(供电的同时也连接好了 UART)。在 Quartus Ⅱ中打开 cy4ex17 工程,进入 Programmer 下载界面,将本实例工程下的 cy4.sof 文件烧录到 FPGA 中在线运行。

双击"串口调试器"图标,打开串口调试器,如图 8.53 所示,选择串口为 COM13(前面在硬件管理器中新识别到的 COM 口,实验者应以自己计算机识别到的 COM 口为准),设置波特率为 9600,数据位为 8,校验位为 None,停止位为 1。

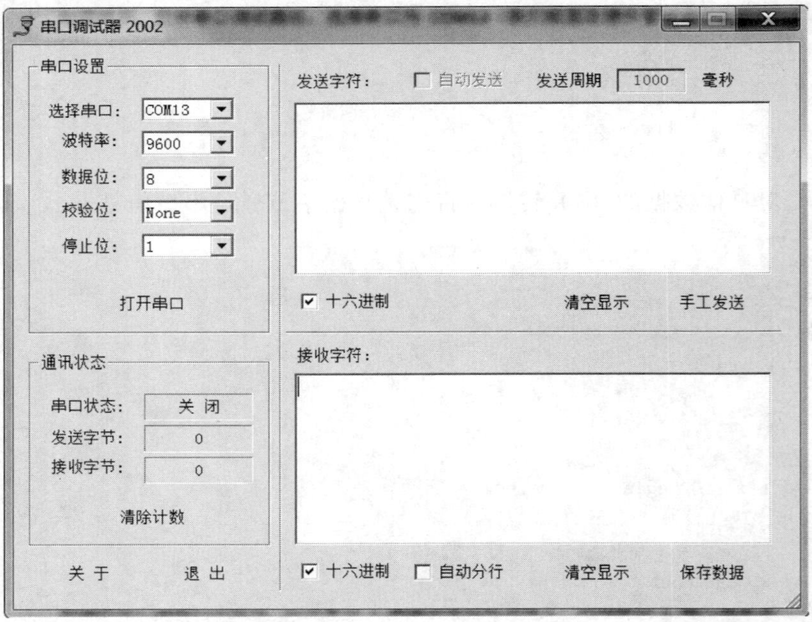

图 8.53　串口调试器界面

在图 8.53 中单击"打开串口"按钮,其显示字符就变成了"关闭串口",如图 8.54 所示。输入需要发送的数据 55aa,然后勾选"自动发送"复选框,就可以看到接收字符下面的空白区域每隔一定时间(1000ms)就打印一组发送的字符串,这说明实验成功了。读者可以更改代码中的波特率再进行测试,也可以将返回的数据做一些更改,如将接收的数据取反后返回,最后在串口调试助手上再做些调试,看看是否达到预定的功能。

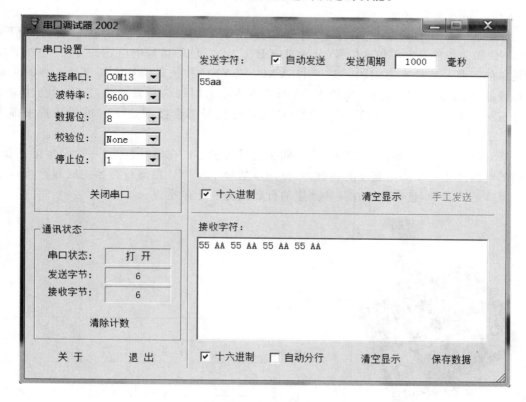

图 8.54 串口收发演示

8.10 VGA 驱动 ColorBar 显示实例

8.10.1 VGA 概述

PS/2(Personal System 2)原是 IBM 公司在 1987 年推出的一款个人计算机,PS/2 计算机上使用的键盘鼠标接口就是现在的 PS/2 接口。因为标准不开放,PS/2 计算机在市场中失败了,只有 PS/2 接口一直沿用到今天。VGA(Video Graphics Array)即视频图形阵列就是随 PS2 计算机一起推出的使用模拟信号的一种视频传输标准,在当时具有分辨率高、显示速率快、颜色丰富等优点,在彩色显示器领域得到了广泛的应用。这个标准对于现今的个人计算机市场已经十分过时。即使如此,VGA 仍然是最多制造商所共同支持的一个标准,个人计算机在加载自己的独特驱动程序之前,都必须支持 VGA 的标准。例如,微软

Windows 系列产品的开机画面仍然使用 VGA 显示模式,这也说明其在显示标准中的重要性和兼容性。

　　VGA 最早指的是显示器 640×480 显示模式。今天的 VGA 其实已经不仅仅局限于640×480 分辨率了,通常情况下,各种各样适用于 VGA 接口传输的分辨率都可以统称为VGA。当然了,严格来讲,每个分辨率都会有自己的叫法,如 800×600 就称作 SVGA。VGA 接口如图 8.55 所示。

　　驱动 VGA 显示的接口,主要有以下 3 种信号:行同步信号 HSYNC,场同步信号VSYNC 和 3 条色彩电压传输信号(分别对应 R、G、B)。色彩信号的电压为 0～0.7V,其同步是靠前面两个信号来协助的。至于 HSYNC、VSYNC 和色彩信号之间以什么样的关系进行传输,这都是相对固定的,虽然 VGA 收发双方没有时钟信号做同步,但通常会约定发送方有一个基本的时钟,VSYNC、HSYNC 和色彩信号都会按照这个时钟的节拍来确定状态。

　　VGA 的接口时序如图 8.56 所示,场同步信号 VSYNC 在每帧(即送一次全屏的图像)开始的时候产生一个固定宽度的高脉冲,行同步信号 HSYNC 在每行开始的时候产生一个固定宽度的高脉冲,色彩数据在某些固定的行和列交汇处有效。

图 8.55　VGA 接口示意图

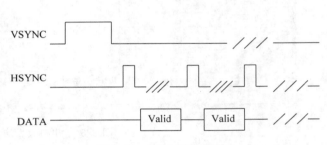

图 8.56　VGA 时序波形 1

　　如前所述,通常以一个基准时钟驱动 VGA 信号的产生,用这个基准时钟为时间单位来产生的时序如图 8.57 所示。

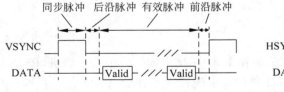

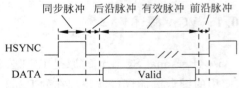

图 8.57　VGA 时序波形 2

　　对于一个刷新频率为 60Hz,分辨率为 640×480 的标准 VGA 显示驱动,若它的基准驱动时钟为 25MHz,它的计数脉冲参数如表 8.5 所示。注意,列的单位为"行",而行的单位为"基准时钟周期数",即 25MHz 时钟脉冲数。

表 8.5 VGA 驱动时序参数表

行/列	同步脉冲	后沿脉冲	显示脉冲	前沿脉冲	帧长
列	2	33	480	10	525
行	96	48	640	16	800

对于一个刷新频率为 72Hz,分辨率为 800×600 的 SVGA 显示驱动,若它的基准驱动时钟为 50MHz,它的计数脉冲参数如表 8.6 所示。注意,列的单位为"行",而行的单位为"基准时钟周期数",即 50MHz 时钟脉冲数。

表 8.6 SVGA 驱动时序参数表

行/列	同步脉冲	后沿脉冲	显示脉冲	前沿脉冲	帧长
列	6	23	600	37	666
行	120	64	800	56	1040

对于一个刷新频率为 60Hz,分辨率为 1024×768 的显示驱动,若它的基准驱动时钟为 65MHz,它的计数脉冲参数如表 8.7 所示。注意,列的单位为"行",而行的单位为"基准时钟周期数",即 65MHz 时钟脉冲数。

表 8.7 驱动时序参数表(分辨率为 1024×768)

行/列	同步脉冲	后沿脉冲	显示脉冲	前沿脉冲	帧长
列	6	29	768	3	806
行	136	160	1024	24	1344

对于一个刷新频率为 60Hz,分辨率为 1280×960 的显示驱动,若它的基准驱动时钟为 108MHz,它的计数脉冲参数如表 8.8 所示。注意,列的单位为"行",而行的单位为"基准时钟周期数",即 108MHz 时钟脉冲数。

表 8.8 驱动时序参数表(分辨率为 1280×960)

行/列	同步脉冲	后沿脉冲	显示脉冲	前沿脉冲	帧长
列	3	36	960	1	1000
行	112	312	1280	96	1800

对于一个刷新频率为 60Hz,分辨率为 1280×1024 的显示驱动,若它的基准驱动时钟为 108MHz,它的计数脉冲参数如表 8.9 所示。注意,列的单位为"行",而行的单位为"基准时钟周期数",即 108MHz 时钟脉冲数。

表 8.9 驱动时序参数表(分辨率为 1280×1024)

行/列	同步脉冲	后沿脉冲	显示脉冲	前沿脉冲	帧长
列	3	38	1024	1	1066
行	112	248	1280	48	1688

对于一个刷新频率为 60Hz,分辨率为 1920×1080 的显示驱动,若它的基准驱动时钟为 130MHz,它的计数脉冲参数如表 8.10 所示。注意,列的单位为"行",而行的单位为"基准

时钟周期数”,即 130MHz 时钟脉冲数。

表 8.10　驱动时序参数表(分辨率为 1080×1920)

行/列	同步脉冲	后沿脉冲	显示脉冲	前沿脉冲	帧长
列	4	18	1080	3	1105
行	12	40	1920	28	2000

8.10.2　功能简介

如图 8.58 所示,本实例需要用户自己准备好一台 VGA 显示器和相应的 VGA 线,VGA 线用于连接 SF-CY4 开发板的 J1 插座和显示器。FPGA 内部产生 ColorBar 以及 VGA 时序用于驱动显示器显示。

图 8.58　VGA 实例功能框图

VGA 驱动功能框图如图 8.59 所示。

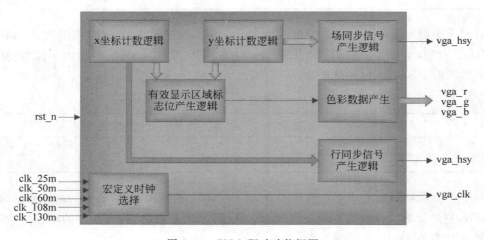

图 8.59　VGA 驱动功能框图

本实例的工程模块划分层次如图 8.60 所示。

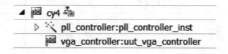

图 8.60　VGA 实例模块层次

8.10.3　代码解析

1. cy4.v 模块代码解析

在顶层模块 cy4.v 代码中,可以查看其 RTL Schematic,如图 8.61 所示。cy4.v 模块主要定义接口信号以及对各个子模块进行互连。其中 pll_controller.v 模块例化 PLL IP 核,产生 FPGA 内部其他逻辑工作所需的时钟信号 clk_25m 和复位信号 sys_rst_n; vga_controller.v 模块产生 ColorBar 和 VGA 时序。

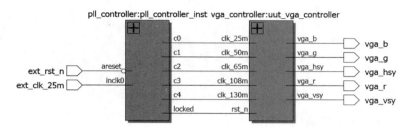

图 8.61　串口实例顶层模块互连接口

cy4.v 模块代码如下。

```
module cy4(
        input ext_clk_25m,          //外部输入 25MHz 时钟信号
        input ext_rst_n,            //外部输入复位信号,低电平有效
        output vga_r,               //VGA 显示色彩 R
        output vga_g,               //VGA 显示色彩 G
        output vga_b,               //VGA 显示色彩 B
        output vga_hsy,             //VGA 显示行同步信号
        output vga_vsy              //VGA 显示场同步信号
    );
//-----------------------------------------
//PLL 例化
wire clk_25m;                       //PLL 输出 25MHz 时钟
wire clk_50m;                       //PLL 输出 50MHz 时钟
wire clk_65m;                       //PLL 输出 65MHz 时钟
wire clk_108m;                      //PLL 输出 108MHz 时钟
wire clk_130m;                      //PLL 输出 130MHz 时钟
wire sys_rst_n;                     //PLL 输出的 locked 信号,作为 FPGA 内部的复位信号,低电
                                    //平复位,高电平正常工作
pll_controller  pll_controller_inst (
    .areset ( !ext_rst_n ),
    .inclk0 ( ext_clk_25m ),
    .c0 ( clk_12m5 ),
    .c1 ( clk_25m ),
    .c2 ( clk_50m ),
    .c3 ( clk_100m ),
    .locked ( sys_rst_n )
    );
```

```
//----------------------------------------
//VGA驱动时序产生,显示 ColorBar
vga_controller  uut_vga_controller(
                .clk_25m(clk_25m),
                .clk_50m(clk_50m),
                .clk_65m(clk_65m),
                .clk_108m(clk_108m),
                .clk_130m(clk_130m),
                .rst_n(sys_rst_n),
                .vga_r(vga_r),
                .vga_g(vga_g),
                .vga_b(vga_b),
                .vga_hsy(vga_hsy),
                .vga_vsy(vga_vsy)
            );
endmodule
```

2. vga_controller. v 模块代码解析

该模块接口如下,有不同的时钟频率,用于不同分辨率显示器显示所需的驱动时钟。

```
module vga_controller(
        input clk_25m,          //PLL 输出 25MHz 时钟
        input clk_50m,          //PLL 输出 50MHz 时钟
        input clk_65m,          //PLL 输出 65MHz 时钟
        input clk_108m,         //PLL 输出 108MHz 时钟
        input clk_130m,         //PLL 输出 130MHz 时钟
        input rst_n,            //复位信号,低电平有效
        output vga_r,           //VGA 显示色彩 R
        output vga_g,           //VGA 显示色彩 G
        output vga_b,           //VGA 显示色彩 B
        output reg vga_hsy,     //VGA 显示行同步信号
        output reg vga_vsy      //VGA 显示场同步信号
    );
```

以下的宏定义,只有一个是有效的,其他必须注释,用于选择显示器驱动分辨率。

```
//----------------------------------------------------------
wire clk;
//----------------------------------------------------------
//'define VGA_640_480
//'define VGA_800_600
//'define VGA_1024_768
//'define VGA_1280_960
//'define VGA_1280_1024
//'define VGA_1920_1080
```

以下是不同分辨率情况下,对时钟的选择以及显示驱动的行频、场频所需时序参数。

```verilog
//---------------------------------------------------------------
'ifdef VGA_640_480
    //VGA Timing 640 * 480 & 25MHz & 60Hz
    assign clk = clk_25m;
    parameter VGA_HTT = 12'd800 - 12'd1;      //行计数的总时钟周期数
    parameter VGA_HST = 12'd96;               //行同步的时钟周期数
    parameter VGA_HBP = 12'd48;               //行计数的后沿时钟周期数
    parameter VGA_HVT = 12'd640;              //行计数的有效数据时钟周期数
    parameter VGA_HFP = 12'd16;               //行计数的前沿时钟周期数
    parameter VGA_VTT = 12'd525 - 12'd1;      //场计数的总行数
    parameter VGA_VST = 12'd2;                //场同步的行数
    parameter VGA_VBP = 12'd33;               //场同步的后沿行数
    parameter VGA_VVT = 12'd480;              //行计数的有效行向量
    parameter VGA_VFP = 12'd10;               //场同步的前沿行数
    parameter VGA_CORBER = 12'd80;            //8 等分做 ColorBar 显示
'endif
'ifdef VGA_800_600
    //VGA Timing 800 * 600 & 50MHz & 72Hz
    assign clk = clk_50m;
    parameter VGA_HTT = 12'd1040 - 12'd1;     //行计数的总时钟周期数
    parameter VGA_HST = 12'd120;              //行同步的时钟周期数
    parameter VGA_HBP = 12'd64;               //行计数的后沿时钟周期数
    parameter VGA_HVT = 12'd800;              //行计数的有效数据时钟周期数
    parameter VGA_HFP = 12'd56;               //行计数的前沿时钟周期数
    parameter VGA_VTT = 12'd666 - 12'd1;      //场计数的总行数
    parameter VGA_VST = 12'd6;                //场同步的行数
    parameter VGA_VBP = 12'd23;               //场同步的后沿行数
    parameter VGA_VVT = 12'd600;              //行计数的有效行向量
    parameter VGA_VFP = 12'd37;               //场同步的前沿行数
    parameter VGA_CORBER = 12'd100;           //8 等分做 ColorBar 显示
'endif
'ifdef VGA_1024_768
    //VGA Timing 1024 * 768 & 65MHz & 60Hz
    assign clk = clk_65m;
    parameter VGA_HTT = 12'd1344 - 12'd1;     //行计数的总时钟周期数
    parameter VGA_HST = 12'd136;              //行同步的时钟周期数
    parameter VGA_HBP = 12'd160;              //行计数的后沿时钟周期数
    parameter VGA_HVT = 12'd1024;             //行计数的有效数据时钟周期数
    parameter VGA_HFP = 12'd24;               //行计数的前沿时钟周期数
    parameter VGA_VTT = 12'd806 - 12'd1;      //场计数的总行数
    parameter VGA_VST = 12'd6;                //场同步的行数
    parameter VGA_VBP = 12'd29;               //场同步的后沿行数
    parameter VGA_VVT = 12'd768;              //行计数的有效行向量
    parameter VGA_VFP = 12'd3;                //场同步的前沿行数
    parameter VGA_CORBER = 12'd128;           //8 等分做 ColorBar 显示
'endif
'ifdef VGA_1280_960
    //VGA Timing 1280 * 1024 & 108MHz & 60Hz
    assign clk = clk_108m;
```

```
        parameter VGA_HTT  = 12'd1800 - 12'd1;      //行计数的总时钟周期数
        parameter VGA_HST  = 12'd112;               //行同步的时钟周期数
        parameter VGA_HBP  = 12'd312;               //行计数的后沿时钟周期数
        parameter VGA_HVT  = 12'd1280;              //行计数的有效数据时钟周期数
        parameter VGA_HFP  = 12'd96;                //行计数的前沿时钟周期数
        parameter VGA_VTT  = 12'd1000 - 12'd1;      //场计数的总行数
        parameter VGA_VST  = 12'd3;                 //场同步的行数
        parameter VGA_VBP  = 12'd36;                //场同步的后沿行数
        parameter VGA_VVT  = 12'd960;               //行计数的有效行向量
        parameter VGA_VFP  = 12'd1;                 //场同步的前沿行数
        parameter VGA_CORBER = 12'd160;             //8 等分做 ColorBar 显示
'endif
'ifdef VGA_1280_1024
        //VGA Timing 1280 * 1024 & 108MHz & 60Hz
        assign clk = clk_108m;
        parameter VGA_HTT  = 12'd1688 - 12'd1;      //行计数的总时钟周期数
        parameter VGA_HST  = 12'd112;               //行同步的时钟周期数
        parameter VGA_HBP  = 12'd248;               //行计数的后沿时钟周期数
        parameter VGA_HVT  = 12'd1280;              //行计数的有效数据时钟周期数
        parameter VGA_HFP  = 12'd48;                //行计数的前沿时钟周期数
        parameter VGA_VTT  = 12'd1066 - 12'd1;      //场计数的总行数
        parameter VGA_VST  = 12'd3;                 //场同步的行数
        parameter VGA_VBP  = 12'd38;                //场同步的后沿行数
        parameter VGA_VVT  = 12'd1024;              //行计数的有效行向量
        parameter VGA_VFP  = 12'd1;                 //场同步的前沿行数
        parameter VGA_CORBER = 12'd160;             //8 等分做 ColorBar 显示
'endif
'ifdef VGA_1920_1080
        //VGA Timing 1920 * 1080 & 130MHz & 60Hz
        assign clk = clk_130m;
        parameter VGA_HTT  = 12'd2000 - 12'd1;      //行计数的总时钟周期数
        parameter VGA_HST  = 12'd12;                //行同步的时钟周期数
        parameter VGA_HBP  = 12'd40;                //行计数的后沿时钟周期数
        parameter VGA_HVT  = 12'd1920;              //行计数的有效数据时钟周期数
        parameter VGA_HFP  = 12'd28;                //行计数的前沿时钟周期数
        parameter VGA_VTT  = 12'd1105 - 12'd1;      //场计数的总行数
        parameter VGA_VST  = 12'd4;                 //场同步的行数
        parameter VGA_VBP  = 12'd18;                //场同步的后沿行数
        parameter VGA_VVT  = 12'd1080;              //行计数的有效行向量
        parameter VGA_VFP  = 12'd3;                 //场同步的前沿行数
        parameter VGA_CORBER = 12'd240;             //8 等分做 ColorBar 显示
'endif
```

以下计数器 xcnt 和 ycnt 分别对显示器驱动的 X 方向和 Y 方向进行计数。

```
//------------------------------------------------------------
    //x 和 y 坐标计数器
reg[11:0] xcnt;
reg[11:0] ycnt;
```

```
always @(posedge clk or negedge rst_n)
    if(!rst_n) xcnt <= 12'd0;
    else if(xcnt >= VGA_HTT) xcnt <= 12'd0;
    else xcnt <= xcnt + 1'b1;
always @(posedge clk or negedge rst_n)
    if(!rst_n) ycnt <= 12'd0;
    else if(xcnt == VGA_HTT) begin
        if(ycnt >= VGA_VTT) ycnt <= 12'd0;
        else ycnt <= ycnt + 1'b1;
    end
    else ;
```

以下是行、场同步信号的产生逻辑。

```
// ------------------------------------------------------------
    //行、场同步信号生成
always @(posedge clk or negedge rst_n)
    if(!rst_n) vga_hsy <= 1'b0;
    else if(xcnt < VGA_HST) vga_hsy <= 1'b1;
    else vga_hsy <= 1'b0;
always @(posedge clk or negedge rst_n)
    if(!rst_n) vga_vsy <= 1'b0;
    else if(ycnt < VGA_VST) vga_vsy <= 1'b1;
    else vga_vsy <= 1'b0;
```

以下逻辑控制产生一个绿色的显示器四侧边框的 8 种基本色彩条纹。

```
// ------------------------------------------------------------
    //显示有效区域标志信号生成
reg vga_valid;                              //显示区域内，该信号高电平
always @(posedge clk or negedge rst_n)
    if(!rst_n) vga_valid <= 1'b0;
    else if((xcnt >= (VGA_HST + VGA_HBP)) && (xcnt < (VGA_HST + VGA_HBP + VGA_HVT))
            && (ycnt >= (VGA_VST + VGA_VBP)) && (ycnt < (VGA_VST + VGA_VBP + VGA_VVT)))
        vga_valid <= 1'b1;
    else vga_valid <= 1'b0;
// ------------------------------------------------------------
    //显示色彩生产逻辑
reg vga_rdb;                                //R 色彩
reg vga_gdb;                                //G 色彩
reg vga_bdb;                                //B 色彩
always @(posedge clk or negedge rst_n)
    if(!rst_n) begin
        vga_rdb <= 1'b0;
        vga_gdb <= 1'b0;
        vga_bdb <= 1'b0;
    end
    else if(xcnt == (VGA_HST + VGA_HBP)) begin  //显示第一行为绿色
        vga_rdb <= 1'b0;
```

```verilog
                    vga_gdb <= 1'b1;
                    vga_bdb <= 1'b0;
                end
                else if(xcnt == (VGA_HST + VGA_HBP + VGA_HVT - 1'b1)) begin        //显示最后一行为绿色
                    vga_rdb <= 1'b0;
                    vga_gdb <= 1'b1;
                    vga_bdb <= 1'b0;
                end
                else if(ycnt == (VGA_VST + VGA_VBP)) begin                          //显示第一列为绿色
                    vga_rdb <= 1'b0;
                    vga_gdb <= 1'b1;
                    vga_bdb <= 1'b0;
                end
                else if(ycnt == (VGA_VST + VGA_VBP + VGA_VVT - 1'b1)) begin         //显示最后一列为绿色
                    vga_rdb <= 1'b0;
                    vga_gdb <= 1'b1;
                    vga_bdb <= 1'b0;
                end
                else if(xcnt <= (VGA_HST + VGA_HBP + VGA_CORBER)) begin              //显示第 1 个 ColorBar
                    vga_rdb <= 1'b0;
                    vga_gdb <= 1'b0;
                    vga_bdb <= 1'b0;
                end
                else if(xcnt <= (VGA_HST + VGA_HBP + VGA_CORBER + VGA_CORBER)) begin
                                                                                    //显示第 2 个 ColorBar
                    vga_rdb <= 1'b0;
                    vga_gdb <= 1'b0;
                    vga_bdb <= 1'b1;
                end
                else if(xcnt <= (VGA_HST + VGA_HBP + VGA_CORBER + VGA_CORBER + VGA_CORBER)) begin
                                                                                    //显示第 3 个 ColorBar
                    vga_rdb <= 1'b0;
                    vga_gdb <= 1'b1;
                    vga_bdb <= 1'b0;
                end
                else if(xcnt <= (VGA_HST + VGA_HBP + VGA_CORBER + VGA_CORBER + VGA_CORBER + VGA_CORBER))
begin                                                                               //显示第 4 个 ColorBar
                    vga_rdb <= 1'b0;
                    vga_gdb <= 1'b1;
                    vga_bdb <= 1'b1;
                end
                else if(xcnt <= (VGA_HST + VGA_HBP + VGA_CORBER + VGA_CORBER + VGA_CORBER + VGA_CORBER +
VGA_CORBER)) begin                                                                  //显示第 5 个 ColorBar
                    vga_rdb <= 1'b1;
                    vga_gdb <= 1'b0;
                    vga_bdb <= 1'b0;
                end
                else if(xcnt <= (VGA_HST + VGA_HBP + VGA_CORBER + VGA_CORBER + VGA_CORBER + VGA_CORBER +
VGA_CORBER + VGA_CORBER)) begin                                                     //显示第 6 个 ColorBar
```

```
        vga_rdb <= 1'b1;
        vga_gdb <= 1'b0;
        vga_bdb <= 1'b1;
    end
    else if(xcnt <= (VGA_HST + VGA_HBP + VGA_CORBER + VGA_CORBER + VGA_CORBER + VGA_CORBER +
VGA_CORBER + VGA_CORBER + VGA_CORBER)) begin          //显示第 7 个 ColorBar
        vga_rdb <= 1'b1;
        vga_gdb <= 1'b1;
        vga_bdb <= 1'b0;
    end
    else if(xcnt <= (VGA_HST + VGA_HBP + VGA_CORBER + VGA_CORBER + VGA_CORBER + VGA_CORBER +
VGA_CORBER + VGA_CORBER + VGA_CORBER + VGA_CORBER)) begin   //显示第 8 个 ColorBar
        vga_rdb <= 1'b1;
        vga_gdb <= 1'b1;
        vga_bdb <= 1'b1;
    end
    else begin
        vga_rdb <= 1'b0;
        vga_gdb <= 1'b0;
        vga_bdb <= 1'b0;
    end
assign vga_r = vga_valid ? vga_rdb:1'b0;
assign vga_g = vga_valid ? vga_gdb:1'b0;
assign vga_b = vga_valid ? vga_bdb:1'b0;
endmodule
```

8.10.4　板级调试

连接好下载线,给 CY4 开发板供电。在 Quartus Ⅱ 中打开实例工程 cy4ex27,进入下载界面,将本实例工程下的 cy4.sof 文件下载到 FPGA 中。

工程代码中默认的显示分辨率为 800×600,如图 8.62 所示,可以看到显示器上出现以绿色为边界轮廓的 8 原色 ColorBar。

图 8.62　ColorBar 显示效果

8.11　LCD 基本驱动实例

8.11.1　LCD 驱动时序

LCD 的接口时序波形如图 8.63 所示。VSYNC 是场同步信号,低电平有效,从时序图可以看出,VSYNC 是每一场(即也可以理解为每送一幅完整图像)的同步信号;与此类似,HSYNC 是行同步信号,在每一行数据传输的开始产生几个时钟周期的低脉冲。这两个信号用于同步当前的数据信号,根据固定的脉冲约定,在某些时钟上升沿前将图像数据送到数据总线上供 LCD 内部锁存。

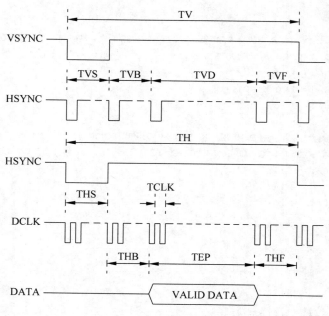

图 8.63　LCD 驱动时序波形

如表 8.11 所示,这是 LCD 时序图中对应的时间参数。

表 8.11　LCD 驱动时序参数表

信号	列项	标记	最小值	标准值	最大值	单位
DCLK	频率	Tosc		156		ns
	最大时间	Tch		78		ns
	最小时间	Tcl		78		ns
DATA	建立时间	Tsu	12			ns
	保持时间	Thd	12			ns
HSYNC	周期	TH		408		Tosc
	脉冲宽度	THS	5	30		Tosc
	后沿	THB		38		Tosc
	显示周期	TEP		320		Tosc
	同步周期	THE	36	68	88	Tosc
	前沿	THF		20		Tosc
VSYNC	周期	TV		262		TH
	脉冲宽度	TVS	1	3	5	TH
	后沿	TVB		15		TH
	显示周期	TVD		240		TH
	前沿	TVF	2	4		TH

8.11.2　功能简介

如图 8.64 所示,本实例除了 SF-CY4 开发板,还需要 SF-LCD 用于连接 3.5 寸 320×240 的真彩色液晶屏。FPGA 内部产生 32 级红色的 ColorBar 以及 LCD 时序用于驱动显示。

图 8.64　LCD 实例功能框图

LCD 的驱动功能框图如图 8.65 所示。

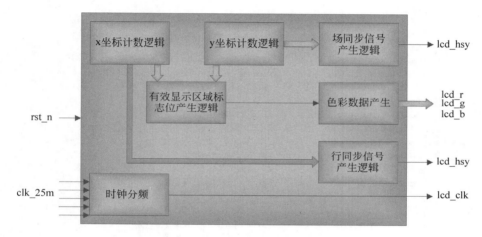

图 8.65　LCD 驱动控制逻辑功能框图

本实例工程的代码模块层次如图 8.66 所示。

图 8.66　LCD 实例模块层次

8.11.3　代码解析

1. cy4.v 模块代码解析

在顶层模块 cy4.v 代码中,可以查看其 RTL Schematic,如图 8.67 所示。cy4.v 模块主要定义接口信号以及对各个子模块进行互连。其中 pll_controller.v 模块例化 PLL IP 核,产生 FPGA 内部其他逻辑工作所需的时钟信号 clk_25m 和复位信号 sys_rst_n;lcd_controller.v 模块产生 ColorBar 和 VGA 时序。

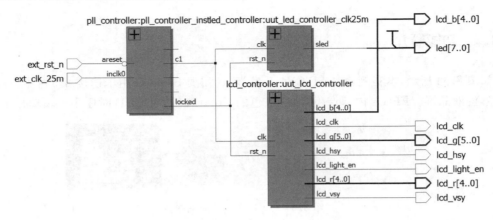

图 8.67　LCD 实例顶层模块互连接口

cy4.v 模块代码如下。

```verilog
module cy4(
        input ext_clk_25m,              //外部输入 25MHz 时钟信号
        input ext_rst_n,                //外部输入复位信号,低电平有效
        output lcd_light_en,            //LCD 背光使能信号,高电平有效
        output lcd_clk,                 //LCD 时钟信号
        output lcd_hsy,                 //LCD 行同步信号
        output lcd_vsy,                 //LCD 场同步信号
        output[4:0] lcd_r,              //LCD 色彩 R 信号
        output[5:0] lcd_g,              //LCD 色彩 G 信号
        output[4:0] lcd_b,              //LCD 色彩 B 信号
        output[7:0] led                 //8 个 LED 指示灯接口
    );
wire clk_12m5;                          //PLL 输出 12.5MHz 时钟
wire clk_25m;                           //PLL 输出 25MHz 时钟
wire clk_50m;                           //PLL 输出 50MHz 时钟
wire clk_100m;                          //PLL 输出 100MHz 时钟
wire sys_rst_n;                         //PLL 输出的 locked 信号,作为 FPGA 内部的复位信号,低
                                        //电平复位,高电平正常工作
//---------------------------------------
//PLL 例化
pll_controller  pll_controller_inst (
    .areset ( !ext_rst_n ),
    .inclk0 ( ext_clk_25m ),
    .c0 ( clk_12m5 ),
    .c1 ( clk_25m ),
    .c2 ( clk_50m ),
    .c3 ( clk_100m ),
    .locked ( sys_rst_n )
    );
//---------------------------------------
//25MHz 时钟进行分频闪烁,计数器为 24 位
led_controller  #(24)    uut_led_controller_clk25m(
                            .clk(clk_25m),          //时钟信号
                            .rst_n(sys_rst_n),      //复位信号,低电平有效
                            .sled(led[0])           //LED 指示灯接口
                        );
```

```
//-----------------------------------------
//产生 32 级的 LCD 显示色彩
lcd_controller      uut_lcd_controller(
                        .clk(clk_25m),       //25MHz 时钟信号
                        .rst_n(sys_rst_n),   //复位信号,低电平有效
                            //LCD 背光使能信号,高电平有效
                        .lcd_light_en(lcd_light_en),
                        .lcd_clk(lcd_clk),   //LCD 时钟信号
                        .lcd_hsy(lcd_hsy),   //LCD 行同步信号
                        .lcd_vsy(lcd_vsy),   //LCD 场同步信号
                        .lcd_r(lcd_r),       //LCD 色彩 R 信号
                        .lcd_g(lcd_g),       //LCD 色彩 G 信号
                        .lcd_b(lcd_b)        //LCD 色彩 B 信号
                    );
//-----------------------------------------
//高 4 位 LED 指示灯关闭
assign led[7:1] = 7'b1111111;
endmodule
```

2. lcd_controller. V 模块代码解析

该模块接口如下。

```
module lcd_controller(
        input clk,           //25MHz 时钟信号
        input rst_n,         //复位信号,低电平有效
        output lcd_light_en, //LCD 背光使能信号,高电平有效
        output lcd_clk,      //LCD 时钟信号
        output lcd_hsy,      //LCD 行同步信号
        output lcd_vsy,      //LCD 场同步信号
        output[4:0] lcd_r,   //LCD 色彩 R 信号
        output[5:0] lcd_g,   //LCD 色彩 G 信号
        output[4:0] lcd_b    //LCD 色彩 B 信号
    );
```

背光控制常开。

```
//-----------------------------------------
//LCD 背光常开
assign lcd_light_en = 1'b1;
```

计数器 sft_cnt 对 25MHz 输入时钟 clk 做 4 分频,获得 6.25MHz 的时钟用于驱动 LCD。

```
//-----------------------------------------
//对输入 25MHz 时钟做 4 分频,产生用于 LCD 驱动的 6.25MHz 时钟
reg[1:0] sft_cnt;
always @(posedge clk or negedge rst_n)
    if(!rst_n) sft_cnt <= 2'd0;
    else sft_cnt <= sft_cnt + 1'b1;
assign lcd_clk = sft_cnt[1];
wire dchange = (sft_cnt == 2'd2);
```

以下计数器 x_cnt 和 y_cnt 分别对 LCD 驱动的 x 方向和 y 方向进行计数。

```verilog
//----------------------------------------------
//LCD 驱动的 X 轴和 Y 轴计数器
reg[8:0] x_cnt;
reg[8:0] y_cnt;
always @(posedge clk or negedge rst_n)
    if(!rst_n) x_cnt <= 9'd0;
    else if(dchange) begin
        if(x_cnt == 9'd407) x_cnt <= 9'd0;
        else x_cnt <= x_cnt + 1'b1;
    end
always @(posedge clk or negedge rst_n)
    if(!rst_n) y_cnt <= 9'd0;
    else if(dchange && (x_cnt == 9'd407)) begin
        if(y_cnt == 9'd261) y_cnt <= 9'd0;
        else y_cnt <= y_cnt + 1'b1;
    end
```

以下代码产生 LCD 有效图像显示区域指示信号。

```verilog
//----------------------------------------------
//LCD 显示有效区域
reg valid_yr;
always @ (posedge clk or negedge rst_n)
    if(!rst_n) valid_yr <= 1'b0;
    else if(y_cnt == 9'd18) valid_yr <= 1'b1;
    else if(y_cnt == 9'd258) valid_yr <= 1'b0;
reg validr,valid;
always @ (posedge clk or negedge rst_n)
    if(!rst_n) validr <= 1'b0;
    else if((x_cnt == 9'd67) && valid_yr) validr <= 1'b1;
    else if((x_cnt == 9'd387) && valid_yr) validr <= 1'b0;
always @ (posedge clk or negedge rst_n)
    if(!rst_n) valid <= 1'b0;
    else valid <= validr;
```

以下是行、场同步信号的产生逻辑。

```verilog
//----------------------------------------------
//LCD 驱动的行同步和场同步信号产生
reg lcd_hsy_r,lcd_vsy_r;
always @ (posedge clk or negedge rst_n)
    if(!rst_n) lcd_hsy_r <= 1'b1;
    else if(x_cnt == 9'd0) lcd_hsy_r <= 1'b0;
    else if(x_cnt == 9'd30) lcd_hsy_r <= 1'b1;
always @ (posedge clk or negedge rst_n)
    if(!rst_n) lcd_vsy_r <= 1'b1;
    else if(y_cnt == 9'd0) lcd_vsy_r <= 1'b0;
    else if(y_cnt == 9'd3) lcd_vsy_r <= 1'b1;
assign lcd_hsy = lcd_hsy_r;
assign lcd_vsy = lcd_vsy_r;
```

以下逻辑产生 32 个色彩的显示条纹。

```verilog
//-------------------------------------------------------
//产生 32 级的红色数据
reg[3:0] tmp_cnt;
always @(posedge clk or negedge rst_n)
    if(!rst_n) tmp_cnt <= 4'd0;
    else if(!validr) tmp_cnt <= 4'd0;
    else if(validr && dchange) begin
        if(tmp_cnt < 4'd9) tmp_cnt <= tmp_cnt + 1'b1;
        else tmp_cnt <= 4'd0;
    end
reg[15:0] lcd_db_rgb;
always @ (posedge clk or negedge rst_n)
    if(!rst_n) lcd_db_rgb <= 16'd0;
    else if(validr) begin
        if((tmp_cnt == 4'd9) && dchange) lcd_db_rgb[15:11] <= lcd_db_rgb[15:11] + 1'b1;
        else ;
    end
    else lcd_db_rgb <= 16'd0;
assign lcd_r = valid ? lcd_db_rgb[15:11]:5'd0;
assign lcd_g = valid ? lcd_db_rgb[10:5]:6'd0;
assign lcd_b = valid ? lcd_db_rgb[4:0]:5'd0;
endmodule
```

8.11.4　装配

SF-CY4 开发板和 SF-LCD 子板的装配连接如图 8.68 所示。

8.11.5　板级调试

连接好下载线,给 CY4 开发板供电。打开 Quartus Ⅱ,进入下载界面,将本实例工程 cy4ex34 下的 cy4.sof 文件烧录到 FPGA 中。

如图 8.69 所示,可以看到显示器上出现 32 级红色的 ColorBar。

图 8.68　LCD 装配图

图 8.69　32 级 ColorBar 显示效果

8.12　LCD 字符显示驱动实例

8.12.1　字符取模

要显示字符,首先需要获得字模数据,推荐使用字模软件 PCtoLCD2002。该字模软件用 1bit 代表一个像素点,即它只能表示 2 种颜色的图像,当然不是仅仅局限于黑和白了,用户可以根据需要来决定这 1bit 数据(0 或 1)代表的色彩。

下面说明设计中需要的字符是如何取模的。启动取模软件 PCtoLCD2002,选择菜单栏的"模式"→"字符模式"。再选择菜单栏的"选项"(或单击图 8.70 所示的齿轮图标),在弹出的对话框中按照图 8.70 所示进行设置(行后缀为英文的";")。此外,在主界面中,设置字符宽度为 64×64(实际上如果是给字符取模,默认为 32×64),在主界面下方的字模输入框中输入大写字母 A,接着单击右侧的"生成字模"按钮(图中没有示意),则在输出栏中出现了一大串 32bit 一行,并且行后缀为";"的字符。

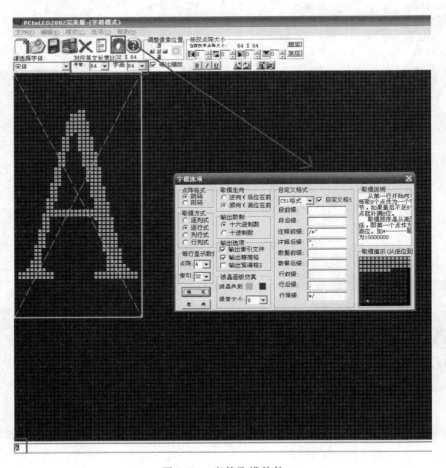

图 8.70　字符取模软件

32×64 点阵的字符"A"取模后的数据如下。实际上这些数据如果用二进制的 0 和 1 一位位地排列，则可以看到 1 可以排列出一个字母"A"出来。正是根据这个原理，后面会每行32 位地将它们送往液晶屏显示，一共有 64 行这样的显示。

```
A(0)

00000000;
00000000;
00000000;
00000000;
00000000;
00000000;
00000000;
00000000;
00000000;
00000000;
0000C000;
0003C000;
0003C000;
0007E000;
0007E000;
0007E000;
0006E000;
000CF000;
000CF000;
000CF000;
000CF000;
00187800;
00187800;
00187800;
00187800;
00303C00;
00303C00;
00303C00;
00303C00;
00701C00;
00601E00;
00601E00;
00601E00;
00E00E00;
00C00F00;
00C00F00;
00FFFF00;
01FFFF00;
01800F80;
01800780;
01800780;
03800780;
030007C0;
030003C0;
030003C0;
070003C0;
```

```
060003E0;
060001E0;
060001E0;
0E0001E0;
0E0001F0;
1F0001F8;
7FC00FFE;
7FC00FFE;
00000000;
00000000;
00000000;
00000000;
00000000;
00000000;
00000000;
00000000;
00000000;
00000000;    /* "A",0 */
```

基于前面取到的字模数据，假定从屏幕的(0,0)坐标到(31,63)坐标区域（对应就是
32×64的点阵）内显示字符，那么当坐标计数器刷新到(0,0)坐标点的时候就要相应判断第
一行数据的 bit31 的值，然后决定送哪种色彩（0 代表一种色彩，1 代表另一种色彩）。当坐
标计数器刷新到(1,0)坐标点的时候就要相应判断第一行数据的 bit30 的值……直到刷新
到(31,0)时判断第一行数据的 bit0 的值，由此完成了首行字模数据的译码。往后的译码都
和首行类似，64 行字模数据寻址完毕后，大写字母"A"便出现在屏幕上。

当然了，为了显示得美观，特意将这个 32×64 的大写字母"A"放到了 320×240 的 LCD
的正中央。那么它的坐标就不是(0,0)到(31,63)的区域了，而是(144,104)到(175,135)这个
区域。这个实例最终显示的效果如图 8.71 所示。在(144,104)到(175,135)这个区域内，字符
"A"以蓝(16'h001f)字红(16'hf800)底显示，LCD 的其他显示区域则为黑色(16'h0000)。

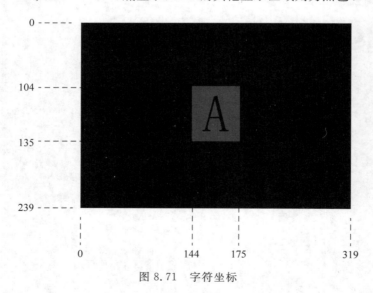

图 8.71　字符坐标

8.12.2 ROM 初始化文档创建

8.12.1 节最终生成的字模数据要预先存储在 FPGA 的片内 ROM 中，供 LCD 显示时读取。

如图 8.72 所示，首先在 source_code 文件夹下准备好 ROM 初始化文件 rom_init.mif。

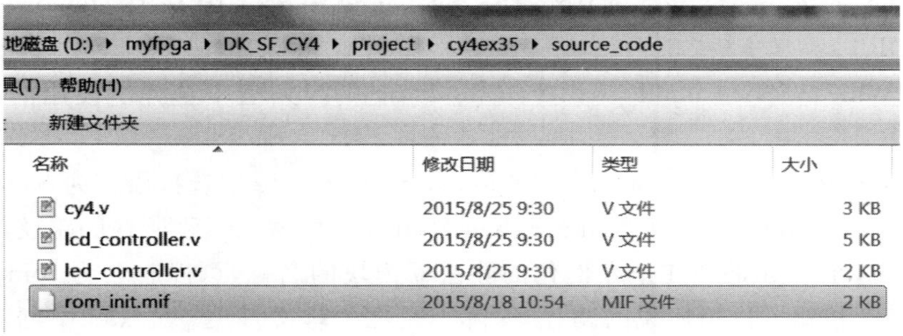

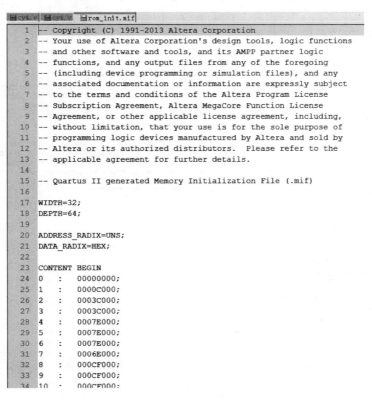

图 8.72 ROM 初始化文件

如图 8.73 所示，rom_init.mif 文件按照固定格式将 32bit 位宽、64word 深度的字模数据存放进 ROM。

```
-- Copyright (C) 1991-2013 Altera Corporation
-- Your use of Altera Corporation's design tools, logic functions
-- and other software and tools, and its AMPP partner logic
-- functions, and any output files from any of the foregoing
-- (including device programming or simulation files), and any
-- associated documentation or information are expressly subject
-- to the terms and conditions of the Altera Program License
-- Subscription Agreement, Altera MegaCore Function License
-- Agreement, or other applicable license agreement, including,
-- without limitation, that your use is for the sole purpose of
-- programming logic devices manufactured by Altera and sold by
-- Altera or its authorized distributors.  Please refer to the
-- applicable agreement for further details.

-- Quartus II generated Memory Initialization File (.mif)

WIDTH=32;
DEPTH=64;

ADDRESS_RADIX=UNS;
DATA_RADIX=HEX;

CONTENT BEGIN
0   :   00000000;
1   :   0000C000;
2   :   0003C000;
3   :   0003C000;
4   :   0007E000;
5   :   0007E000;
6   :   0007E000;
7   :   0006E000;
8   :   000CF000;
9   :   000CF000;
10  :   000CF000;
```

图 8.73 ROM 初始化文件内容

8.12.3　新建源文件

在 Quartus Ⅱ工程中,选择菜单 Tools→MegaWizard Plug-In Manager,新建一个 IP 核文件。

如图 8.74 所示,选择所需要的 IP 核进行设置。

(1) 在 Select a megafunction from the list below 中选择 IP 核为 Memory Compiler→ROM:1-PORT。

(2) 在 Which device family will you be using 下拉列表中选择所使用的器件系列为 Cyclone Ⅳ E。

(3) 在 Which type of output file do you want to create 中选择语言为 Verilog HDL。

(4) 在 What name do you want for the output file 中输入工程所在的路径,并且在最后面添加名称,这个名称是现在正在例化的除法器模块的名称,可以起名为 rom_controller,然后单击 Next 按钮。这里所说的路径,实际上是在工程文件夹 cy4ex35 中创建的 ip_core 文件夹和 rom 文件夹。

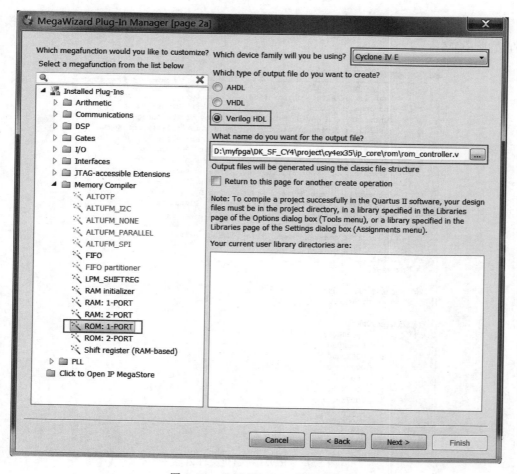

图 8.74　选择 ROM IP 核并设置

8.12.4　ROM 配置

在 ROM 的第一个配置页面中(即 Parameter Settings→General 页面),如图 8.75 所示,设置 ROM 的位宽为 32bit,深度为 64word。其他默认设置。

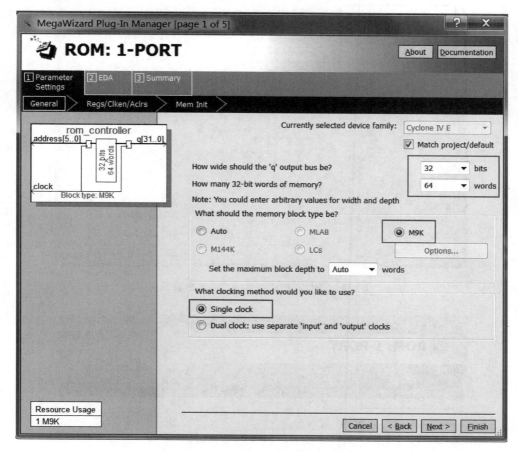

图 8.75　ROM General 配置页面

如图 8.76 所示,在第二个配置页面(即 Parameter Settings→Regs/Clken/Aclrs 页面)勾选 'q' output port 复选框。

在第三个配置页面(即 Parameter Settings→Mem Init 配置页面),如图 8.77 所示,勾选 Yes 选项,并加载前面创建的 rom_init. mif 文件。

如图 8.78 所示,在 Summary 配置页面中,确保勾选 rom_controller_inst. v 文件的选项,该文件是这个 IP 核的例化模板。

单击 Finish 按钮完成 IP 核的配置。如图 8.79 所示,可以在文件夹"…/ip_core/rom"下查看生产的 IP 核相关源文件。

例化模板 rom_controller_inst. v 打开如图 8.80 所示,复制到工程源码中,对"()"内的 * _sig 信号接口更改并做好映射,就可以将其集成到设计中。

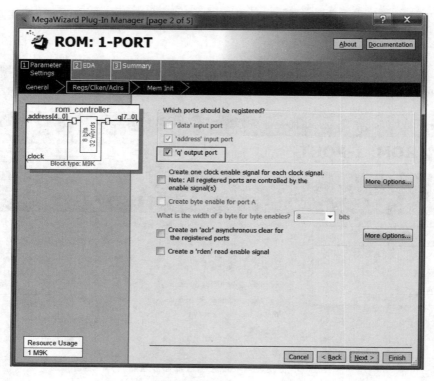

图 8.76　ROM Regs/Clken/Aclrs 配置页面

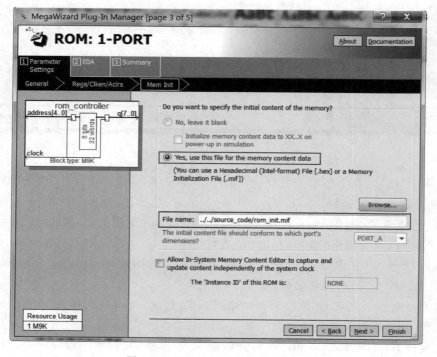

图 8.77　ROM Mem Init 配置页面

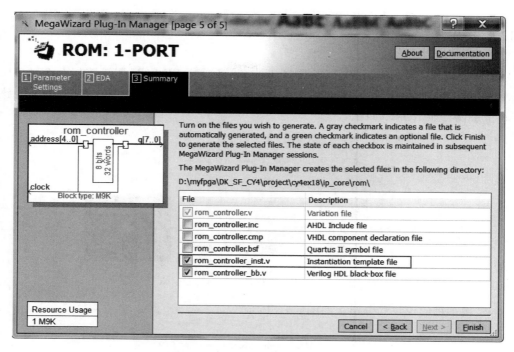

图 8.78   ROM Summary 配置页面

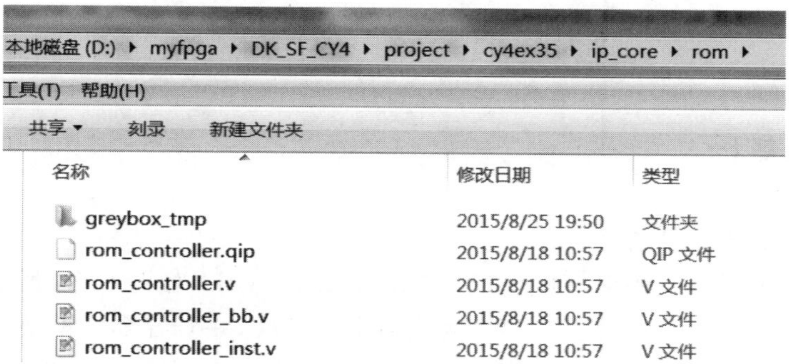

图 8.79   IP 核相关源文件

如图 8.81 所示,在设计中,将 ROM 的时钟(clock)、地址(address)和数据(q)分别映射连接。

```
rom_controller_inst.v
1  rom_controller  rom_controller_inst (
2      .address ( address_sig ),
3      .clock ( clock_sig ),
4      .q ( q_sig )
5      );
```

图 8.80   ROM 例化模板

```
52  //----------------------------------
53      //LCD与字符存储ROM的接口
54  wire[31:0] rom_db;  //ROM数据总线
55  wire[5:0] rom_ab;    //ROM地址总线
56
57  rom_controller  rom_controller_inst (
58      .address ( rom_ab ),
59      .clock ( clk_25m ),
60      .q ( rom_db )
61      );
```

图 8.81   ROM 在工程中的例化

8.12.5　功能简介

如图 8.82 所示，本实例除了 SF-CY4 开发板，还需要 SF-LCD 用于连接 3.5 寸 320×240 的真彩色液晶屏。FPGA 内部产生例化一个预存字符的 ROM IP 核，在驱动 LCD 显示时，这个字模将显示在 LCD 上。

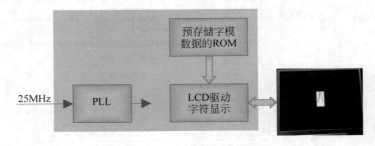

图 8.82　LCD 字符显示实例功能框图

本实例工程的模块划分层次如图 8.83 所示。

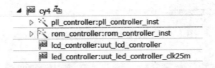

图 8.83　LCD 字符显示实例层次框图

8.12.6　代码解析

1. cy4. v 模块代码解析

在顶层模块 cy4. v 代码中，可以查看其 RTL Schematic，如图 8.84 所示。其中，cy4. v 模块主要定义了输入/输出的接口信号，例化各个子模块，并对各个子模块之间进行必要的信号接口的连接。pll_controller. v 模块例化 PLL IP 核，产生 FPGA 内部其他逻辑工作所需的时钟信号 clk_25m 和复位信号 sys_rst_n；lcd_controller. v 模块产生 LCD 驱动时序和显示字符处理；rom_controller. v 模块为例化的 ROM IP 核，预存储字模数据。

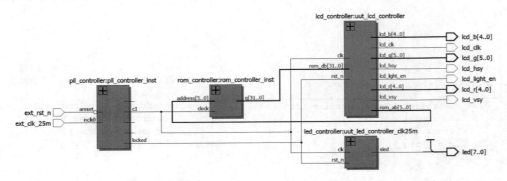

图 8.84　LCD 实例顶层模块互连接口

cy4.v 模块代码如下。

```verilog
module cy4(
                input ext_clk_25m,          //外部输入 25MHz 时钟信号
                input ext_rst_n,            //外部输入复位信号,低电平有效
                output lcd_light_en,        //LCD 背光使能信号,高电平有效
                output lcd_clk,             //LCD 时钟信号
                output lcd_hsy,             //LCD 行同步信号
                output lcd_vsy,             //LCD 场同步信号
                output[4:0] lcd_r,          //LCD 色彩 R 信号
                output[5:0] lcd_g,          //LCD 色彩 G 信号
                output[4:0] lcd_b,          //LCD 色彩 B 信号
                output[7:0] led             //8 个 LED 指示灯接口
            );
wire clk_12m5;                              //PLL 输出 12.5MHz 时钟
wire clk_25m;                              //PLL 输出 25MHz 时钟
wire clk_50m;                              //PLL 输出 50MHz 时钟
wire clk_100m;                             //PLL 输出 100MHz 时钟
wire sys_rst_n;                            //PLL 输出的 locked 信号,作为 FPGA 内部的复位信号,
                                           //低电平复位,高电平正常工作
//---------------------------------------
//PLL 例化
pll_controller   pll_controller_inst (
    .areset ( !ext_rst_n ),
    .inclk0 ( ext_clk_25m ),
    .c0 ( clk_12m5 ),
    .c1 ( clk_25m ),
    .c2 ( clk_50m ),
    .c3 ( clk_100m ),
    .locked ( sys_rst_n )
    );
//---------------------------------------
//25MHz 时钟进行分频闪烁,计数器为 24 位

led_controller   #(24)     uut_led_controller_clk25m(
                            .clk(clk_25m),           //时钟信号
                            .rst_n(sys_rst_n),       //复位信号,低电平有效
                            .sled(led[0])            //LED 指示灯接口
                        );
//---------------------------------------
    //LCD 与字符存储 ROM 的接口
wire[31:0] rom_db;                                   //ROM 数据总线
wire[5:0] rom_ab;                                    //ROM 地址总线
rom_controller      uut_rom_controller (
                .clka(clk_25m),                      //input clka
                .addra(rom_ab),                      //input [5 : 0] addra
                .douta(rom_db)                       //output [31 : 0] douta
                    );
//---------------------------------------
//产生 32 级的 LCD 显示色彩
```

```
lcd_controller        uut_lcd_controller(
                          .clk(clk_25m),                //25MHz 时钟信号
                          .rst_n(sys_rst_n),            //复位信号,低电平有效
                          .lcd_light_en(lcd_light_en),  //LCD 背光使能信号,高电平有效
                          .lcd_clk(lcd_clk),            //LCD 时钟信号
                          .lcd_hsy(lcd_hsy),            //LCD 行同步信号
                          .lcd_vsy(lcd_vsy),            //LCD 场同步信号
                          .lcd_r(lcd_r),                //LCD 色彩 R 信号
                          .lcd_g(lcd_g),                //LCD 色彩 G 信号
                          .lcd_b(lcd_b),                //LCD 色彩 B 信号
                          .rom_db(rom_db),              //ROM 数据总线
                          .rom_ab(rom_ab)               //ROM 地址总线
                      );
//--------------------------------------
//高 4 位 LED 指示灯关闭
assign led[7:1] = 7'b1111111;
endmodule
```

2. lcd_controller.v 模块代码解析

该模块接口定义如下。除了时钟、复位信号以及 LCD 的驱动信号,还有地址总线 rom_ab 和数据总线 rom_db 用于读取存储字模数据的 ROM。

```
module lcd_controller(
        input clk,              //25MHz
        input rst_n,            //低电平复位
            // FPGA 与 LCD 接口信号
        output lcd_light_en,    //背光使能信号,高有效
        output lcd_clk,         //时钟信号
        output lcd_hsy,         //行同步信号
        output lcd_vsy,         //场同步信号
        output[4:0] lcd_r,
        output[5:0] lcd_g,
        output[4:0] lcd_b,
            //LCD 与字符存储 ROM 的接口
        input[31:0] rom_db,     //ROM 数据总线
        output[5:0]  rom_ab     //ROM 地址总线
    );
```

LCD 的时钟、行同步和场同步信号产生逻辑如下。

```
//------------------------------------------------
//LCD 背光常开
assign lcd_light_en = 1'b1;
//------------------------------------------------
//lcd_clk 时钟周期为 160ns(6.25MHz),即 4 个 25MHz 的时钟周期
reg[1:0] sft_cnt;
always @(posedge clk or negedge rst_n)
    if(!rst_n) sft_cnt <= 2'd0;
    else sft_cnt <= sft_cnt + 1'b1;
```

```
assign lcd_clk = sft_cnt[1];                          //0 - 1:low, 2 - 3:high
wire dchange = (sft_cnt == 2'd2);                     //数据变化标志位,高有效
//---------------------------------------------------
//坐标计数
//x = 0~407; y = 0~261
reg[8:0] x_cnt;                                       //x 计数器
reg[8:0] y_cnt;                                       //y 计数器
always @(posedge clk or negedge rst_n)
    if(!rst_n) x_cnt <= 9'd0;
    else if(dchange) begin
        if(x_cnt == 9'd407) x_cnt <= 9'd0;
        else x_cnt <= x_cnt + 1'b1;
    end
always @(posedge clk or negedge rst_n)
    if(!rst_n) y_cnt <= 9'd0;
    else if(dchange && (x_cnt == 9'd407)) begin
        if(y_cnt == 9'd261) y_cnt <= 9'd0;
        else y_cnt <= y_cnt + 1'b1;
    end
//---------------------------------------------------
//有效显示标志位产生
reg valid_yr;                                         //行显示有效信号
    //行显示有效信号
always @ (posedge clk or negedge rst_n)
    if(!rst_n) valid_yr <= 1'b0;
    else if(y_cnt == 9'd18) valid_yr <= 1'b1;
    else if(y_cnt == 9'd258) valid_yr <= 1'b0;
reg validr, valid;
always @ (posedge clk or negedge rst_n)
    if(!rst_n) validr <= 1'b0;
    else if((x_cnt == 9'd67) && valid_yr) validr <= 1'b1;
    else if((x_cnt == 9'd387) && valid_yr) validr <= 1'b0;
always @ (posedge clk or negedge rst_n)
    if(!rst_n) valid <= 1'b0;
    else valid <= validr;
//---------------------------------------------------
// LCD 场同步,行同步信号
reg lcd_hsy_r, lcd_vsy_r;                             //同步信号
always @ (posedge clk or negedge rst_n)
    if(!rst_n) lcd_hsy_r <= 1'b1;
    else if(x_cnt == 9'd0) lcd_hsy_r <= 1'b0;         //产生 lcd_hsy 信号
    else if(x_cnt == 9'd30) lcd_hsy_r <= 1'b1;
always @ (posedge clk or negedge rst_n)
    if(!rst_n) lcd_vsy_r <= 1'b1;
    else if(y_cnt == 9'd0) lcd_vsy_r <= 1'b0;         //产生 lcd_vsy 信号
    else if(y_cnt == 9'd3) lcd_vsy_r <= 1'b1;
assign lcd_hsy = lcd_hsy_r;
assign lcd_vsy = lcd_vsy_r;
```

ROM 的地址产生如下。ROM 的一个地址存储 32bit 数据,对应一行 36 个像素点的显示色彩控制。从 LCD 的第 88 行开始,ROM 地址每一行递增 1 个地址。

```
//-----------------------------------------------
//ROM 地址产生
assign rom_ab = y_cnt - (9'd18 + 9'd88);
```

读取 ROM 的一个字节数据后,将其 32bit 数据分别对应到 LCD 连续 32 个像素点,获得其色彩信息进行显示。

```
//-----------------------------------------------
// LCD 色彩信号产生
reg[4:0] tmp_cnt;                              //0～31 计数,对应一行的 32 个有效显示位
always @ (posedge clk or negedge rst_n)
    if(!rst_n) tmp_cnt <= 5'd0;
    else if(!validr) tmp_cnt <= 5'd0;
    else if((x_cnt >= (9'd67 + 9'd143)) && (x_cnt <= (9'd67 + 9'd174)) && dchange) begin
        tmp_cnt <= tmp_cnt + 1'b1;
    end
reg[15:0] lcd_db_rgb;                          //LCD 色彩显示寄存器
always @ (posedge clk or negedge rst_n)
    if(!rst_n) lcd_db_rgb <= 16'd0;
    else if((y_cnt >= (9'd18 + 9'd88)) && (y_cnt <= (9'd18 + 9'd151))
            && (x_cnt >= (9'd67 + 9'd144)) && (x_cnt <= (9'd67 + 9'd175))) begin
        if(dchange) begin                     //数字显示区域
            if(rom_db[tmp_cnt]) lcd_db_rgb <= 16'h001f;      //显示蓝色
            else lcd_db_rgb <= 16'hf800;                     //显示红色
        end
        else ;
    end
    else lcd_db_rgb <= 16'd0;
//r,g,b 控制液晶屏颜色显示
assign lcd_r = valid ? lcd_db_rgb[15:11]:5'd0;
assign lcd_g = valid ? lcd_db_rgb[10:5]:6'd0;
assign lcd_b = valid ? lcd_db_rgb[4:0]:5'd0;
endmodule
```

图 8.85　LCD 字符显示效果

8.12.7　板级调试

连接好下载线,给 CY4 开发板供电,在 Quartus Ⅱ 中打开工程 cy4ex34,进入下载界面,将本实例工程下的 cy4.sof 文件烧录到 FPGA 中。

如图 8.84 所示,可以看到 LCD 上出现字符 A。

8.13 矩阵按键扫描检测实例

8.13.1 键盘概述

键盘分编码键盘和非编码键盘。键盘上闭合键的识别由专用的硬件编码器实现,并产生键编码号或键值的称为编码键盘,如计算机键盘。而靠软件编程来识别的称为非编码键盘。

在一般嵌入式应用中,用得最多的是非编码键盘,也有用到编码键盘的。非编码键盘又分为独立键盘和行列式(又称为矩阵式)键盘。所谓独立式键盘,即嵌入式 CPU(或称MCU)的一个 GPIO 口对应一个按键输入,这个输入值的高低状态就是键值。矩阵键盘用于采集键值的 GPIO 是复用的,一般分为行和列采集。例如,4×4 矩阵键盘就只需要行列各 4 个按键就可以了,矩阵键盘的控制较独立键盘要复杂得多,本实验未涉及,所以对其原理不做详细介绍。

独立按键一般有 2 组引脚,虽然市面上常常看到有 4 个引脚的按键,但它们一般是两两导通的,这 2 组引脚在按键未被按下时是断开的,在按键被按下时则是导通的。基于此原理,一般会把按键的一个引脚接地,另一个引脚上拉到 VCC,并且也连接到 GPIO。这样,在按键未被按下时,GPIO 的连接状态为上拉到 VCC,则键值为 1;按键被按下时,GPIO 虽然还是上拉到 VCC,但同时被导通的另一个引脚拉到地了,所以它的键值实际上是 0。

SF-CY4 开发板上有一组 4×4 矩阵键盘。通过 P12 的 PIN1 和 PIN2 短接时,其实 S1、S2、S3、S4 可以作为独立按键使用,它的一端接地,另一端在上拉的同时连接到 FPGA 的I/O 口。当 I/O 口的电平为高(1)时,说明按键没有被按下;当 I/O 口的电平为低(0)时,说明按键被按下了。这是 8.4 节中使用方法。在本实例中,要把所有 16 个按键都使用起来,实现真正的矩阵按键功能。要做矩阵按键,首先要确认 SF-CY4 开发板上插座 P12 的 PIN2和 PIN3 用跳线帽短接。矩阵按键的原理图如图 8.86 所示。

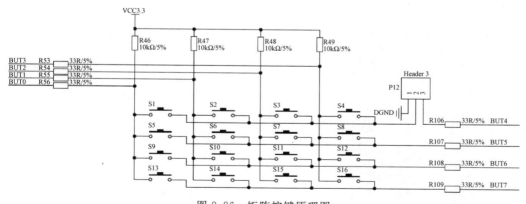

图 8.86 矩阵按键原理图

8.13.2 矩阵按键工作原理

通常,将这个矩阵按键分为两组信号,即列信号(包括 BUT0、BUT1、BUT2、BUT3)和行信号(BUT4、BUT5、BUT6、BUT7)。列信号作为 FPGA 的输入信号,行信号作为 FPGA 的输出信号。

若 FPGA 输出的行信号为高电平时,无论是否有按键被按下,列信号输入到 FPGA 的电平始终为高电平,这时无法实现任何的矩阵按键值采集;若 FPGA 输出的行信号为低电平时,没有按键按下,那么列信号会保持高电平(因为有上拉),有键按下时,则由于按键将行、列信号短接,那么列信号的电平会由于行信号而被拉低,通过这种方式,就可以达到键值的检测。

但是,可能大家还有疑惑,4 个行信号若同时拉低,那么任意一个 4×4 按键被按下,所有的列信号也都会拉低,这只能判断是否有按键被按下,具体哪一个按键被按下就不得而知了。确实如此,解决办法也很简单,在同一时刻只能拉低 4 个行信号中的一个,那么它就将按键状态定位到具体的行,这样就如同独立按键一样可以直接定位到这一行按键中的哪个按键被按下了。在实现上,会让 4 个行信号循环的拉低,同一时刻有且只有一个行信号输出为低电平,这就是所说的“键盘扫描”原理。

8.13.3   功能概述

本实例实现矩阵按键值的采集(即判断 16 个按键的哪个键被按下了),然后通过数码管显示按键值(显示值为十六进制的 0~F),数码管最低位显示最后一次的键值,高 3 位显示之前的值,即每按下一次按键,数码管的键值右移一位。

图 8.87 所示为矩阵按键扫描实例功能框图。从功能上,首先对 4 个作为输入的列信号进行按键消抖处理,然后依次输出不同的行信号值,找到键按下时的特殊列信号值,采集键值,送往数码管显示。

工程结构如图 8.88 所示,cy4.v 为顶层模块,不做逻辑,只进行信号接口定义和连接。anykeyscan.v 模块实现行信号输出;sigkeyscan.v 实现列信号的按键消抖和键值采集;seg7.v 为数码管驱动模块。

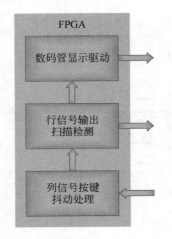

图 8.87   矩阵按键扫描实例功能框图

图 8.88   矩阵按键扫描实例模块层次

8.13.4 代码解析

1. cy4.v 模块代码解析

在顶层模块 cy4.v 代码中,可以查看其 RTL Schematic,如图 8.89 所示。cy4.v 模块主要定义接口信号以及对各个子模块进行互连,其子模块 arykeyscan.v 用于实现矩阵按键扫描,获得键值;子模块 seg7.v 驱动数码管显示,将最新捕获的键值显示到数码管上。

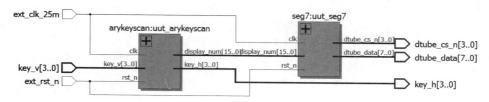

图 8.89　矩阵按键扫描实例顶层模块互连接口

cy4.v 模块代码如下。

```verilog
module cy4(
        input ext_clk_25m,              //外部输入 25MHz 时钟信号
        input ext_rst_n,                //外部输入复位信号,低电平有效
        input[3:0] key_v,               //4 个列按键输入,未按下为高电平,按下后为低电平
        output[3:0] key_h,              //4 个行按键输出
        output[3:0] dtube_cs_n,         //7 段数码管位选信号
        output[7:0] dtube_data          //7 段数码管段选信号(包括小数点为 8 段)
        );
//------------------------------------------------
//键值采集,产生数码管显示数据
wire[15:0] display_num;                 //数码管显示数据,[15:12]-- 数码管千位,[11:8]--
                                        //数码管百位,[7:4]-- 数码管十位,[3:0]-- 数码管
                                        //个位
arykeyscan      uut_arykeyscan(
                .clk(ext_clk_25m),      //时钟信号
                .rst_n(ext_rst_n),      //复位信号,低电平有效
                .key_v(key_v),          //4 个按键输入,未按下为高电平,按下后为低电平
                .key_h(key_h),          //4 个行按键输出
                .display_num(display_num)
        );
//------------------------------------------------
//4 位数码管显示驱动
seg7    uut_seg7(
                .clk(ext_clk_25m),              //时钟信号
                .rst_n(ext_rst_n),              //复位信号,低电平有效
                .display_num(display_num),
                .dtube_cs_n(dtube_cs_n),        //7 段数码管位选信号
                .dtube_data(dtube_data)         //7 段数码管段选信号(包括小数点为 8 段)
        );
endmodule
```

2. arykeyscan.v 模块代码解析

该模块实现矩阵按键的检测,单个按键的检测在另一个模块 sigkeyscan.v 中,是该模块的一个子模块。该模块的接口如下,输入横纵坐标的 4 个按键接口信号 key_v 和 key_h,最终经过该模块处理后获得键值 display_num 输出。

```verilog
module arykeyscan(
        input clk,                      //外部输入 25MHz 时钟信号
        input rst_n,                    //外部输入复位信号,低电平有效
        input[3:0] key_v,               //4 个按键输入,未按下为高电平,按下后为低电平
        output reg[3:0] key_h,          //4 个行按键输出
        output reg[15:0] display_num    //数码管显示数据,[15:12] -- 数码管千位,[11:8] --
                                        //数码管百位,[7:4] -- 数码管十位,[3:0] -- 数码
                                        //管个位

        );
```

key_v 的单个按键值需要分别做判断,因此调用子模块 sigkeyscan.v 实现,最终输出 keyv_value 信号用于表示当前是否有按键按下。

```verilog
//-------------------------------------
//列按键键值采样
wire[3:0] keyv_value;                   //列按键按下键值,高电平有效
sigkeyscan    uut_sigkeyscan(
                .clk(clk),              //外部输入 25MHz 时钟信号
                .rst_n(rst_n),          //外部输入复位信号,低电平有效
                .key_v(key_v),   //4 个独立按键输入,未按下为高电平,按下后为低电平
                .keyv_value(keyv_value) //列按键按下键值,高电平有效
        );
```

按键扫描的状态机如下,通过判断 keyv_value 有任意一个按键被按下,进入后续 4 个状态以确定最终的按键值。

```verilog
//-------------------------------------
//状态机采样键值
reg[3:0] nstate,cstate;
parameter K_IDLE = 4'd0;  //空闲状态,等待
parameter K_H1OL = 4'd1;  //key_h[0]拉低
parameter K_H2OL = 4'd2;  //key_h[1]拉低
parameter K_H3OL = 4'd3;  //key_h[2]拉低
parameter K_H4OL = 4'd4;  //key_h[3]拉低
parameter K_CHCK = 4'd5;
    //状态切换
always @(posedge clk or negedge rst_n)
    if(!rst_n) cstate <= K_IDLE;
    else cstate <= nstate;
always @(cstate or keyv_value or key_v)
    case(cstate)
        K_IDLE:  if(keyv_value != 4'b0000) nstate <= K_H1OL;
```

```verilog
                        else nstate <= K_IDLE;
            K_H1OL:  nstate <= K_H2OL;
            K_H2OL:  if(key_v != 4'b1111) nstate <= K_IDLE;
                        else nstate <= K_H3OL;
            K_H3OL:  if(key_v != 4'b1111) nstate <= K_IDLE;
                        else nstate <= K_H4OL;
            K_H4OL:  if(key_v != 4'b1111) nstate <= K_IDLE;
                        else nstate <= K_CHCK;
            K_CHCK:  nstate <= K_IDLE;
            default: ;
        endcase
//------------------------------------------
//采样键值
reg[3:0] new_value;      //新采样数据
reg new_rdy;             //新采样数据有效
always @(posedge clk or negedge rst_n)
    if(!rst_n) begin
        key_h <= 4'b0000;
        new_value <= 4'd0;
        new_rdy <= 1'b0;
    end
    else begin
        case(cstate)
            K_IDLE:  begin
                key_h <= 4'b0000;
                new_value <= 4'd0;
                new_rdy <= 1'b0;
            end
            K_H1OL:  begin
                key_h <= 4'b1110;
                new_value <= 4'd0;
                new_rdy <= 1'b0;
            end
            K_H2OL:  begin
                case(key_v)
                    4'b1110: begin
                            key_h <= 4'b0000;
                            new_value <= 4'd0;
                            new_rdy <= 1'b1;
                        end
                    4'b1101: begin
                            key_h <= 4'b0000;
                            new_value <= 4'd1;
                            new_rdy <= 1'b1;
                        end
                    4'b1011: begin
                            key_h <= 4'b0000;
                            new_value <= 4'd2;
                            new_rdy <= 1'b1;
                        end
```

```verilog
            4'b0111: begin
                    key_h <= 4'b0000;
                    new_value <= 4'd3;
                    new_rdy <= 1'b1;
                end
            default: begin
                    key_h <= 4'b1101;
                    new_value <= 4'd0;
                    new_rdy <= 1'b0;
                end
        endcase
end
K_H3OL:  begin
    case(key_v)
        4'b1110: begin
                    key_h <= 4'b0000;
                    new_value <= 4'd4;
                    new_rdy <= 1'b1;
                end
        4'b1101: begin
                    key_h <= 4'b0000;
                    new_value <= 4'd5;
                    new_rdy <= 1'b1;
                end
        4'b1011: begin
                    key_h <= 4'b0000;
                    new_value <= 4'd6;
                    new_rdy <= 1'b1;
                end
        4'b0111: begin
                    key_h <= 4'b0000;
                    new_value <= 4'd7;
                    new_rdy <= 1'b1;
                end
        default: begin
                    key_h <= 4'b1011;
                    new_value <= 4'd0;
                    new_rdy <= 1'b0;
                end
        endcase
end
K_H4OL:  begin
    case(key_v)
        4'b1110: begin
                    key_h <= 4'b0000;
                    new_value <= 4'd8;
                    new_rdy <= 1'b1;
                end
        4'b1101: begin
                    key_h <= 4'b0000;
```

```
                          new_value <= 4'd9;
                          new_rdy <= 1'b1;
                end
            4'b1011: begin
                      key_h <= 4'b0000;
                      new_value <= 4'd10;
                      new_rdy <= 1'b1;
                end
            4'b0111: begin
                      key_h <= 4'b0000;
                      new_value <= 4'd11;
                      new_rdy <= 1'b1;
                end
            default: begin
                      key_h <= 4'b0111;
                      new_value <= 4'd0;
                      new_rdy <= 1'b0;
                end
        endcase
end
K_CHCK:  begin
    case(key_v)
        4'b1110: begin
                  key_h <= 4'b0000;
                  new_value <= 4'd12;
                  new_rdy <= 1'b1;
            end
        4'b1101: begin
                  key_h <= 4'b0000;
                  new_value <= 4'd13;
                  new_rdy <= 1'b1;
            end
        4'b1011: begin
                  key_h <= 4'b0000;
                  new_value <= 4'd14;
                  new_rdy <= 1'b1;
            end
        4'b0111: begin
                  key_h <= 4'b0000;
                  new_value <= 4'd15;
                  new_rdy <= 1'b1;
            end
        default: begin
                  key_h <= 4'b0000;
                  new_value <= 4'd0;
                  new_rdy <= 1'b0;
            end
    endcase
end
```

```
            default: ;
        endcase
    end
```

最终捕获的键值数据存储在 display_num 中。

```
//------------------------------------
//产生最新键值
always @(posedge clk or negedge rst_n)
    if(!rst_n) display_num <= 16'h0000;
    else if(new_rdy) display_num <= {display_num[11:0],new_value};
endmodule
```

arykeyscan.v 中实现的状态机如图 8.90 所示。其基本原理为：K_IDLE 状态下，所有行信号输出为低电平，这样任意一个按键被按下，都会有列信号变化发生，但是无法定位到具体的键值。因此就进入 K_H1OL 状态，该状态下，只拉低一个行信号，即 key_h[0]；紧接着进入 K_H2OL 状态，判断当前是否有列信号拉低了，若有表示按键事件发生在 key_h[0] 所在行，相应输出键值，回到 K_IDLE 即可，若没有列信号被拉低，则拉低另一个行信号 key_h[1]；后续状态继续判断，依次类推，直到遍历一遍所有的行，那么就一定能检测到按键值。

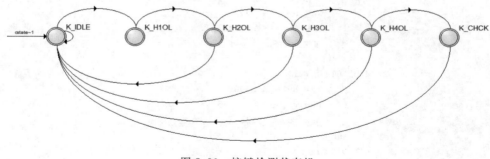

图 8.90　按键检测状态机

8.13.5　RTL Viewer

这里首先和大家阐释一下 Verilog 代码在编译器中是如何一步一步实现到最终的 FPGA 器件电路中的。设计者先编写 RTL 级代码（Verilog 或 VHDL）来描述自己需要实现的功能；然后在 EDA 工具中对其进行综合，RTL 级的代码就被转换为逻辑电路，就如与、或、非等一大堆电路的各种组合；最后这些逻辑电路通过映射转换到特定的 FPGA 器件中实现，这个步骤通常称之为布局布线。FPGA 代码编译过程如图 8.91 所示。

而 RTL 级的代码都很容易查看，Quartus Ⅱ工具中提供了 RTL Viewer 供用户查看。此外，8.13.4 节的状态机也是能够查看到。布局布线后的结果，即代码在 FPGA 器件中的最终效果也可以通过 Quartus Ⅱ中的 Technology Map Viewer 进行查看。

打开实例工程 cy4ex10，如图 8.92 所示，在 Task→Compilation 中，展开 Compile

Design→Analysis & Synthesis→Netlist Viewers 后,双击 RTL Viewer 选项。

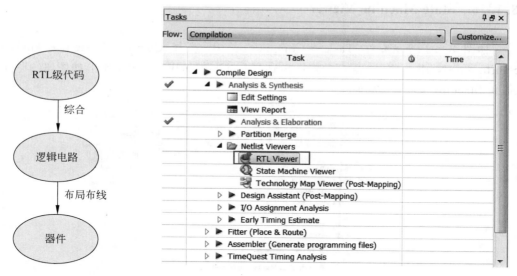

图 8.91　FPGA 代码编译过程

图 8.92　RTL Viewer 编译菜单

随后弹出如图 8.93 所示的 RTL Viewer 界面,这里的深灰色矩形寄存器框可以继续双击查看。

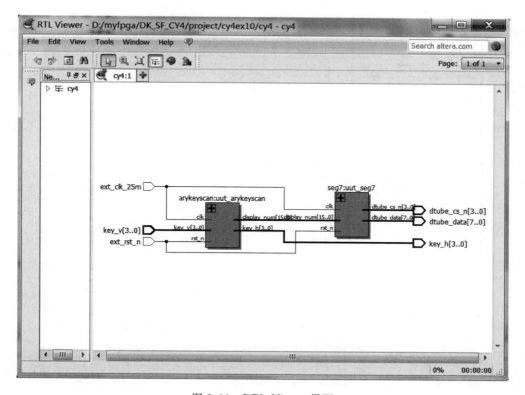

图 8.93　RTL Viewer 界面

8.13.6　State Machine Viewer

如图 8.94 所示，在 Task → Compilation 中，选择 Compile Design → Analysis & Synthesis→Netlist Viewers 后，双击 State Machine Viewer 选项，弹出如图 8.95 所示的 State Machine Viewer 界面。

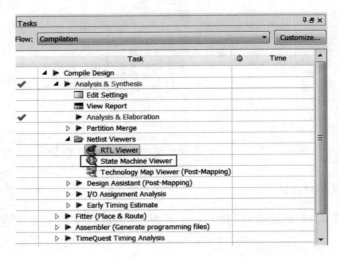

图 8.94　State Machine Viewer 编译菜单

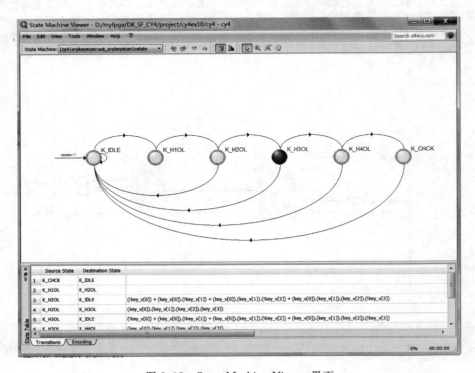

图 8.95　State Machine Viewer 界面

8.13.7　Technology Map Viewer

如图 8.96 所示，在 Task → Compilation 中，展开 Compile Design → Analysis & Synthesis → Netlist Viewers 后，可以双击 Technology Map Viewer 选项，弹出如图 8.97 所示的 Technology Map Viewer 界面。

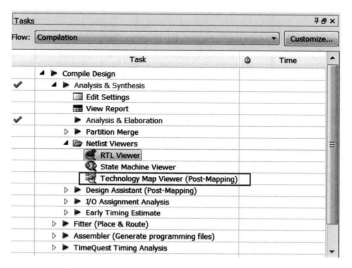

图 8.96　Technology Map Viewer 编译菜单

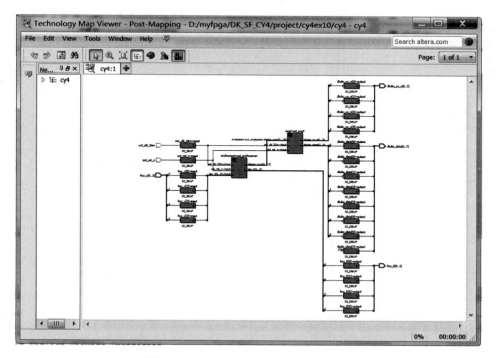

图 8.97　Technology Map Viewer 界面

8.13.8　板级调试

　　参考前面的实例,将本实例 cy4ex10 生成的 cy4. sof 文件烧录到 FPGA 中,任意按下 4×4 矩阵按键的一个按键,可以看到数码管的最末一位显示刚刚被按下的按键,而每按下一次,按键值在数码管上右移一位。

第 9 章

FPGA 片内资源应用实例

本章导读

    本章通过 6 个简单的实例，引领读者熟悉 Altera FPGA 器件的内嵌存储资源以及逻辑分析仪 SignalTap Ⅱ 的使用方法，同时让读者掌握基于 Quartus Ⅱ 的 IP 核创建、配置以及例化方法。

9.1 基于 SignalTap Ⅱ 的超声波测距调试实例

9.1.1 超声波测距原理

    如图 9.1 所示，用 FPGA 产生一个大于 $10\mu s$ 的触发信号（TRIG）给超声波模块，超声波模块内部会产生一些脉冲信号，经过内部的滤波处理，最终得到与 FPGA 连接的输出回响信号（ECHO）则是一个高脉冲信号。这个高脉冲信号的宽度通过公式换算后就能够获得当前障碍物和模块间的距离。

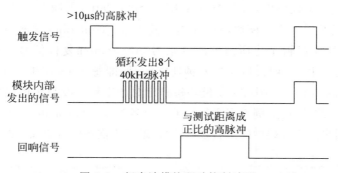

图 9.1　超声波模块驱动控制波形

    该超声波模块的有效测试距离为 $2\sim400cm$，测距精度可以达到 2mm。

    假设超声波模块与障碍物间的距离为 S（单位：m），ECHO 输出的高脉冲宽度为 T（单位：s），声速在 25℃ 条件下定义为 346（单位：m/s），那么 ECHO 脉冲宽度与测试距离的关系如下：

$$S = (T \times 346)/2$$

通过这个公式,就可以使用回采的 ECHO 脉冲信号持续时间,换算出障碍物与超声波测距模块之间的距离。

9.1.2 功能简介

本实例的功能框图如图 9.2 所示。其中 25MHz 时钟来自 PLL,作为内部产生 10μs 分频计数逻辑的基频时钟;10μs 脉冲直接输出到超声波测距模块的 TRIG 端口;用 10μs 的时钟频率采集超声波测距模块的回响信号 ECHO,通过 SignalTap Ⅱ 内嵌逻辑分析仪来观察脉冲变化。SignalTap Ⅱ 内嵌逻辑分析仪则是通过 JTAG 线缆连接到计算机的 ISE 软件查看信号波形。

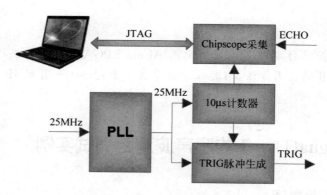

图 9.2　超声波测距实例功能框图

9.1.3　代码解析

1. cy4.v 模块代码解析

在顶层模块 cy4.v 代码中,可以查看其 RTL Schematic,如图 9.3 所示。cy4.v 模块主要定义接口信号以及对各个子模块进行互连。其中 pll_controller.v 模块例化 PLL IP 核,产生 FPGA 内部其他逻辑工作所需的时钟信号 clk_25m 和复位信号 sys_rst_n;clkdiv_generation.v 模块产生 100kHz 频率的时钟使能信号,即每 10μs 产生一个保持单个时钟周期的高脉冲;ultrasound_controller.v 模块每秒定时产生超声波测距模块脉冲的激励信号,即 10μs 的高脉冲。此外,该实例工程还包括了一个名为 sld_signaltap.v 的 IP 核模块(图中未示意),该模块则引出工程代码中的某些接口信号,通过内嵌逻辑分析仪在线查看波形变化。

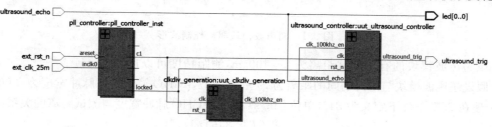

图 9.3　超声波测距实例模块互连接口

该实例工程的代码模块层次如图 9.4 所示。

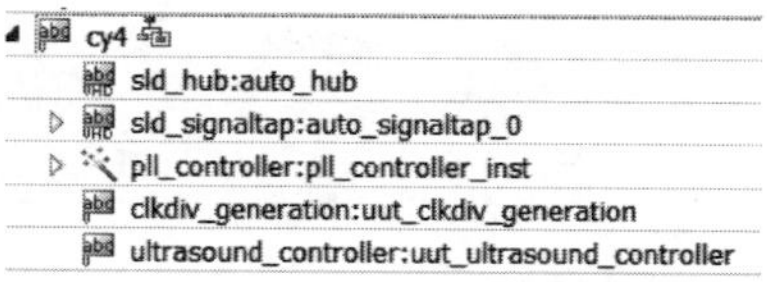

图 9.4　超声波测距实例模块层次

cy4.v 模块代码如下。

```verilog
module cy4(
            input ext_clk_25m,              //外部输入 25MHz 时钟信号
            input ext_rst_n,                //外部输入复位信号,低电平有效
            output ultrasound_trig,         //超声波测距模块脉冲激励信号,10μs 的高脉冲
            input ultrasound_echo,          //超声波测距模块回响信号
            output[0:0] led                 //D2 指示灯
        );
//-----------------------------------------------
//PLL 例化
wire clk_12m5;                              //PLL 输出 12.5MHz 时钟
wire clk_25m;                               //PLL 输出 25MHz 时钟
wire clk_50m;                               //PLL 输出 50MHz 时钟
wire clk_100m;                              //PLL 输出 100MHz 时钟
//PLL 输出的 locked 信号,作为 FPGA 内部的复位信号,低电平复位,高电平正常工作
wire sys_rst_n;
pll_controller   pll_controller_inst (
    .areset ( !ext_rst_n ),
    .inclk0 ( ext_clk_25m ),
    .c0 ( clk_12m5 ),
    .c1 ( clk_25m ),
    .c2 ( clk_50m ),
    .c3 ( clk_100m ),
    .locked ( sys_rst_n )
    );
//-----------------------------------------------
//25MHz 时钟进行分频,产生一个 100kHz 频率的时钟使能信号
wire clk_100khz_en;              //100kHz 频率的一个时钟使能信号,即每 10μs 产生一个时钟脉冲
clkdiv_generation   uut_clkdiv_generation(
            .clk(clk_25m),              //时钟信号
            .rst_n(sys_rst_n),          //复位信号,低电平有效
            .clk_100khz_en(clk_100khz_en)
            );
//-----------------------------------------------
//每秒产生一个 10μs 的高脉冲作为超声波测距模块的激励
ultrasound_controller   uut_ultrasound_controller(
            .clk(clk_25m),              //时钟信号
            .rst_n(sys_rst_n),          //复位信号,低电平有效
            .clk_100khz_en(clk_100khz_en),
            .ultrasound_trig(ultrasound_trig),
```

```
                .ultrasound_echo(ultrasound_echo)       //超声波测距模块回响信号
            );
assign led[0] = ultrasound_echo;
endmodule
```

2. clkdiv_generation.v 模块代码解析

该模块对 25MHz 输入时钟进行 250 分频,得到 100kHz 的脉冲指示信号(对应 $10\mu s$),该信号用于产生超声波测距模块的输入激励信号。

```
module clkdiv_generation(
                input clk,    //外部输入 25MHz 时钟信号
                input rst_n, //外部输入复位信号,低电平有效
        //100kHz 频率的一个时钟使能信号,即每 10μs 产生一个时钟脉冲
                output clk_100khz_en
            );
//---------------------------------------------------
//时钟分频产生
reg[7:0] cnt; //时钟分频计数器,0~249
        //1s 定时计数
always @(posedge clk or negedge rst_n)
    if(!rst_n) cnt <= 8'd0;
    else if(cnt < 8'd249) cnt <= cnt + 1'b1;
    else cnt <= 8'd0;
//每 10μs 产生一个 40ns 的高脉冲
assign clk_100khz_en = (cnt == 8'd249) ? 1'b1:1'b0;
endmodule
```

3. ultrasound_controller.v 模块代码解析

该模块接口如下,通过输入的 100kHz 脉冲信号 clk_100khz_en,每秒产生一个 $10\mu s$ 的输出脉冲信号 ultrasound_trig。

```
module ultrasound_controller(
                input clk,                    //外部输入 25MHz 时钟信号
                input rst_n,                  //外部输入复位信号,低电平有效
        //100kHz 频率的一个时钟使能信号,即每 10μs 产生一个时钟脉冲
                input clk_100khz_en,
        //超声波测距模块脉冲激励信号,10μs 的高脉冲
                output ultrasound_trig,
                input ultrasound_echo         //超声波测距模块回响信号
            );
```

以下逻辑对 100kHz 的脉冲信号 clk_100khz_en 进行计数,计数周期为 1s。

```
//---------------------------------------------------
//1s 定时产生逻辑
```

```
reg[16:0] timer_cnt; //1s计数器,以100kHz(10μs)为单位进行计数,计数1s需要的计数范围是
                     //0~99 999
    //1s定时计数
always @(posedge clk or negedge rst_n)
    if(!rst_n) timer_cnt <= 17'd0;
    else if(clk_100khz_en) begin
        if(timer_cnt < 17'd99_999) timer_cnt <= timer_cnt + 1'b1;
        else timer_cnt <= 17'd0;
    end
    else ;
```

超声波测距激励信号 ultrasound_trig 则每秒输出一个 10μs 高脉冲。

```
assign ultrasound_trig = (timer_cnt == 17'd1) ? 1'b1:1'b0; //10μs高脉冲生成
endmodule
```

9.1.4 硬件装配

和其他实例不同,本实例的超声波测距模块需要和 FPGA 板进行装配连接。图 9.5 为超声波测距模块装配连接示意图,在 SF-CY4 开发板的右上角插座 P7 用于连接超声波模块。

图 9.5 超声波测距模块装配连接示意图

9.1.5 SignalTap II 源文件创建

复制实例 cy4ex10 的整个工程文件夹,更名为 cy4ex11,然后在 Quartus II 中打开这个新的工程,将这个工程的各个功能模块代码输入相应的设计文件中。接着来看如何添加 SignalTap II 在线逻辑分析仪的 IP 核。

如图 9.6 所示,选择菜单 Tools→SignalTap II Logic Analyzer。

如图 9.7 所示,这是 SignalTap II 在线逻辑分析仪的主界面。

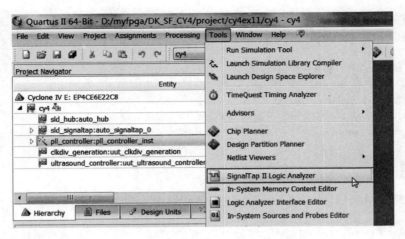

图 9.6　SignalTap Ⅱ 菜单

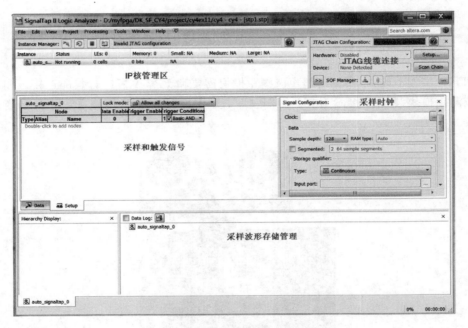

图 9.7　SignalTap Ⅱ 在线逻辑分析仪的主界面

9.1.6　SignalTap Ⅱ 配置

1. 采样时钟设置

如图 9.7 所示,首先在 Signal Configuration 中设置采样时钟,单击 Clock 后面的"…"按钮,在弹出的 Node Finder 窗口中,如图 9.8 所示,设置 Named 为"∗clk_100khz_en∗",设置 Filter 为 SignalTap Ⅱ：pre-synthesis,单击 List 按钮;接着在 Nodes Found 中选择信号 clk_100khz_en,单击">"按钮,添加到 Selected Nodes 中作为采样时钟,完成设置后单击 OK 按钮。

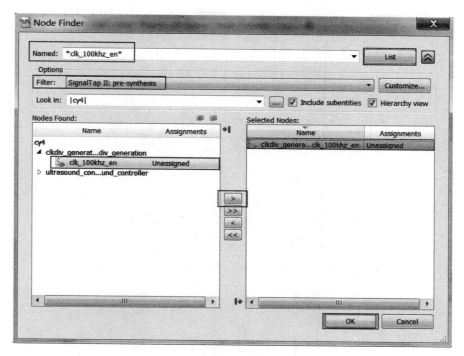

图 9.8　采样时钟选择

如图 9.9 所示,设置采样深度(Sample depth)为 16K;触发类型(Type)为 Continuous;触发的流控制(Trigger flow control)为 Sequential;触发位置(Trigger position)为 Pre trigger position;触发条件(Trigger conditions)为 1。

2. 采样信号设置

如图 9.10 所示,在空白区域双击,在弹出的 Node Finder 窗口中,选择 Filter 为 SignalTap Ⅱ: pre-synthesis,单击 List 按钮;然后在 Nodes Found 中找到信号 ultrasound_echo 和 ultrasound_trig,同时选中它们,单击"＞"按钮将其添加到 Selected Nodes 中,完成后单击 OK 按钮。

3. 触发条件设置

如图 9.11 所示,可以在 ultrasound_echo 信号的 Trigger Conditions 列中,选择器触发条件为上升沿。

4. 保存设置

选择菜单 File→Save,将当前设置保存为 stp1.stp,当然最好是保存在当前工程文件夹中,具体路径要记住,如笔者习惯于放到如图 9.12 所示的路径下。

5. 添加到工程

如图 9.13 所示,返回 Quartus Ⅱ 的主菜单,选择菜单 Assignments→Settings。

如图 9.14 所示,在 Settings 中找到 SignalTap Ⅱ Logic Analyzer 选项,勾选 Enable SignalTap Ⅱ Logic Analyzer 复选框,在 SignalTap Ⅱ File name 中输入当前 stp 文件所在路径。

完成以上设置后,重新编译整个工程。

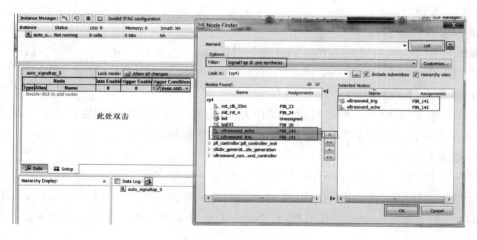

图 9.9　采样和触发配置

图 9.10　采样信号添加

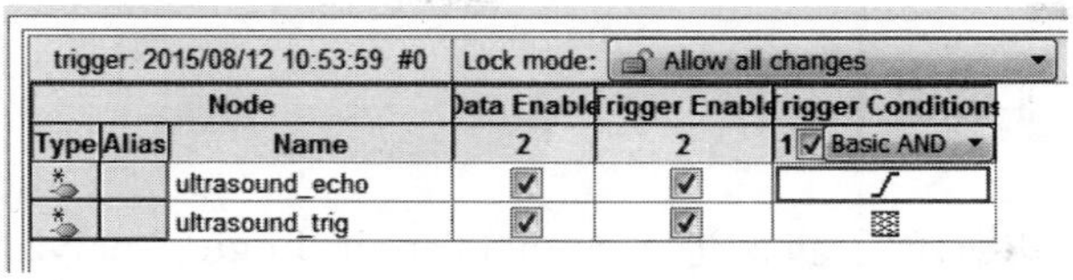

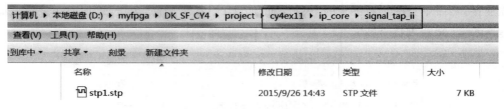

图 9.11　触发条件设置

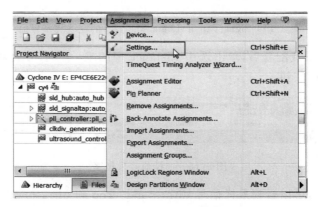

图 9.12　文件保存

图 9.13　Settings 菜单

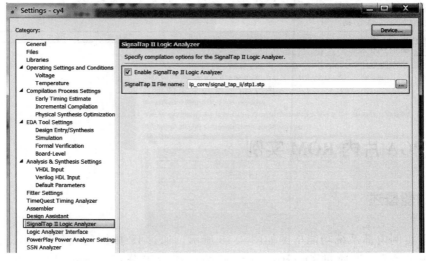

图 9.14　Enable SignalTap Ⅱ Logic Analyzer 设置

9.1.7 SignalTap Ⅱ调试

在 Quartus Ⅱ重新编译后，再次进入 SignalTap Ⅱ Logic Analyzer 界面，如图 9.15 所示，确保连接 SF-CY4 开发板、超声波模块、USB-Blaster 下载线和 USB 电源线，在 JTAG Chain Configuration 中可以分别单击 Setup 按钮和 Scan Chain 按钮，识别 USB-Blaster 并建立连接，然后单击图示右下角的“…”按钮，加载 cy4. sof 文件，单击 SOF Manager 后面的 Programmer 按钮进行下载。

JTAG Chain Configuration: JTAG ready
Hardware: USB-Blaster [USB-0]
Setup...
Device: @1: EP3C(10|5)/EP4CE(10|6) (0x020F10DD)
Scan Chain
>> SOF Manager:
fpga/DK_SF_CY4/project/cy4ex11/output_files/cy4.sof
...

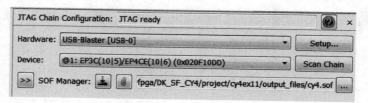

图 9.15 SignalTap Ⅱ Logic Analyzer 的在线烧录界面

完成 FPGA 的下载配置后，单击选中 Instance 中的唯一一个选项，如图 9.16 所示，然后再单击“连续触发”按钮。

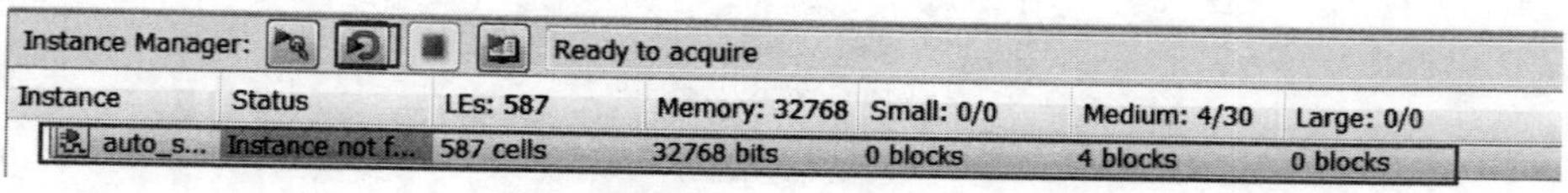

Instance Manager:
Ready to acquire
Instance
Status
LEs: 587
Memory: 32768
Small: 0/0
Medium: 4/30
Large: 0/0
auto_s...
Instance not f...
587 cells
32768 bits
0 blocks
4 blocks
0 blocks

图 9.16 选择信号采集项

如图 9.17 所示，可以看到采样信号 ultrasound_echo 和 ultrasound_trig 不停地有新的采样波形产生，如果在超声波模块前面放置障碍物(如一本书)，这个障碍物距离超声波模块的远近，会让 ultrasound_echo 信号波形的高脉冲保持时间发生变化。

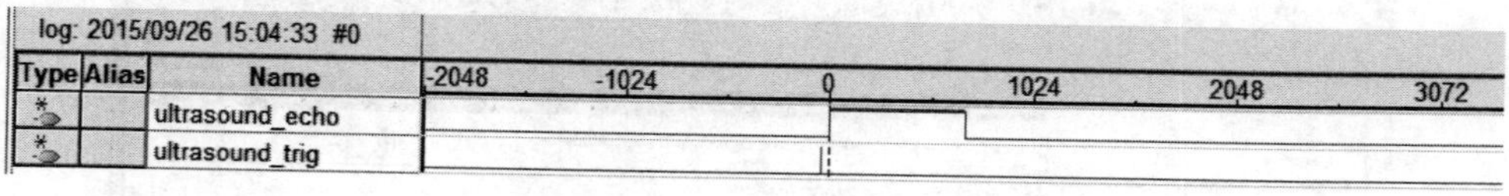

log: 2015/09/26 15:04:33 #0
Type
Alias
Name
-2048
-1024
0
1024
2048
3072
ultrasound_echo
ultrasound_trig

图 9.17 信号采集波形

9.2 FPGA 片内 ROM 实例

9.2.1 功能概述

该工程实例内部系统功能框图如图 9.18 所示。通过 IP 核例化一个 ROM，定时遍历读取其所有地址的数据，通过 Quartus Ⅱ集成的在线逻辑分析仪 SignalTap Ⅱ，可以观察 ROM 的读时序。

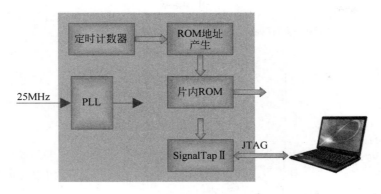

图 9.18　ROM 实例功能框图

本实例工程的代码模块层次如图 9.19 所示。

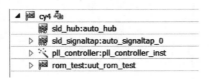

图 9.19　ROM 实例模块层次

9.2.2　代码解析

1. cy4. v 模块代码解析

在顶层模块 cy4. v 代码中,可以查看其 RTL Schematic,如图 9.20 所示。cy4. v 模块主要定义接口信号以及对各个子模块进行互连。其中,pll_controller. v 模块例化 PLL IP 核,产生 FPGA 内部其他逻辑工作所需的时钟信号 clk_25m 和复位信号 rst_n; rom_test. v 模块例化 FPGA 片内 ROM,并产生 FPGA 片内 ROM 读地址,定时遍历读取 ROM 中的数据。此外,该实例工程还包括了 SignalTap Ⅱ 的 IP 核模块(图中未示意),该模块引出 ROM 的读取信号总线,可以在线查看 ROM 读取时序。

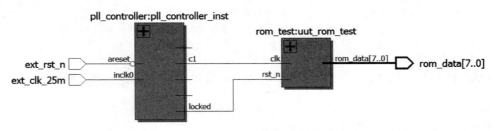

图 9.20　ROM 实例模块互连接口

cy4. v 模块代码如下。

```
module cy4(
        input ext_clk_25m,                //外部输入 25MHz 时钟信号
```

```
        input ext_rst_n,                //外部输入复位信号,低电平有效
        output[7:0]  rom_data           //ROM 输出数据
    );
//-------------------------------------------
//PLL 例化
wire clk_25m;                           //PLL 输出 25MHz 时钟
wire clk_50m;                           //PLL 输出 50MHz 时钟
wire clk_65m;                           //PLL 输出 65MHz 时钟
wire clk_108m;                          //PLL 输出 108MHz 时钟
wire clk_130m;                          //PLL 输出 130MHz 时钟
//PLL 输出的 locked 信号,作为 FPGA 内部的复位信号,低电平复位,高电平正常工作
wire sys_rst_n;
pll_controller   pll_controller_inst (
    .areset ( !ext_rst_n ),
    .inclk0 ( ext_clk_25m ),
    .c0 ( clk_12m5 ),
    .c1 ( clk_25m ),
    .c2 ( clk_50m ),
    .c3 ( clk_100m ),
    .locked ( sys_rst_n )
    );
//-------------------------------------------
//ROM 连续读数据测试模块
rom_test    uut_rom_test(
                .clk(clk_25m),          //PLL 输出 25MHz 时钟
                .rst_n(sys_rst_n),      //复位信号,低电平有效
                .rom_data(rom_data)     //ROM 输出数据
            );
endmodule
```

2. rom_test.v 模块代码解析

该模块接口如下。rom_data[7:0]为当前 ROM 读出数据。

```
module rom_test(
        input clk,              //PLL 输出 25MHz 时钟
        input rst_n,            //复位信号,低电平有效
        output[7:0]  rom_data   //ROM 输出数据
    );
```

10bit 计数器循环计数,一个计数循环作为 ROM 的一次连续地址的读写周期。

```
//-----------------------------------------------------------
reg[4:0] rom_addr;      //ROM 输入地址
reg[9:0] cnt;           //计数寄存器,0-1011,一个周期相当于 1024 * 40ns = 40.96μs
always @ (posedge clk or negedge rst_n)
    if(!rst_n) cnt <= 10'd0;
    else cnt <= cnt + 1'b1;
```

ROM 多次连续读数据的地址产生。

```
    //产生 ROM 地址读取数据测试
always @(posedge clk or negedge rst_n)
    if(!rst_n) rom_addr <= 5'd0;
    else if(cnt == 10'd0) rom_addr <= 5'd0;
        //连续递增 8 个地址
    else if((cnt >= 10'd100) && (cnt < 10'd108)) rom_addr <= rom_addr + 1'b1;
        //连续递增 16 个地址
    else if((cnt >= 10'd110) && (cnt < 10'd124)) rom_addr <= rom_addr + 1'b1;
        //连续递增 8 个地址
    else if((cnt >= 10'd130) && (cnt < 10'd138)) rom_addr <= rom_addr + 1'b1;
    else if(cnt == 200) rom_addr <= 5'd10; //读取地址 10 数据
    else if(cnt == 210) rom_addr <= 5'd20; //读取地址 20 数据
    else ;
```

对 ROM IP 核进行例化。

```
//--------------------------------------------------------------
//例化 ROM
rom_controller    rom_controller_inst (
                        .address ( rom_addr ),
                        .clock ( clk ),
                        .q ( rom_data )
                    );
endmodule
```

9.2.3 ROM 初始化文档创建

这里要创建一个 ROM 存储器初始化内容对应的文件。在当前工程路径“…\cy4ex18\source_code”下直接创建一个名称为 rom_init、后缀为 mif 的文件,即 rom_init.mif 文件,如图 9.21 所示。

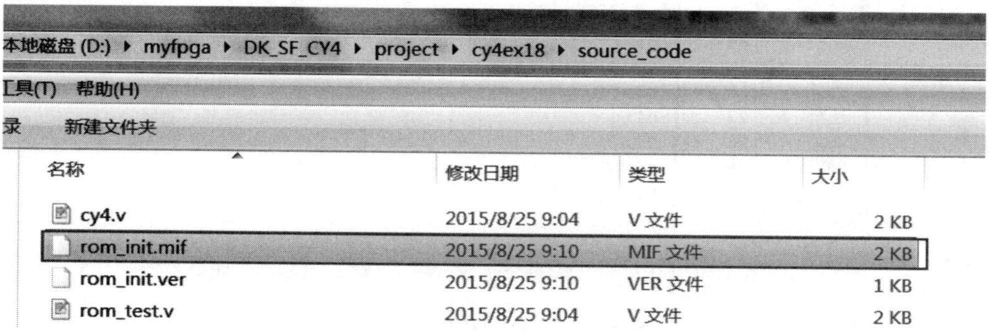
本地磁盘 (D:) ▸ myfpga ▸ DK_SF_CY4 ▸ project ▸ cy4ex18 ▸ source_code
工具(T) 帮助(H)
新建文件夹
名称
修改日期
类型
大小
cy4.v
2015/8/25 9:04
V 文件
2 KB
rom_init.mif
2015/8/25 9:10
MIF 文件
2 KB
rom_init.ver
2015/8/25 9:10
VER 文件
1 KB
rom_test.v
2015/8/25 9:04
V 文件
2 KB

图 9.21 ROM 初始化文件

用 Notepad++打开 rom_init.mif 文件,编辑文件如图 9.22 所示。

- “--”是注释符号,其所在行后面的字符为注释内容。
- “WIDTH=8;”表示 ROM 数据的位宽为 8。

- "DEPTH＝32;"表示 ROM 的深度为 32,即 32×8bit 的存储总量。
- "ADDRESS_RADIX＝UNS;"和"DATA_RADIX＝HEX;"则分别表示地址总线是十进制表示,而数据总线是十六进制表示。
- CONTENT BEGIN 和 END 之间就是 ROM 的具体数据,如"0 :11;"表示地址 0 的数据为十六进制 0x11,以此类推。

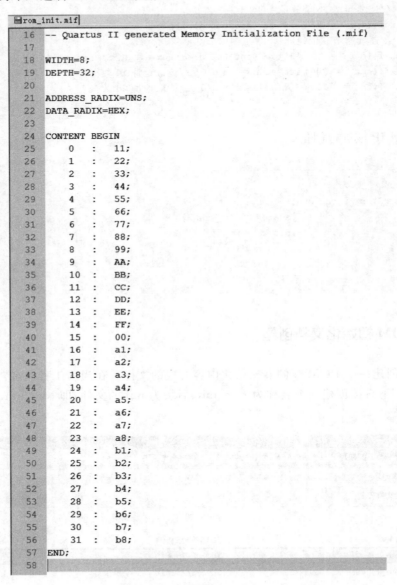

```
16    -- Quartus II generated Memory Initialization File (.mif)
17
18    WIDTH=8;
19    DEPTH=32;
20
21    ADDRESS_RADIX=UNS;
22    DATA_RADIX=HEX;
23
24    CONTENT BEGIN
25        0    :    11;
26        1    :    22;
27        2    :    33;
28        3    :    44;
29        4    :    55;
30        5    :    66;
31        6    :    77;
32        7    :    88;
33        8    :    99;
34        9    :    AA;
35        10   :    BB;
36        11   :    CC;
37        12   :    DD;
38        13   :    EE;
39        14   :    FF;
40        15   :    00;
41        16   :    a1;
42        17   :    a2;
43        18   :    a3;
44        19   :    a4;
45        20   :    a5;
46        21   :    a6;
47        22   :    a7;
48        23   :    a8;
49        24   :    b1;
50        25   :    b2;
51        26   :    b3;
52        27   :    b4;
53        28   :    b5;
54        29   :    b6;
55        30   :    b7;
56        31   :    b8;
57    END;
58
```

图 9.22　ROM 初始化文件内容

9.2.4　新建 IP 核源文件

在本例程的工程源码 rom_test.v 中,例化了一个 ROM 存储器 IP 核。下面就看看这个

IP 核是如何创建和配置的。

打开 Quartus Ⅱ 工程,在新建的工程中,选择菜单 Tools→MegaWizard Plug-In Manager,选择 Creat a new custom megafunction variation,然后单击 Next 按钮。

选择所需要的 IP 核,如图 9.23 所示进行设置。

- 在 Select a megafunction from the list below 中选择 IP 核为 Memory Compiler→ROM:1-PORT。
- 在 Which device family will you be using 下拉列表中选择所使用的器件系列为 Cyclone Ⅳ E。
- 在 Which type of output file do you want to create 中选择语言为 Verilog HDL。
- 在 What name do you want for the output file 中输入工程所在的路径,并且在最后面添加名称,这个名称是现在正在例化的除法器模块的名称,可以起名为 rom_controller,然后单击 Next 按钮。这里所说的路径,实际上是在工程文件夹 cy4ex18 中创建的 ip_core 文件夹和其下的 rom 文件夹。

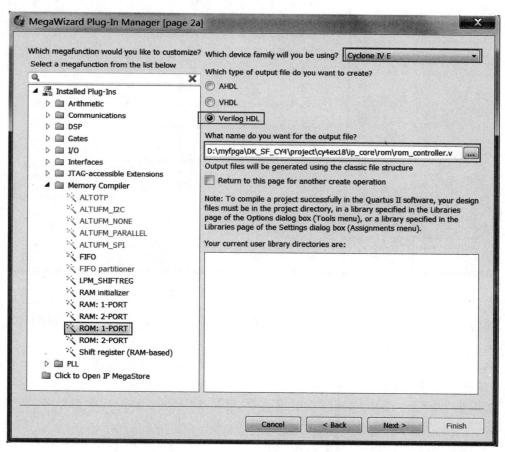

图 9.23　ROM IP 核选择与设置

9.2.5　ROM 配置

在 ROM 的第一个配置页面中（即 Parameter Settings→General 页面），如图 9.24 所示，设置 ROM 的位宽为 8bit，深度为 32word，其他默认设置。

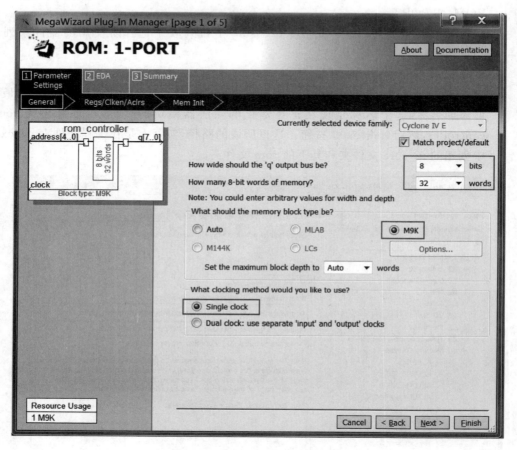

图 9.24　ROM General 配置页面

如图 9.25 所示，在第二个配置页面（即 Parameter Settings→Regs/Clken/Aclrs 页面）勾选 'q' output port 复选框。

第三个配置页面（即 Parameter Settings→Mem Init 页面）如图 9.26 所示，勾选 Yes 选项，并加载前面创建的 rom_init.mif 文件。

如图 9.27 所示，在 Summary 配置页面中，确保选择 rom_controller_inst.v 文件的选项，该文件是这个 IP 核的例化模板。

单击 Finish 按钮完成 IP 核的配置。

如图 9.28 所示，可以在文件夹"…/ip_core/rom"下查看生产的 IP 核相关源文件。

例化模板 rom_controller_inst.v 打开如图 9.29 所示，复制到工程源码中，对"()"内的 *_sig 信号接口更改并做好映射，就可以将其集成到设计中。

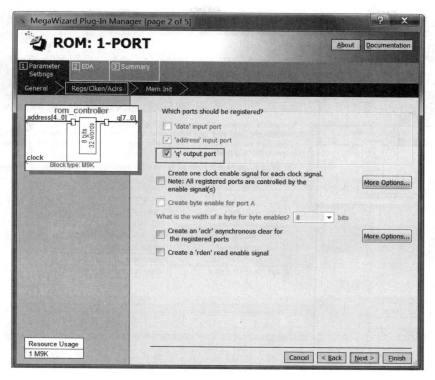

图 9.25 ROM Regs/Clken/Aclrs 配置页面

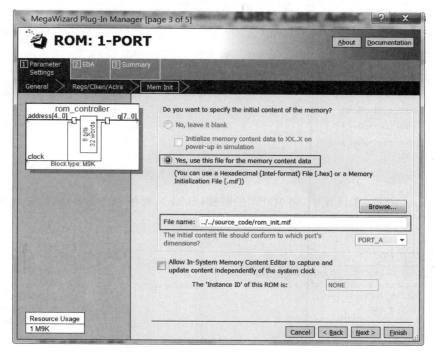

图 9.26 ROM Mem Init 配置页面

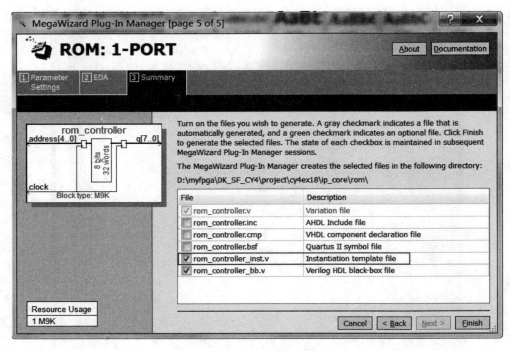

图 9.27　ROM Summay 配置页面

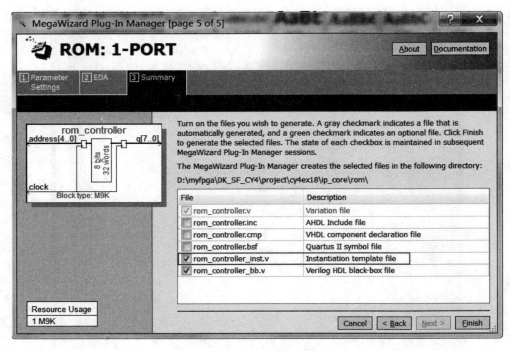

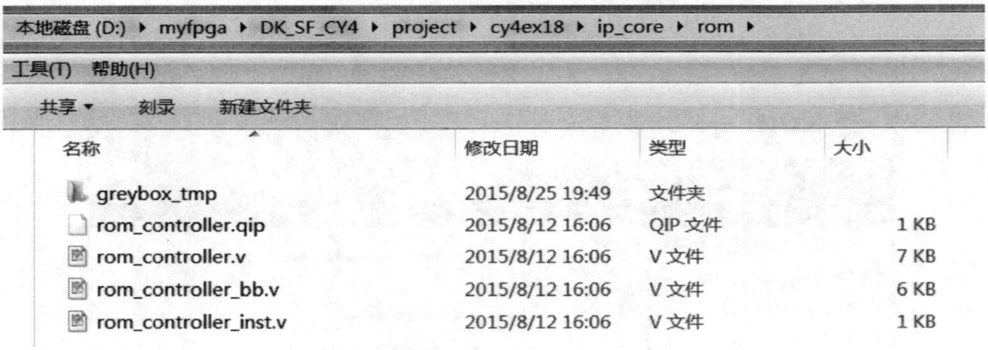

图 9.28　新增 ROM IP 核相关源文件

　　如图 9.30 所示,在设计中,将 ROM 的时钟(clock)、地址(address)和数据(q)分别映射连接。

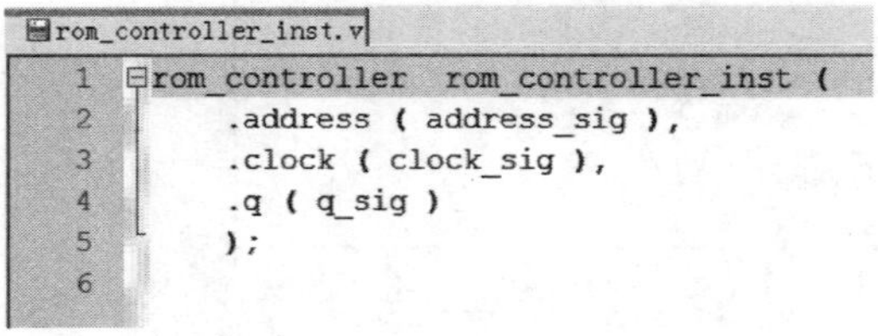

图 9.29　ROM 例化模板 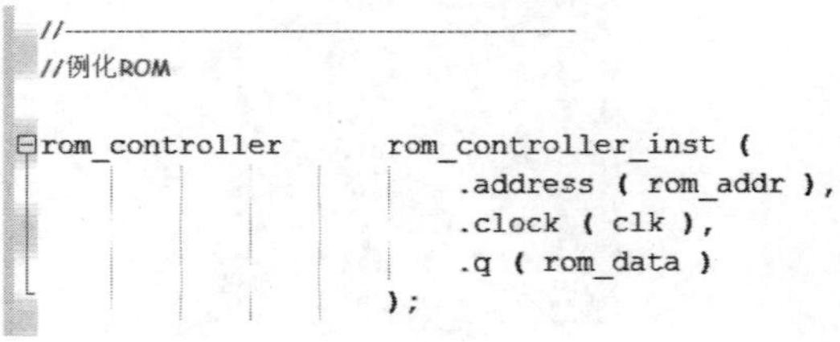　　　　　　　　图 9.30　代码中例化 ROM

9.2.6 功能仿真

Quartus Ⅱ 工程中,选择菜单 Tools→Run Simulation Tool→RTL Simulation 进行仿真。当然了,在这之前,这个工程的仿真测试脚本以及在 Quartus Ⅱ 中的设置都已经就绪了。如图 9.31～图 9.33 所示,Modelsim 中可以查看读 ROM 的波形。

图 9.31   ROM 仿真波形 1

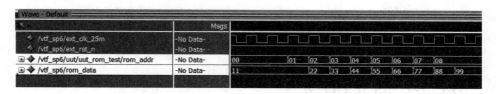

图 9.32   ROM 仿真波形 2

图 9.33   ROM 仿真波形 3

这里需要注意,rom_addr 出现新地址时,rom_data 对应的数据要延时一个时钟周期才会出现。以图 9.33 为例,当 rom_addr = 0x01 时,rom_data 对应的数据应是 0x22,比地址出现晚一个时钟周期。

9.2.7 FPGA 在线调试

连接好下载线,给 CY4 开发板供电。

选择菜单 Tools→SignalTap Ⅱ Logic Analyzer,进入逻辑分析仪主页面。

在右侧的 JTAG China Configuration 窗口中,建立好 USB Blaster 连接,单击 SOF Manager 后面的 Programmer 按钮进行下载。

如图 9.34 所示,在 trigger 中罗列了已经添加好的需要观察的信号,尤其是在 rom_addr 信号的 Trigger Conditions 列,设置了值 00h,表示 rom_addr 的值为 0 时将触发采集。另外,单击选中 Instance 下的唯一一个选项,然后单击 Instance Manager 后面的"运行"按钮,执行一次触发采集。

ROM 实例在线逻辑分析仪采集波形如图 9.35、图 9.36 所示,可以对照查看 ROM 初始化文件 rom_init. mif 中对应每个地址的数据与这里采集的数据是否一致。当然了,必须

图 9.34　触发信号

注意,地址 rom_addr 所对应的数据会相应滞后 2 个时钟周期后才出现。例如,地址 01h 的数据不是 11h,而是 22h,以此类推。

Type	Alias	Name	96	98	100	102	104	106	108	110	112	114	116	118	120	122	124	126	128	130	132	134	136	138	14
		…m_test|rom_addr	00h		01h	02h	03h	04h	05h	06h	07h	08h	09h		10h	11h	12h	13h	14h	15h		16h		17h	18h	19h
		rom_data	11h			22h	33h	44h	55h	66h	77h	88h		99h				A7h								

图 9.35　ROM 实例在线逻辑分析仪采集波形 1

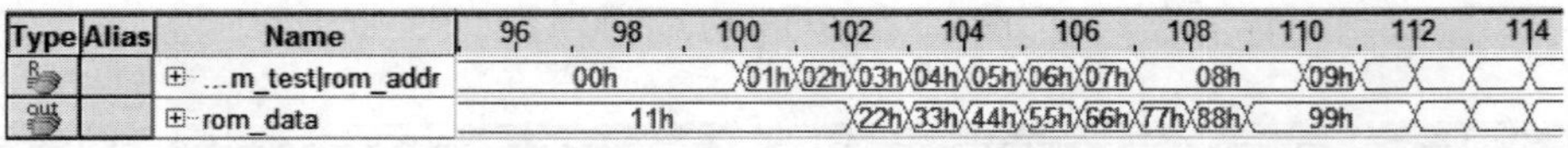

Type	Alias	Name	96	98	100	102	104	106	108	110	112	114
		…m_test|rom_addr	00h		01h	02h	03h	04h	05h	06h	07h	08h	09h	
		rom_data	11h			22h	33h	44h	55h	66h	77h	88h		99h	

图 9.36　ROM 实例在线逻辑分析仪采集波形 2

9.3　FPGA 片内 RAM 实例

9.3.1　功能概述

该工程实例内部系统功能框图如图 9.37 所示。通过 IP 核例化一个 RAM,定时遍历写入其所有地址的数据,然后再遍历读出所有地址的数据,通过 Quartus Ⅱ 中集成的在线逻辑分析仪 SiganlTap Ⅱ,可以观察 FPGA 片内 RAM 的读写时序。

本实例工程的代码模块层次如图 9.38 所示。

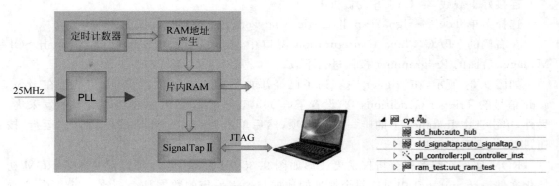

图 9.37　RAM 实例功能框图

图 9.38　RAM 实例模块层次

9.3.2　代码解析

1. cy4.v 模块代码解析

在顶层模块 cy4.v 代码中,可以查看其 RTL Schematic,如图 9.39 所示。cy4.v 模块主要定义接口信号以及对各个子模块进行互连。其中,pll_controller.v 模块例化 PLL IP 核,产生 FPGA 内部其他逻辑工作所需的时钟信号 clk_25m 和复位信号 sys_rst_n;ram_test.v 模块例化 FPGA 片内 RAM,并产生 FPGA 片内 RAM 读写地址和控制信号,定时遍历读写 RAM 中的数据;在线逻辑分析仪 SignalTap Ⅱ 将引出 RAM 的读写控制信号和地址、数据总线,在线查看 RAM 的读写时序。

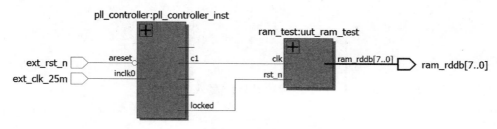

图 9.39　ROM 实例模块互连接口

cy4.v 模块代码如下。

```verilog
module cy4(
        input ext_clk_25m,          //外部输入 25MHz 时钟信号
        input ext_rst_n,            //外部输入复位信号,低电平有效
        output[7:0]  ram_rddb       //RAM 输出数据
    );
//-------------------------------------
//PLL 例化
wire clk_25m;                       //PLL 输出 25MHz 时钟
wire clk_50m;                       //PLL 输出 50MHz 时钟
wire clk_65m;                       //PLL 输出 65MHz 时钟
wire clk_108m;                      //PLL 输出 108MHz 时钟
wire clk_130m;                      //PLL 输出 130MHz 时钟
wire sys_rst_n;                     //PLL 输出的 locked 信号,作为 FPGA 内部的复位信号,
                                    //低电平复位,高电平正常工作

pll_controller  pll_controller_inst (
    .areset ( !ext_rst_n ),
    .inclk0 ( ext_clk_25m ),
    .c0 ( clk_12m5 ),
    .c1 ( clk_25m ),
    .c2 ( clk_50m ),
    .c3 ( clk_100m ),
    .locked ( sys_rst_n )
    );
//-------------------------------------
//RAM 读写数据测试模块
```

```verilog
ram_test    uut_ram_test(
                    .clk(clk_25m),          //PLL 输出 25MHz 时钟
                    .rst_n(sys_rst_n),      //复位信号,低电平有效
                    .ram_rddb(ram_rddb)     //RAM 输出数据
              );
endmodule
```

2. ram_test.v 模块代码解析

该模块的接口如下所示。ram_rddb[7:0]为 RAM 读出的数据,连接到 ChipScope 用于在线查看。

```verilog
module ram_test(
            input clk,                      //PLL 输出 25MHz 时钟
            input rst_n,                    //复位信号,低电平有效
            output[7:0]  ram_rddb           //RAM 输出数据
        );
```

以下逻辑实现对 RAM 的 32 个连续地址定时写入数据功能。

```verilog
//------------------------------------------------------------
//定时产生 32 个 RAM 地址的数据写入和读出操作
reg[4:0] ram_addr;          //RAM 地址
reg[7:0] ram_wrdb;          //RAM 写入数据
reg ram_wren;               //RAM 写使能信号
reg[9:0] cnt;
always @(posedge clk or negedge rst_n)
    if(!rst_n) cnt <= 10'd0;
    else cnt <= cnt + 1'b1;
always @(posedge clk or negedge rst_n)
    if(!rst_n) begin
        ram_wren <= 1'b0;
        ram_addr <= 5'd0;
        ram_wrdb <= 8'd0;
    end
    else if((cnt > 10'd0) && (cnt < 10'd33)) begin
        ram_wren <= 1'b1;
        ram_addr <= ram_addr + 1'b1;
        ram_wrdb <= cnt[7:0] + 8'h55;
    end
    else if((cnt > 10'd100) && (cnt < 10'd133)) begin
        ram_wren <= 1'b0;
        ram_addr <= ram_addr + 1'b1;
        ram_wrdb <= 8'd0;
    end
    else begin
        ram_wren <= 1'b0;
        ram_addr <= 5'd0;
        ram_wrdb <= 8'd0;
    end
```

以下是 RAM 的例化。

```
//-----------------------------------------------------------
//32 * 8bit 的 FPGA 片内 RAM 例化
ram_controller      ram_controller_inst (
                        .address ( ram_addr ),
                        .clock ( clk ),
                        .data ( ram_wrdb ),
                        .wren ( ram_wren ),
                        .q ( ram_rddb )
                    );
endmodule
```

9.3.3 新建 IP 核源文件

在本实例的工程源码 ram_test. v 中,例化了一个 RAM 存储器 IP 核。下面就看看这个 IP 核是如何创建和配置的。

打开 Quartus Ⅱ 工程,在新建的工程中,选择菜单 Tools → MegaWizard Plug-In Manager。选择 Creat a new custom megafunction variation,然后单击 Next 按钮。

选择所需要的 IP 核,如图 9.40 所示进行设置。

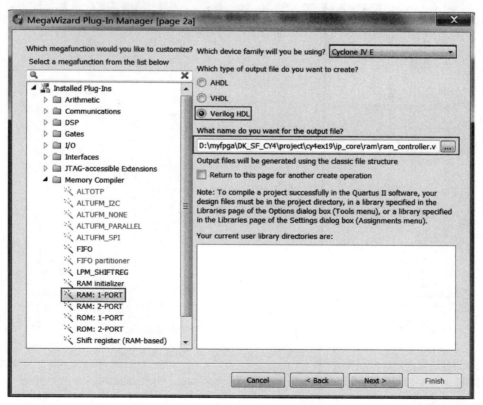

图 9.40   RAM IP 核选择与设置

- 在 Select a megafunction from the list below 中选择 IP 核为 Memory Compiler→ RAM：1-PORT。
- 在 Which device family will you be using 下拉列表中选择所使用的器件系列为 Cyclone Ⅳ E。
- 在 Which type of output file do you want to create 中选择语言为 Verilog HDL。
- 在 What name do you want for the output file 中输入工程所在的路径，并且在最后面添加名称，这个名称是现在正在例化的除法器模块的名称，可以起名为 ram_ controller，然后单击 Next 按钮。这里所说的路径，实际上是在工程文件夹 cy4ex19 中创建的 ip_core 文件夹和 ram 文件夹。

9.3.4　RAM 配置

在 Parameter Settings→Widths/Blk Type/Clks 页面，如图 9.41 所示设置 RAM 的位宽为 8bit，深度为 32word。其他默认设置。

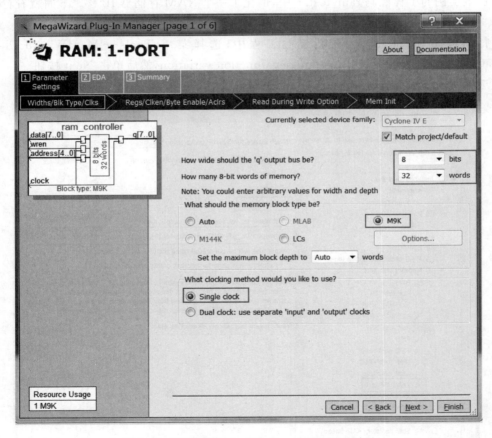

图 9.41　RAM Widths/Blk Type/Clks 配置页面

如图 9.42 所示，Parameter Settings→Regs/Clken/Byte Enable/Aclrs 页面勾选 'q' output port 复选框。

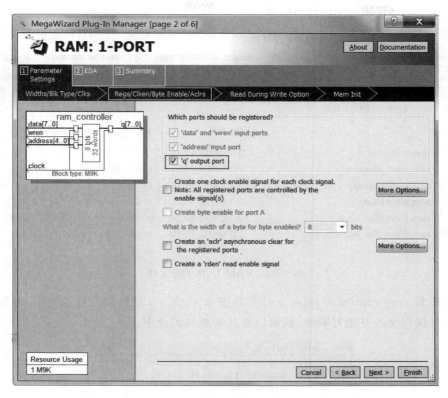

图 9.42　RAM Regs/Clken/Byte Enable/Aclrs 配置页面

其他几个页面使用默认设置，在 Summary 配置页面中，如图 9.43 所示，确保勾选 ram_controller_inst. v 文件的选项，该文件是这个 IP 核的例化模板。

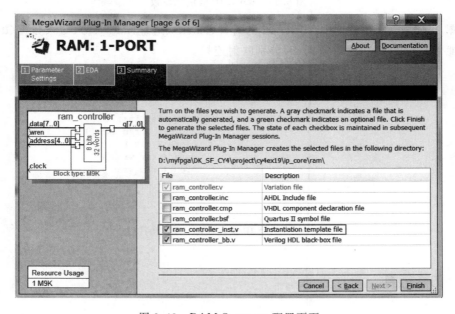

图 9.43　RAM Summary 配置页面

单击 Finish 按钮完成 IP 核的配置。

如图 9.44 所示，可以在文件夹"…/ip_core/ram"下查看生产的 IP 核相关源文件。

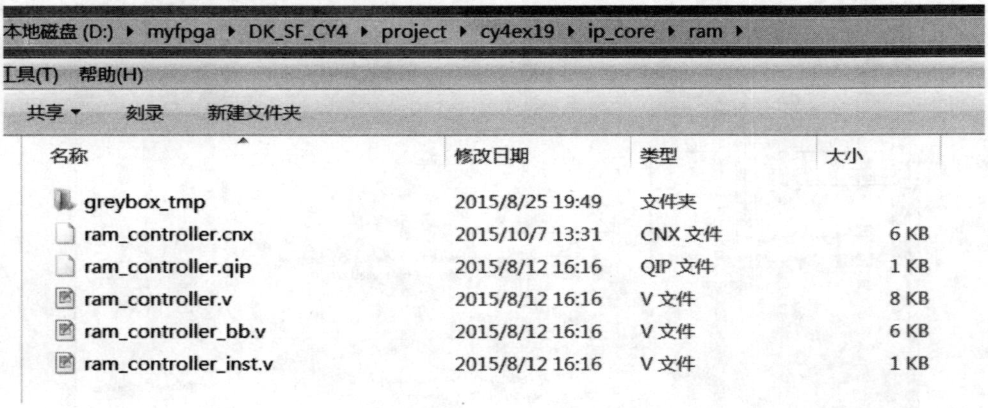

本地磁盘 (D:) ▸ myfpga ▸ DK_SF_CY4 ▸ project ▸ cy4ex19 ▸ ip_core ▸ ram ▸			
工具(T)　帮助(H)			
共享 ▼　　刻录　　新建文件夹			
名称	修改日期	类型	大小
📁 greybox_tmp	2015/8/25 19:49	文件夹	
📄 ram_controller.cnx	2015/10/7 13:31	CNX 文件	6 KB
📄 ram_controller.qip	2015/8/12 16:16	QIP 文件	1 KB
📄 ram_controller.v	2015/8/12 16:16	V 文件	8 KB
📄 ram_controller_bb.v	2015/8/12 16:16	V 文件	6 KB
📄 ram_controller_inst.v	2015/8/12 16:16	V 文件	1 KB

图 9.44　RAM IP 相关源文件

例化模板 ram_controller_inst.v 打开如图 9.45 所示，复制到工程源码中，对"（ ）"内的 *_sig 信号接口更改并做好映射，就可以将其集成到设计中。

```
ram_controller_inst.v
1  ram_controller   ram_controller_inst (
2      .address ( address_sig ),
3      .clock ( clock_sig ),
4      .data ( data_sig ),
5      .wren ( wren_sig ),
6      .q ( q_sig )
7      );
```

图 9.45　RAM IP 核例化模板

如图 9.46 所示，在设计中，将 RAM 的时钟（clock）、地址（address）、写入数据（data）、写数据使能信号（wren）和读出数据（q）分别映射连接。

```
51  //----------------------------------
52  //32*8bit的FPGA片内RAM例化
53
54  ram_controller       ram_controller_inst (
55      .address ( ram_addr ),
56      .clock ( clk ),
57      .data ( ram_wrdb ),
58      .wren ( ram_wren ),
59      .q ( ram_rddb )
60      );
61
```

图 9.46　RAM IP 核在实际代码中的例化

9.3.5　功能仿真

打开文件夹 cy4ex19 下的 Quartus Ⅱ 工程，选择菜单 Tools→Run Simulation Tool→

RTL Simulation 进行仿真。当然了,在这之前,这个工程的仿真测试脚本以及在 Quartus Ⅱ 中的设置都已经就绪了。

如图 9.47~图 9.51 所示,Modelsim 中可以查看读 RAM 的波形。

图 9.47　RAM 仿真波形 1

图 9.48　RAM 仿真波形 2

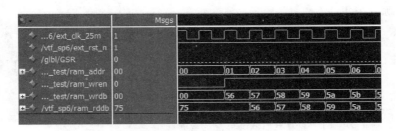

图 9.49　RAM 仿真波形 3

图 9.50　RAM 仿真波形 4

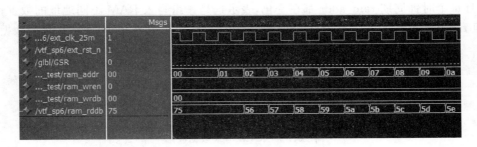

图 9.51　RAM 仿真波形 5

RAM 操作的规则大体可以归纳如下:

- 写使能信号 ram_wren 拉高时,当前的地址 ram_addr 和写入数据 ram_wrdb 有效,即往 ram_addr 地址写入数据 ram_wrdb,如波形中往 01 地址写入数据 56、往 02 地址写入数据 57……

- 无论当前的写使能信号 ram_wren 是否有效,地址 ram_addr 对应的数据总是在下一个时钟周期出现在读数据总线 ram_rddb 上,如波形中 01 地址对应的数据 56、02 地址对应的数据 57……

9.3.6　FPGA 在线调试

连接好下载线,给 CY4 开发板供电。

选择菜单 Tools→SignalTap Ⅱ Logic Analyzer,进入逻辑分析仪主页面。

在右侧的 JTAG China Configuration 窗口中,建立好 USB Blaster 连接,单击 SOF Manager 后面的 Programmer 按钮进行下载。

如图 9.52 所示,在 trigger 中罗列了已经添加好的需要观察的信号,尤其是在 ram_wren 信号的 Trigger Conditions 列,设置了上升沿,表示 ram_wren 上升沿时将触发采集。另外,单击选中 Instance 下的唯一一个选项,然后单击 Instance Manager 后面的"运行"按钮,执行一次触发采集。

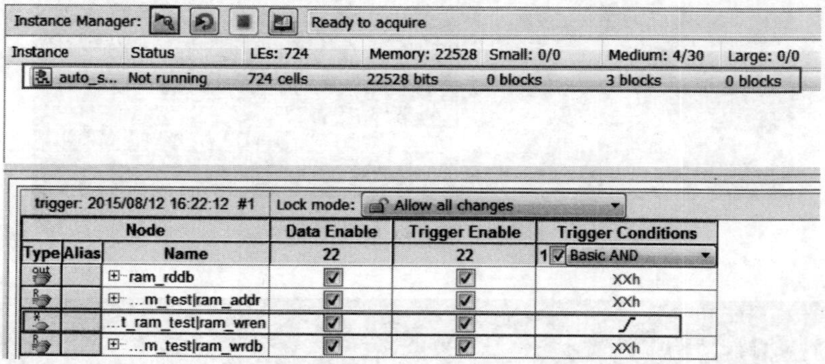

图 9.52　触发信号

RAM 写入数据波形如图 9.53 所示。两组密密麻麻的数据,前面一组 ram_wren 拉高了,并且每个时钟周期 ram_addr 都在变化,表示这是一组写入 RAM 不同地址的数据;而后面一组 ram_wren 为低电平,而 ram_addr 也一直在变化,表示读出 RAM 不同地址的数据。

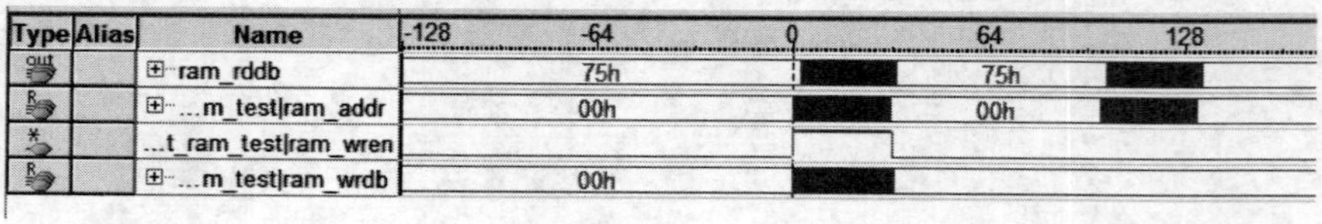

图 9.53　RAM 写入数据波形

将写入的前面几个数据放大,如图 9.54 所示。这里 01h 地址写入数据 56h;02h 地址写入数据 57h;03h 地址写入数据 58h……

将地址变化时,读数据的时序放大,如图 9.55 所示。和 9.3.5 节的实例一样,RAM 的读地址出现时,它所对应的数据也是滞后两个时钟周期出现。因此,这里 01h 地址对应的数

Type	Alias	Name	-4	-3	-2	-1	0	1	2	3	4	5	6	7	8
out		⊞ ram_rddb				75h			56h	57h	58h	59h	5Ah	5Bh	5C
R		⊞ ...m_test|ram_addr			00h			01h	02h	03h	04h	05h	06h	07h	08h	09
*		...t_ram_test|ram_wren														
R		⊞ ...m_test|ram_wrdb			00h			56h	57h	58h	59h	5Ah	5Bh	5Ch	5Dh	5E

图 9.54　RAM写入数据波形放大

据不是 75h,而是 56h;02h 地址对应读出数据 57h;03h 对应读出数据 58h……这和前面相应写入地址的数据是一致的。

Type	Alias	Name	98	99	100	101	102	103	104	105	106	107	108	109	110
out		⊞ ram_rddb			75h			56h	57h	58h	59h	5Ah	5Bh	5Ch	5Dh	
R		⊞ ...m_test|ram_addr	00h			01h	02h	03h	04h	05h	06h	07h	08h	09h	0Ah	
*		...t_ram_test|ram_wren														
R		⊞ ...m_test|ram_wrdb														

图 9.55　RAM 读数据波形

9.4　FPGA 片内 FIFO 实例

9.4.1　功能概述

该工程实例内部系统功能框图如图 9.56 所示。通过 IP 核例化一个 FIFO,定时写入数据,然后再读出所有数据,通过 Quartus Ⅱ 集成的在线逻辑分析仪 SignalTap Ⅱ,可以观察 FPGA 片内 FIFO 的读写时序。

本实例工程的代码模块层次如图 9.57 所示。

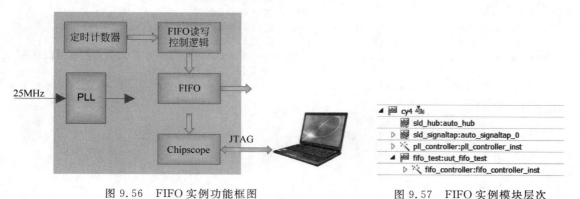

图 9.56　FIFO 实例功能框图　　　　　　图 9.57　FIFO 实例模块层次

9.4.2　代码解析

1. cy4.v 模块代码解析

在顶层模块 cy4.v 代码中,可以查看其 RTL Schematic,如图 9.58 所示。cy4.v 模块主

要定义接口信号以及对各个子模块进行互连。其中，pll_controller.v 模块例化 PLL IP 核，
产生 FPGA 内部其他逻辑工作所需的时钟信号 clk_25m 和复位信号 sys_rst_n；fifo_test.v
模块例化 FPGA 片内 FIFO，并产生 FPGA 片内 FIFO 读写控制信号和写入数据，定时读出
FIFO 中的数据；使用在线逻辑分析仪 SignalTap Ⅱ引出 FIFO 的读写控制信号和地址、数
据总线，在线查看 FIFO 的读写时序。

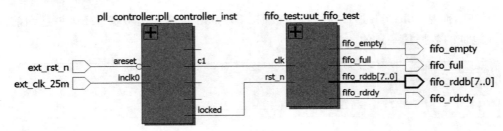

图 9.58　ROM 实例模块互连接口

cy4.v 模块代码如下。

```verilog
module cy4(
            input ext_clk_25m,          //外部输入 25MHz 时钟信号
            input ext_rst_n,            //外部输入复位信号,低电平有效
            output fifo_full,           //FIFO 满标志位
            output fifo_empty,          //FIFO 空标志位
            output fifo_rdrdy,          //FIFO 读数据有效信号
            output[7:0]  fifo_rddb      //FIFO 读出数据总线
        );
//---------------------------------------
//PLL 例化
wire clk_25m;                           //PLL 输出 25MHz 时钟
wire clk_50m;                           //PLL 输出 50MHz 时钟
wire clk_65m;                           //PLL 输出 65MHz 时钟
wire clk_108m;                          //PLL 输出 108MHz 时钟
wire clk_130m;                          //PLL 输出 130MHz 时钟
wire sys_rst_n;                         //PLL 输出的 locked 信号,作为 FPGA 内部的复位信号,
                                        //低电平复位,高电平正常工作

pll_controller   pll_controller_inst (
    .areset ( !ext_rst_n ),
    .inclk0 ( ext_clk_25m ),
    .c0 ( clk_12m5 ),
    .c1 ( clk_25m ),
    .c2 ( clk_50m ),
    .c3 ( clk_100m ),
    .locked ( sys_rst_n )
    );
//---------------------------------------
//RAM 读写数据测试模块
fifo_test    uut_fifo_test(
                    .clk(clk_25m),           //PLL 输出 25MHz 时钟
                    .rst_n(sys_rst_n),       //复位信号,低电平有效
                    .fifo_full(fifo_full),   //FIFO 满标志位
                    .fifo_empty(fifo_empty), //FIFO 空标志位
```

```
                    .fifo_rdrdy(fifo_rdrdy),        //FIFO 读数据有效信号
                    .fifo_rddb(fifo_rddb)           //FIFO 读出数据总线
                );
endmodule
```

2. fifo_test.v 模块代码解析

该模块接口如下。

```
module fifo_test(
            input clk,                      //PLL 输出 25MHz 时钟
            input rst_n,                    //复位信号,低电平有效
            output fifo_full,               //FIFO 满标志位
            output fifo_empty,              //FIFO 空标志位
            output reg fifo_rdrdy,          //FIFO 读数据有效信号
            output[7:0]  fifo_rddb          //FIFO 读出数据总线
        );
```

定时对 FIFO 执行 32 个 FIFO 数据的写入和读出操作,用以测试 FIFO 的基本读写操作。

```
//---------------------------------------------------------
//定时产生 32 个 FIFO 数据写入和读出操作
reg[7:0] fifo_wrdb;             //FIFO 写入数据
reg fifo_wren;                  //FIFO 写使能信号
reg fifo_rden;                  //FIFO 读使能信号
reg[9:0] cnt;
always @(posedge clk or negedge rst_n)
    if(!rst_n) cnt <= 10'd0;
    else cnt <= cnt + 1'b1;
always @(posedge clk or negedge rst_n)
    if(!rst_n) begin
        fifo_wren <= 1'b0;
        fifo_rden <= 1'b0;
        fifo_wrdb <= 8'd0;
    end
    else if((cnt > 10'd0) && (cnt < 10'd33)) begin      //连续 32 个 FIFO 数据写入
        fifo_wren <= 1'b1;
        fifo_rden <= 1'b0;
        fifo_wrdb <= cnt[7:0] + 8'h55;
    end
    else if((cnt > 10'd100) && (cnt < 10'd133)) begin   //连续 32 个 FIFO 数据读出
        fifo_wren <= 1'b0;
        fifo_rden <= 1'b1;
        fifo_wrdb <= 8'd0;
    end
    else begin
        fifo_wren <= 1'b0;
        fifo_rden <= 1'b0;
        fifo_wrdb <= 8'd0;
    end
```

FIFO 读使能信号 fifo_rden 拉高后只需一个时钟周期，数据就出现在 FIFO 的读数据总线 fifo_rddb 上，因此，对 fifo_rden 延时一拍产生信号 fifo_rdrdy 就作为 FIFO 的读出数据有效标志信号。

```
    //FIFO 读数据有效标志位
always @(posedge clk or negedge rst_n)
    if(!rst_n) fifo_rdrdy <= 1'b0;
    else fifo_rdrdy <= fifo_rden;
```

FIFO 例化如下。

```
//------------------------------------------------------------
//32 * 8bit 的 FPGA 片内 FIFO 例化
fifo_controller       fifo_controller_inst (
                        .aclr ( !rst_n ),
                        .clock ( clk ),
                        .data ( fifo_wrdb ),
                        .rdreq ( fifo_rden ),
                        .wrreq ( fifo_wren ),
                        .empty ( fifo_empty ),
                        .full ( fifo_full ),
                        .q ( fifo_rddb )
                    );
endmodule
```

9.4.3　新建 IP 核源文件

在本例程的工程源码 fifo_test.v 中，例化了一个 FIFO 存储器 IP 核。下面就看看这个 IP 核是如何创建和配置的。

打开 Quartus Ⅱ 工程，在新建的工程中，选择菜单 Tools → MegaWizard Plug-In Manager，选择 Creat a new custom megafunction variation，然后单击 Next 按钮。

选择所需要的 IP 核，如图 9.59 所示进行设置。

- 在 Select a megafunction from the list below 中选择 IP 核为 Memory Compiler→ FIFO。
- 在 Which device family will you be using 下拉列表中选择所使用的器件系列为 Cyclone Ⅳ E。
- 在 Which type of output file do you want to create 中选择语言为 Verilog HDL。
- 在 What name do you want for the output file 中输入工程所在的路径，并且在最后面添加名称，这个名称是现在正在例化的除法器模块的名称，可以起名为 fifo_controller，然后单击 Next 按钮。这里所说的路径，实际上是在工程文件夹 cy4ex20 中创建的 ip_core 文件夹和 fifo 文件夹。

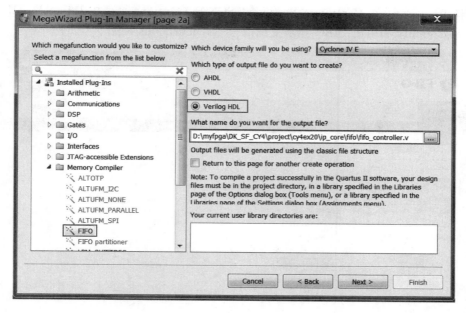

图 9.59　FIFO IP 核选择与设置

9.4.4　FIFO 配置

在 Parameter Settings→Widths,Clks,Synchronization 页面中,如图 9.60 所示,设置 FIFO 的位宽为 8bit,深度为 32word。其他默认设置。

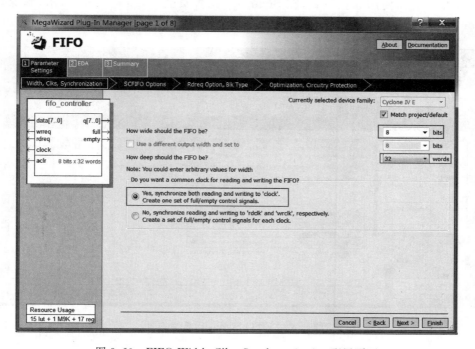

图 9.60　FIFO Width,Clks,Synchronoization 配置页面

如图 9.61 所示,在 Parameter Settings→SCFIFO Options 页面中勾选引出 FIFO 的指示信号 full、empty 和引出 FIFO 异步复位信号 Asynchronous clear。

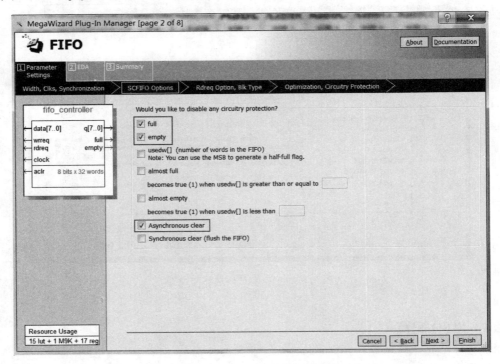

图 9.61　FIFO SCFIFO Options 配置页面

其他几个页面使用默认设置,在 Summary 配置页面中,如图 9.62 所示,确保勾选上 fifo_controller_inst.v 文件的选项,该文件是这个 IP 核的例化模板。

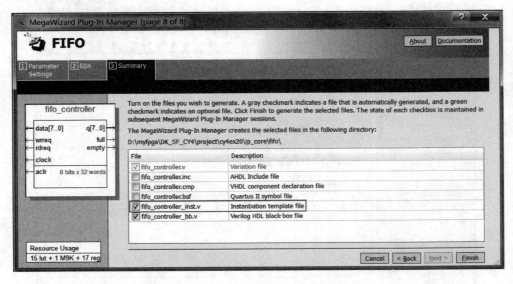

图 9.62　FIFO Summary 配置页面

单击 Finish 按钮完成 IP 核的配置。

如图 9.63 所示，可以在文件夹“…/ip_core/fifo”下查看生产的 IP 核相关源文件。

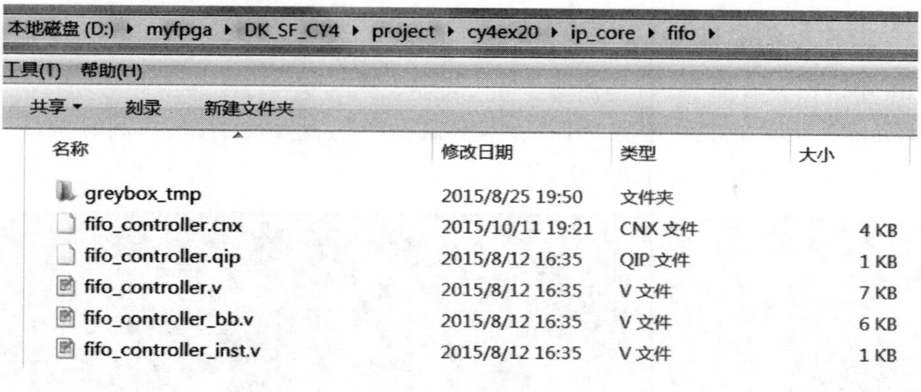

图 9.63　FIFO IP 核相关源文件

例化模板 fifo_controller_inst.v 打开如图 9.64 所示，复制到工程源码中，对“()”内的 * _sig 信号接口更改并做好映射，就可以将其集成到设计中。

fifo_controller_inst.v

```
fifo_controller fifo_controller_inst (
	.aclr ( aclr_sig ),
	.clock ( clock_sig ),
	.data ( data_sig ),
	.rdreq ( rdreq_sig ),
	.wrreq ( wrreq_sig ),
	.empty ( empty_sig ),
	.full ( full_sig ),
	.q ( q_sig )
	);
```

图 9.64　FIFO 例化模板

如图 9.65 所示，在设计中，将 FIFO 的各个信号分别映射连接。

```
//------------------------------------------------
//32*8bit的FPGA片内FIFO例化

fifo_controller				fifo_controller_inst (
						.aclr ( !rst_n ),
						.clock ( clk ),
						.data ( fifo_wrdb ),
						.rdreq ( fifo_rden ),
						.wrreq ( fifo_wren ),
						.empty ( fifo_empty ),
						.full ( fifo_full ),
						.q ( fifo_rddb )
					);
```

图 9.65　FIFO IP 核在源码中的例化

9.4.5 功能仿真

Quartus Ⅱ 中,选择菜单 Tools→Run Simulation Tool→RTL Simulation 进行仿真,在 Modelsim 中可以查看读 FIFO 的波形。

如图 9.66 所示,这是一组的 FIFO 读写测试波形,左边 fifo_wren 拉高时执行 FIFO 写入操作,右边 fifo_rden 拉高时执行 FIFO 读操作。

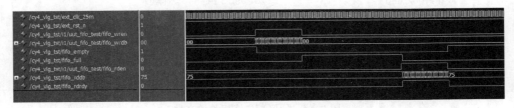

图 9.66 FIFO 读写时序波形

图 9.67 是将 FIFO 写入操作波形进行放大,依次写入数据 0x56、0x57、0x58……在第一个 FIFO 数据 0x56 写入后,随后的一个时钟周期 fifo_empty 指示信号立刻拉低,表示 FIFO 已经不是处于空状态了。

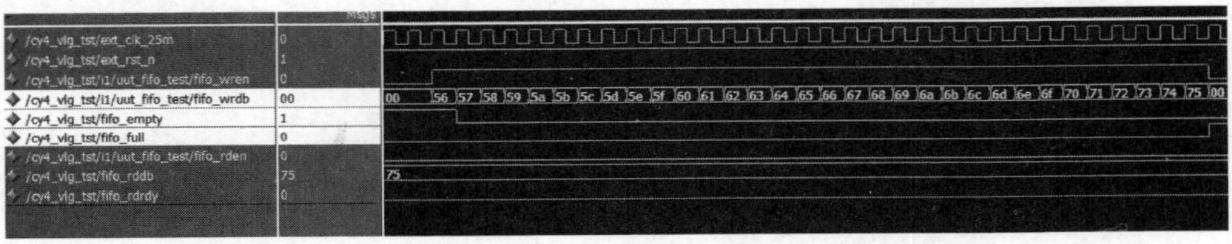

图 9.67 FIFO 写时序波形

图 9.68 是将 FIFO 读操作波形进行放大,在 fifo_rden 信号拉高后,其后的一个时钟周期(此时 fifo_rdrdy 信号拉高了)就出现了第一个数据 0x56,随后是 0x57,0x58……这和写入 FIFO 的数据是一致的。由于在执行读操作前,FIFO 的 32 个数据处于满状态,因此 fifo_full 信号高电平,在第一个 FIFO 数据读出后,fifo_full 指示信号立刻拉低,表示 FIFO 已经不是处于满状态了。

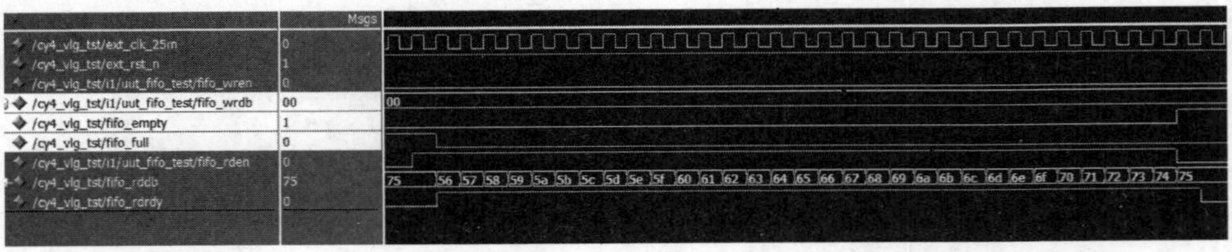

图 9.68 FIFO 读时序波形

FIFO 操作的规则大体可以归纳如下:
- 写使能信号 fifo_wren 拉高时,当前的写入数据 fifo_wrdb 有效,即 fifo_wrdb 被存储到 FIFO 中,如测试波形中依次写入数据 56、57、58……

- FIFO 为空时,指示信号 fifo_empty 为高电平,一旦写入数据后的第 2 个时钟周期,fifo_empty 为低电平,表示当前 FIFO 不空。
- 读使能信号 fifo_rden 拉高时,第 2 个时钟周期读出数据出现在 fifo_rddb 有效,如测试波形中依次写入数据 56、57、58⋯⋯
- FIFO 为满时,指示信号 fifo_full 为高电平,一旦读出数据后的第 2 个时钟周期中,fifo_full 为低电平,表示当前 FIFO 不满。

9.4.6　FPGA 在线调试

连接好下载线,给 CY4 开发板供电。

选择菜单 Tools→SignalTap Ⅱ Logic Analyzer,进入逻辑分析仪主页面。

在右侧的 JTAG China Configuration 窗口中,建立好 USB Blaster 连接,单击 SOF Manager 后面的 Programmer 按钮进行下载。

如图 9.69 所示,在 trigger 中罗列了已经添加好的需要观察的信号,尤其是在 fifo_empty 信号的 Trigger Conditions 列,设置了下降沿,表示 fifo_empty 下降沿(FIFO 不为空)时将触发采集。另外,单击选中 Instance 下的唯一一个选项,然后单击 Instance Manager 后面的运行按钮,执行一次触发采集。

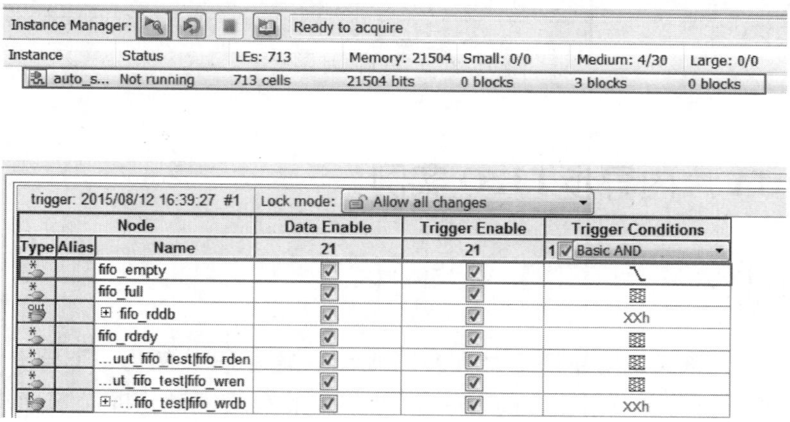

图 9.69　波形采样触发设置

波形如图 9.70 所示。两组密密麻麻的数据,前面一组 fifo_wren 拉高了,表示这是一组写入 FIFO 的数据;而后面一组 fifo_rden 为高电平,表示从 FIFO 读出数据。

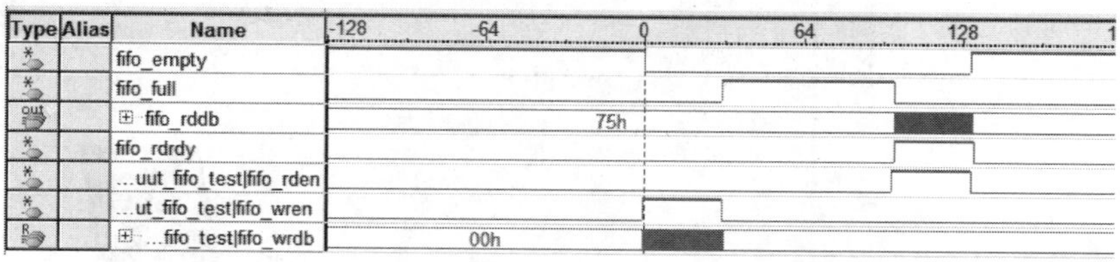

图 9.70　FIFO 读写时序波形

将写入的前面几个数据放大,如图 9.71 所示。连续写入了数据 56h、57h、58h、5Ah⋯⋯

Type	Alias	Name	-2	-1	0	1	2	3	4	5	6	7	8
*		fifo_empty											
*		fifo_full											
OUT		⊞ fifo_rddb											
*		fifo_rdrdy											
*		...uut_fifo_test|fifo_rden											
*		...ut_fifo_test|fifo_wren											
R		⊞ ...fifo_test|fifo_wrdb	00h	56h	57h	58h	59h	5Ah	5Bh	5Ch	5Dh	5Eh	

图 9.71　FIFO 写时序波形

将前面几个读数据的时序放大,如图 9.72 所示。FIFO 在读使能信号 fifo_wren 拉高后,通常数据默认是在其后的一个时钟周期出现,即它所对应的数据是滞后一个时钟周期出现,这里使用了信号 fifo_rdrdy 拉高对应 FIFO 读出数据有效,因此首先读出的数据依次为 56h、57h、58h、5Ah⋯⋯

Type	Alias	Name	98	99	100	101	102	103	104	105	106	107	108	109	11
*		fifo_empty													
*		fifo_full													
OUT		⊞ fifo_rddb	75h		56h	57h	58h	59h	5Ah	5Bh	5Ch	5Dh	5Eh	5Fh	
*		fifo_rdrdy													
*		...uut_fifo_test|fifo_rden													
*		...ut_fifo_test|fifo_wren													
R		⊞ ...fifo_test|fifo_wrdb													

图 9.72　FIFO 读时序波形

9.5　FPGA 片内异步 FIFO 实例

9.5.1　功能概述

该工程实例内部系统功能框图如图 9.73 所示。通过 IP 核例化一个异步 FIFO,定时写入数据,然后再读出所有数据,通过 Quartus Ⅱ 集成的在线逻辑分析仪 SignalTap Ⅱ,可以观察 FPGA 片内异步 FIFO 的读写时序。

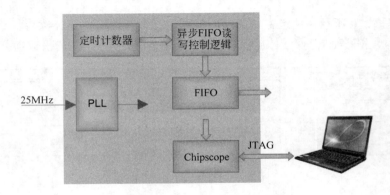

图 9.73　异步 FIFO 实例功能框图

本实例的异步 FIFO 与上一个实例的同步 FIFO 有别,这个异步 FIFO 不仅读写的位宽不同,读写的时钟也不同。异步 FIFO 对于跨时钟域的应用非常有帮助,比同步 FIFO 实用得多了。

本实例工程的代码模块层次如图 9.74 所示。

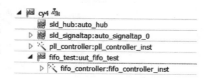

图 9.74　异步 FIFO 模块层次

9.5.2　代码解析

1. cy4.v 模块代码解析

在顶层模块 cy4.v 代码中,可以查看其 RTL Schematic 如图 9.75 所示。cy4.v 模块主要定义接口信号以及对各个子模块进行互连。其中 pll_controller.v 模块例化 PLL IP 核,产生 FPGA 内部其他逻辑工作所需的时钟信号 clk_25m 和复位信号 sys_rst_n;fifo_test.v 模块例化 FPGA 片内 FIFO,并产生 FPGA 片内 FIFO 读写控制信号和写入数据,定时读出 FIFO 中的数据;使用在线逻辑分析仪 SignalTap Ⅱ 引出 FIFO 的读写控制信号和地址、数据总线,在线查看 FIFO 的读写时序。

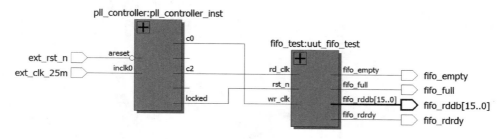

图 9.75　异步 FIFO 实例模块互连接口

cy4.v 模块代码如下。

```
module cy4(
        input ext_clk_25m,          //外部输入 25MHz 时钟信号
        input ext_rst_n,            //外部输入复位信号,低电平有效
        output fifo_full,           //FIFO 满标志位
        output fifo_empty,          //FIFO 空标志位
        output fifo_rdrdy,          //FIFO 读数据有效信号
        output[15:0] fifo_rddb      //FIFO 读出数据总线
    );
//----------------------------------------
//PLL 例化
wire clk_12m5;                      //PLL 输出 12.5MHz 时钟
wire clk_25m;                       //PLL 输出 25MHz 时钟
wire clk_50m;                       //PLL 输出 50MHz 时钟
wire clk_65m;                       //PLL 输出 65MHz 时钟
wire clk_108m;                      //PLL 输出 108MHz 时钟
wire clk_130m;                      //PLL 输出 130MHz 时钟
wire sys_rst_n;    //PLL 输出的 locked 信号,作为 FPGA 内部的复位信号,低电平复位,高电平正常工作
```

```
pll_controller  pll_controller_inst (
    .areset ( !ext_rst_n ),
    .inclk0 ( ext_clk_25m ),
    .c0 ( clk_12m5 ),
    .c1 ( clk_25m ),
    .c2 ( clk_50m ),
    .c3 ( clk_100m ),
    .locked ( sys_rst_n )
    );
//-------------------------------------
//RAM 读写数据测试模块
fifo_test    uut_fifo_test(
                    .wr_clk(clk_12m5),          //PLL 输出 12.5MHz 时钟
                    .rd_clk(clk_50m),           //PLL 输出 50MHz 时钟
                    .rst_n(sys_rst_n),          //复位信号,低电平有效
                    .fifo_full(fifo_full),      //FIFO 满标志位
                    .fifo_empty(fifo_empty),    //FIFO 空标志位
                    .fifo_rdrdy(fifo_rdrdy),    //FIFO 读数据有效信号
                    .fifo_rddb(fifo_rddb)       //FIFO 读出数据总线
                );
endmodule
```

2. fifo_test.v 模块代码解析

该模块接口如下所示。

```
module fifo_test(
        input wr_clk,                   //PLL 输出 12.5MHz 时钟
        input rd_clk,                   //PLL 输出 50MHz 时钟
        input rst_n,                    //复位信号,低电平有效
        output fifo_full,               //FIFO 满标志位
        output fifo_empty,              //FIFO 空标志位
        output reg fifo_rdrdy,          //FIFO 读数据有效信号
        output[15:0] fifo_rddb          //FIFO 读出数据总线
    );
```

该模块设计思路和 9.4 节基本一致,唯一不同的是异步 FIFO 的读写时钟是独立的,不同于 9.4 节同步 FIFO 的读写时钟是一样的。wrcnt 计数器循环计数,作为 FIFO 写的周期。

```
//------------------------------------------------------------
//定时产生 32 个 FIFO 数据写入和读出操作
reg[7:0] fifo_wrdb;         //FIFO 写入数据
reg fifo_wren;              //FIFO 写使能信号
reg fifo_rden;             //FIFO 读使能信号
    //写 FIFO 计数周期
reg[9:0] wrcnt;
always @(posedge wr_clk or negedge rst_n)
    if(!rst_n) wrcnt <= 10'd0;
    else wrcnt <= wrcnt + 1'b1;
```

rdcnt 计数器循环计数,作为 FIFO 读的周期。

```
    //读 FIFO 计数周期
reg[11:0] rdcnt;
always @(posedge rd_clk or negedge rst_n)
    if(!rst_n) rdcnt <= 12'd0;
    else rdcnt <= rdcnt + 1'b1;
```

以下逻辑产生 FIFO 连续 32 个数据的写入控制,写入的数据 fifo_wrdb 为从(8'h55+10'd101)开始递增的值。

```
    //写 FIFO 操作
always @(posedge wr_clk or negedge rst_n)
    if(!rst_n) begin
        fifo_wren <= 1'b0;
        fifo_wrdb <= 8'd0;
    end
    else if((wrcnt > 10'd100) && (wrcnt < 10'd131)) begin //连续 32 个 FIFO 数据写入
        fifo_wren <= 1'b1;
        fifo_wrdb <= wrcnt[7:0] + 8'h55;
    end
    else begin
        fifo_wren <= 1'b0;
        fifo_wrdb <= 8'd0;
    end
```

连续读出 32 个字节 FIFO 数据,同时产生 FIFO 读出数据有效标志信号 fifo_rdrdy。

```
    //读 FIFO 操作
always @(posedge rd_clk or negedge rst_n)
    if(!rst_n) fifo_rden <= 1'b0;
    else if((rdcnt > 12'd800) && (rdcnt < 12'd816)) fifo_rden <= 1'b1;     else fifo_rden <= 1'b0;
    //FIFO 读数据有效标志位
always @(posedge rd_clk or negedge rst_n)
    if(!rst_n) fifo_rdrdy <= 1'b0;
    else fifo_rdrdy <= fifo_rden;
```

FIFO 例化如下。

```
//------------------------------------------------------------
//32 * 8bit 的 FPGA 片内 DCFIFO 例化(8bit 写入,16bit 读出)
fifo_controller     fifo_controller_inst (
                        .aclr ( !rst_n ),
                        .data ( fifo_wrdb ),
                        .rdclk ( rd_clk ),
                        .rdreq ( fifo_rden ),
                        .wrclk ( wr_clk ),
                        .wrreq ( fifo_wren ),
```

```
                    .q ( fifo_rddb ),
                    .rdempty ( fifo_empty ),
                    .wrfull ( fifo_full )
                );
    endmodule
```

9.5.3　新建 IP 核源文件

在本例程的工程源码 fifo_test. v 中,例化了一个 FIFO 存储器 IP 核。下面就看看这个 IP 核是如何创建和配置的。

打开 Quartus Ⅱ工程,在新建的工程中,选择菜单 Tools→MegaWizard Plug-In Manager,选择 Creat a new custom megafunction variation,然后单击 Next 按钮。

选择所需要的 IP 核,如图 9.76 所示进行设置。

- 在 Select a megafunction from the list below 中选择 IP 核为 Memory Compiler→FIFO。
- 在 Which device family will you be using 下拉列表中选择所使用的器件系列为 Cyclone Ⅳ E。
- 在 Which type of output file do you want to create 中选择语言为 Verilog HDL。
- 在 What name do you want for the output file 中输入工程所在的路径,并且在最后面添加名称,这个名称是现在正在例化的除法器模块的名称,可以起名为 fifo_controller,然后单击 Next 按钮。这里所说的路径,实际上是在工程文件夹 cy4ex21 中创建的 ip_core 文件夹和 fifo 文件夹。

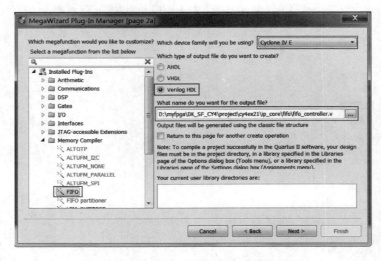

图 9.76　FIFO IP 核选择与存储路径设置

9.5.4　FIFO 配置

在 FIFO 的第一个配置页面中(即 Parameter Settings→Widths,Clks,Synchronization

页面),如图 9.77 所示,设置 FIFO 的写数据位宽为 8bit,读数据位宽为 16bit,深度为 32word(8bit),同时选择异步 FIFO 选项"No,synchronize……"。

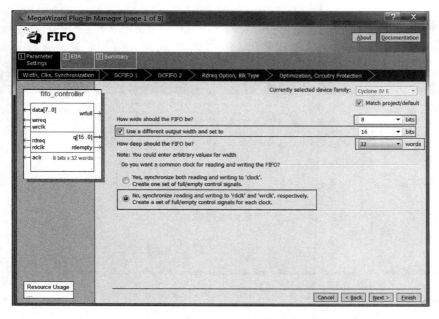

图 9.77　FIFO Width,Clks,Synchronoization 配置页面

第二个配置页面(即 Parameter Settings→DCFIFO 1 页面)默认配置即可。

如图 9.78 所示,第三个配置页面(即 Parameter Settings→DCFIFO 2 页面)勾选引出 FIFO 的指示信号 Read-side→empty 和 Write-side→full;勾选 Asynchronous clear 引出 FIFO 异步复位信号。

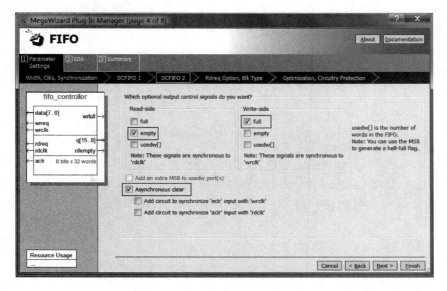

图 9.78　FIFO DCFIFO2 配置页面

其他几个页面使用默认设置,最后在 Summary 页面中,如图 9.79 所示,确保勾选上 fifo_controller_inst. v 文件的选项,该文件是这个 IP 核的例化模板。

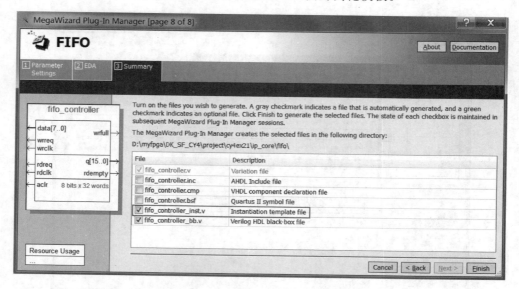

图 9.79　FIFO Summary 配置页面

单击 Finish 按钮完成 IP 核的配置。

如图 9.80 所示,可以在文件夹"…/ip_core/fifo"下查看生成的 IP 核相关源文件。

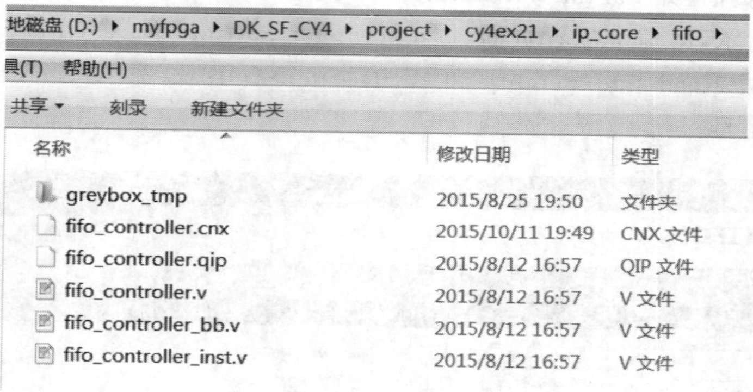

图 9.80　FIFO IP 核相关源文件

打开例化模板 fifo_controller_inst. v,如图 9.81 所示,复制到工程源码中,对"()"内的 *_sig 信号接口更改并做好映射,就可以将其集成到设计中。

如图 9.82 所示,在设计中,将 FIFO 的各个信号分别映射连接。

9.5.5　功能仿真

在 Quartus Ⅱ 中,选择菜单 Tools→Run Simulation Tool→RTL Simulation 进行仿真,在 Modelsim 中可以查看读 FIFO 的波形。

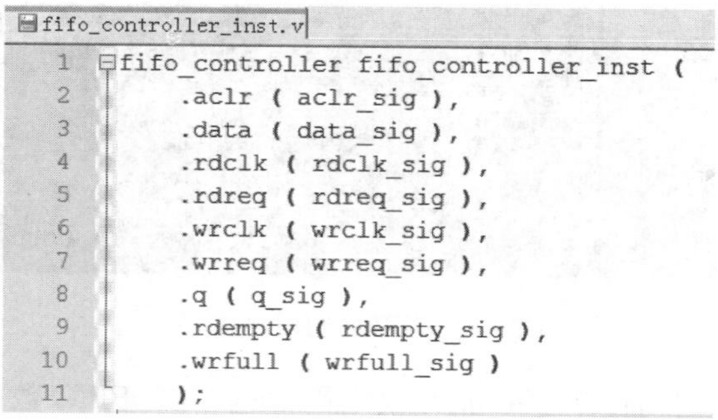

```
fifo_controller_inst.v
   1  ┌fifo_controller fifo_controller_inst (
   2        .aclr ( aclr_sig ),
   3        .data ( data_sig ),
   4        .rdclk ( rdclk_sig ),
   5        .rdreq ( rdreq_sig ),
   6        .wrclk ( wrclk_sig ),
   7        .wrreq ( wrreq_sig ),
   8        .q ( q_sig ),
   9        .rdempty ( rdempty_sig ),
  10        .wrfull ( wrfull_sig )
  11        );
```

图 9.81　FIFO 例化模板

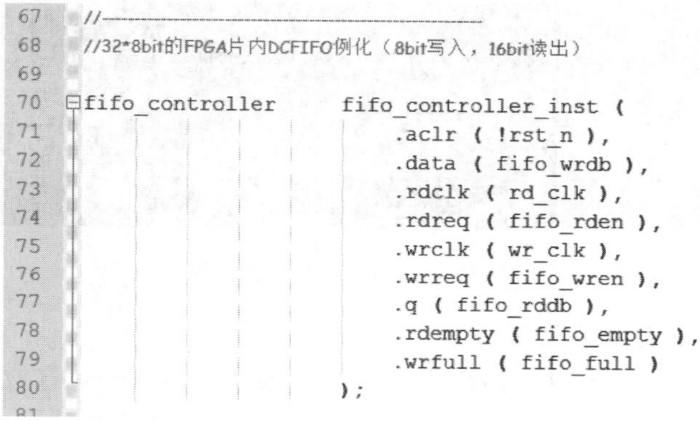

```
  67  //-----------------------------------------------
  68  //32*8bit的FPGA片内DCFIFO例化（8bit写入，16bit读出）
  69
  70  ┌fifo_controller        fifo_controller_inst (
  71                              .aclr ( !rst_n ),
  72                              .data ( fifo_wrdb ),
  73                              .rdclk ( rd_clk ),
  74                              .rdreq ( fifo_rden ),
  75                              .wrclk ( wr_clk ),
  76                              .wrreq ( fifo_wren ),
  77                              .q ( fifo_rddb ),
  78                              .rdempty ( fifo_empty ),
  79                              .wrfull ( fifo_full )
  80                              );
  81
```

图 9.82　FIFO IP 核在代码中的例化

如图 9.83 所示，这是一组的 FIFO 读写时序波形，左边 fifo_wren 拉高时执行 FIFO 写入操作，右边 fifo_rden 拉高时执行 FIFO 读操作。

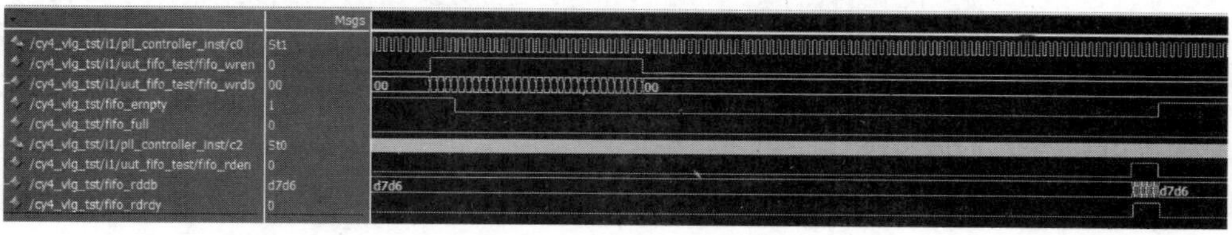

图 9.83　FIFO 读写时序波形

图 9.84 是将 FIFO 写入操作波形进行放大，由 PLL 输出 c0 时钟 12.5MHz 同步，fifo_wren 拉高时，每个时钟周期依次写入数据 0xba、0xbb、0xbc、0xbd、0xbe、0xbf……由于 fifo_empty 信号是 read-side 时钟同步的（为 PLL 输出 c2 时钟 50MHz，c0 的 4 倍），因此 fifo_empty 在 FIFO 第一个数据写入后第 4 个时钟周期拉低，表示 FIFO 已经不空了。

图 9.85 是将 FIFO 读操作波形进行放大，PLL 输出 c2 时钟为 50MHz 同步，在 fifo_rden 信号拉高后，其后的一个时钟周期（此时 fifo_rdrdy 信号拉高了）就出现了第一个数据 0xbbba，随后是 0xbdbc、0xbfbe……写入数据为 8bit，读出数据为 16bit，且写入数据的高字节处于读出数据的低 8bit。这和写入 FIFO 的数据是一致的。由于在执行读操作前，FIFO

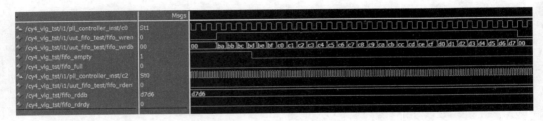

图 9.84　FIFO 写时序波形

的 32 个数据处于满状态,因此 fifo_full 信号高电平,在第一个 FIFO 数据读出后,fifo_full 指示信号立刻拉低,表示 FIFO 已经不是处于满状态了。

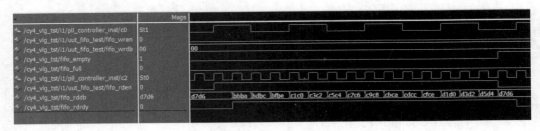

图 9.85　FIFO 读时序波形

FIFO 操作的规则大体可以归纳如下:

- 写使能信号 fifo_wren 拉高时,当前的写入数据 fifo_wrdb 有效,即 fifo_wrdb 被存储到 FIFO 中,如测试波形中依次写入数据 ba、bb、bc、bd⋯⋯
- 读使能信号 fifo_rden 拉高时,第 2 个时钟周期读出数据出现在 fifo_rddb 有效,如测试波形中依次写入数据 babb、bcbd⋯⋯
- 读写数据分别和读写时钟同步。
- 写入数据是 8bit 位宽,读出数据是 16bit 位宽,则读出的数据是高 8bit 代表第一个写入的 8bit 数据,低 8bit 代表第二个写入的 8bit 数据。

9.5.6　FPGA 在线调试

连接好下载线,给 CY4 开发板供电。

选择菜单 Tools→SignalTap Ⅱ Logic Analyzer,进入逻辑分析仪主页面。

在右侧的 JTAG China Configuration 窗口中,建立好 USB Blaster 连接,单击 SOF Manager 后面的 Programmer 按钮进行下载。

如图 9.86 所示,在 trigger 中罗列了已经添加好的需要观察的信号,尤其是在 fifo_empty 信号的 Trigger Conditions 列,设置了值下降沿,表示 fifo_empty 下降沿(FIFO 不为空)时将触发采集。另外,单击选中 Instance 下面的唯一一个选项,然后单击 Instance Manager 后面的运行按钮,执行一次触发采集。

波形如图 9.87 所示。两组密密麻麻的数据,前面一组 fifo_wren 拉高了,表示这是一组写入 FIFO 的数据;而后面一组 fifo_rden 为高电平,表示从 FIFO 读出数据。

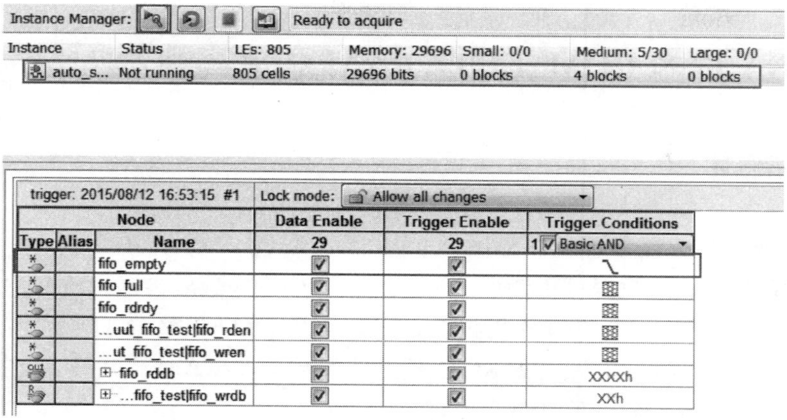

图 9.86 波形采样触发设置

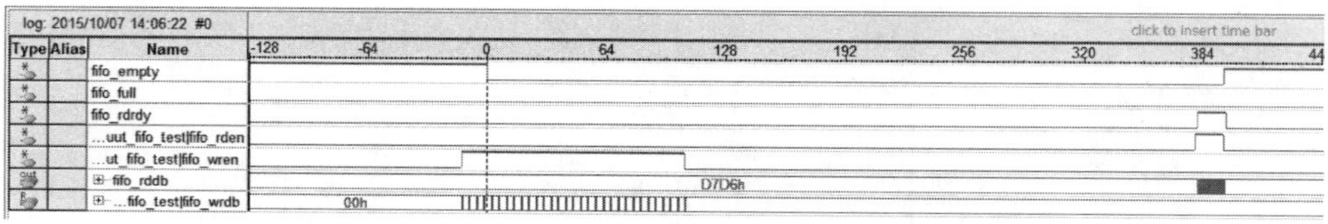

图 9.87 FIFO 读写时序波形

将写入的前面几个数据放大,如图 9.88 所示,连续写入了数据 BAh、BBh、BCh、BDh……

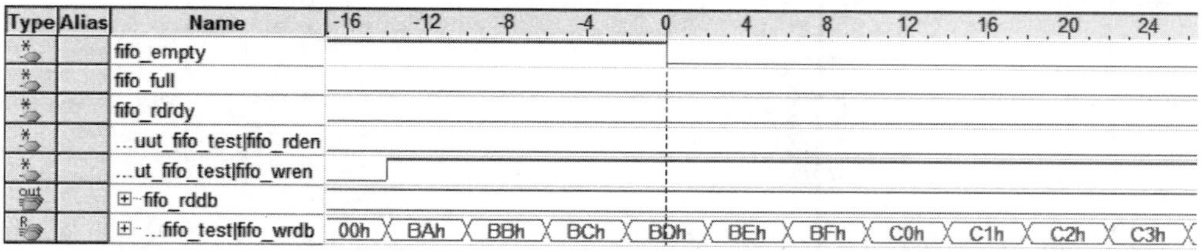

图 9.88 FIFO 写时序波形

将前面几个读数据的时序放大,如图 9.89 所示。FIFO 在读使能信号 fifo_wren 拉高后,通常数据默认是在其后的一个时钟周期出现,即它所对应的数据是滞后一个时钟周期出现,这里使用了信号 fifo_rdrdy 拉高则对应 FIFO 读出数据才有效。此外,这里的 FIFO 读写位宽不同,写入时 8bit,而读出是 16bit(首字节在 LSB),因此首先读出的数据依次为 BBBAh、BDBCh……

图 9.89 FIFO 读时序波形

9.6　FPGA 片内 ROM、FIFO、RAM 联合实例

9.6.1　功能概述

　　该工程实例内部系统功能框图如图 9.90 所示。通过 IP 核分别例化了 ROM、FIFO 和 RAM，ROM 有预存储的数据可供读取，将其放入 FIFO 中，随后再读出送到 RAM 供读取。通过 Quartus Ⅱ 集成的在线逻辑分析仪 SignalTap Ⅱ，可以观察 FPGA 片内 ROM、FIFO 和 RAM 的读写时序，也可以只比较 ROM 预存储的数据和 RAM 最后读出的数据，确认整个读写缓存过程中，数据的一致性是否实现。

　　本实例工程的代码模块层次如图 9.91 所示。

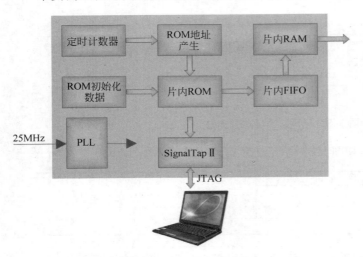

图 9.90　存储器联合实例功能框图

图 9.91　存储器联合实例模块层次

9.6.2　代码解析

1. cy4.v 模块代码解析

　　在顶层模块 cy4.v 代码中，可以查看其 RTL Schematic，如图 9.92 所示。cy4.v 模块主

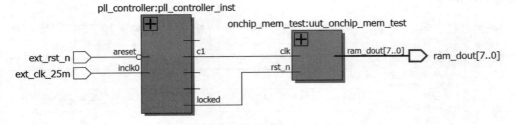

图 9.92　存储器联合实例模块互连接口

要定义接口信号以及对各个子模块进行互连。其中 pll_controller.v 模块例化 PLL IP 核，产生 FPGA 内部其他逻辑工作所需的时钟信号 clk_25m 和复位信号 sys_rst_n；onchip_mem_test.v 模块例化 FPGA 片内 ROM、FIFO 和 RAM，并产生这些片内存储器之间进行数据交互所必须的控制信号。此外，该模块引出 ROM、FIFO 和 RAM 的读写控制信号和地址、数据总线，通过 SignalTap Ⅱ 在 Quartus Ⅱ 中在线查看其读写时序。

cy4.v 模块代码如下。

```
module cy4(
            input ext_clk_25m,        //外部输入 25MHz 时钟信号
            input ext_rst_n,          //外部输入复位信号,低电平有效
            output[7:0]  ram_dout      //RAM 输出数据
        );
//---------------------------------------------
//PLL 例化
wire clk_25m;                         //PLL 输出 25MHz 时钟
wire clk_50m;                         //PLL 输出 50MHz 时钟
wire clk_65m;                         //PLL 输出 65MHz 时钟
wire clk_108m;                        //PLL 输出 108MHz 时钟
wire clk_130m;                        //PLL 输出 130MHz 时钟
wire sys_rst_n;                       //PLL 输出的 locked 信号,作为 FPGA 内部的复位信号,低
                                      //电平复位,高电平正常工作
pll_controller   pll_controller_inst (
    .areset ( !ext_rst_n ),
    .inclk0 ( ext_clk_25m ),
    .c0 ( clk_12m5 ),
    .c1 ( clk_25m ),
    .c2 ( clk_50m ),
    .c3 ( clk_100m ),
    .locked ( sys_rst_n )
    );
//---------------------------------------------
//RAM 读写数据测试模块
onchip_mem_test    uut_onchip_mem_test(
                    .clk(clk_25m),        //时钟信号,25MHz 输入
                    .rst_n(sys_rst_n),    //复位信号,低电平有效
                    .ram_dout(ram_dout)   //RAM 输出数据
                );
endmodule
```

2. onchip_mem_test.v 模块代码解析

该模块接口如下，最终只有输出 RAM 读出的数据 ram_dout[7:0] 到 ChipScope 中供查看。

```
module onchip_mem_test(
            input clk,                //时钟信号,25MHz 输入
            input rst_n,              //复位信号,低电平有效
            output[7:0]  ram_dout     //RAM 输出数据
        );
```

首先,对预先存储好数据的 ROM,连续读取 32 个地址的数据。

```verilog
//--------------------------------------------------------------
reg[24:0] cnt;                 //计数寄存器,一个周期 1s
reg[4:0] rom_addr;             //ROM 地址
wire[7:0] rom_dout;            //ROM 读出数据,即 FIFO 写入数据
    //1s 计数
always @(posedge clk or negedge rst_n)
    if(!rst_n) cnt <= 10'd0;
    else if(cnt >= 25'd25_000_000) cnt <= 10'd0;
    else cnt <= cnt + 1'b1;
    //产生 32 个 ROM 读地址
always @(posedge clk or negedge rst_n)
    if(!rst_n) rom_addr <= 5'd0;
    else if((cnt > 25'd1000) && (cnt < 25'd1033)) rom_addr <= rom_addr + 1'b1;
    else ;
```

ROM 的 IP 核例化如下。

```verilog
//--------------------------------------------------------------
//rom 例化
rom_controller     rom_controller_inst (
                        .address ( rom_addr ),
                        .clock ( clk ),
                        .q ( rom_dout )
                    );
```

将 ROM 中读取的连续 32 个地址数据按顺序依次放入 FIFO 中,然后分多次,每次读出 8 个 FIFO 数据。

```verilog
//--------------------------------------------------------------
reg fifo_wrreq;                //FIFO 写请求信号
wire fifo_prog_full;           //FIFO 内数据超过 8 个的满标志信号
reg[3:0] fifo_cnt;             //8 个 FIFO 读出数据计数器
reg fifo_rdreq;                //FIFO 读请求信号
wire[7:0] fifo_dout;           //FIFO 读出数据,RAM 的输入数据
    //产生 FIFO 的 32 次写入操作请求信号
always @(posedge clk or negedge rst_n)
    if(!rst_n) fifo_wrreq <= 1'b0;
    else if((cnt > 25'd1000) && (cnt < 25'd1033)) fifo_wrreq <= 1'b1;
    else fifo_wrreq <= 1'b0;
    //fifo_cnt 计数逻辑
always @(posedge clk or negedge rst_n)
    if(!rst_n) fifo_cnt <= 4'd0;
    else if(fifo_cnt != 4'd0) fifo_cnt <= fifo_cnt + 1'b1;
    else if((cnt > 25'd1000) && fifo_prog_full) fifo_cnt <= 4'd1;
    //fifo 可读出数据>=8,计数器 fifo_cnt 开始计数
    else ;
    //fifo 读请求信号产生
```

```
always @ (posedge clk or negedge rst_n)
    if(!rst_n) fifo_rdreq <= 1'b0;
    else if((fifo_cnt > 4'd0) && (fifo_cnt < 4'd9)) fifo_rdreq <= 1'b1;
    else fifo_rdreq <= 1'b0;
```

FIFO 的 IP 核例化如下。

```
//--------------------------------------------------------------
//32 * 8bit 的 FPGA 片内 FIFO 例化
fifo_controller    fifo_controller_inst (
                        .aclr ( !rst_n ),
                        .clock ( clk ),
                        .data ( rom_dout ),
                        .rdreq ( fifo_rdreq ),
                        .wrreq ( fifo_wrreq ),
                        .empty ( fifo_empty ),
                        .full ( fifo_full ),
                        .almost_full ( fifo_prog_full ),
                        .q ( fifo_dout )
                    );
```

FIFO 中读出的数据再写入到 RAM 中,随后读出 RAM 的数据。

```
//--------------------------------------------------------------
reg[4:0] ram_addr;          //RAM 地址
reg ram_wren;               //RAM 写入使能信号
    //RAM 写入使能和地址产生逻辑
always @ (posedge clk or negedge rst_n)
    if(!rst_n) begin
        ram_addr <= 5'h1f;
        ram_wren <= 1'b0;
    end
    else if(fifo_rdreq) begin
        ram_wren <= 1'b1;
        ram_addr <= ram_addr + 1'b1;
    end
    else if((cnt >= 25'h000_0500) && (cnt < 25'h000_0520)) begin
        ram_wren <= 1'b0;
        ram_addr <= cnt[4:0];       //遍历一次 RAM 地址,对应数据可供查看
    end
    else ram_wren <= 1'b0;
```

RAM 的 IP 核例化如下。

```
//--------------------------------------------------------------
//32 * 8bit 的 FPGA 片内 RAM 例化
ram_controller    ram_controller_inst (
                        .address ( ram_addr ),
```

```
                        .clock ( clk ),
                        .data ( fifo_dout ),
                        .wren ( ram_wren ),
                        .q ( ram_dout )
                    );
endmodule
```

9.6.3　功能仿真

在 Quartus Ⅱ 中,选择菜单 Tools→Run Simulation Tool→RTL Simulation 进行仿真并在 Modelsim 中可以查看读 FIFO 的波形。

ROM、FIFO 和 RAM 读写波形如图 9.93 所示。

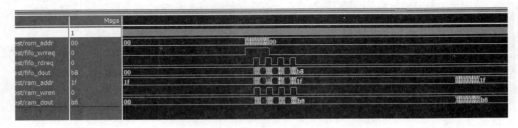

图 9.93　ROM、FIFO 和 RAM 读写波形

ROM 读数据波形如图 9.94 所示。

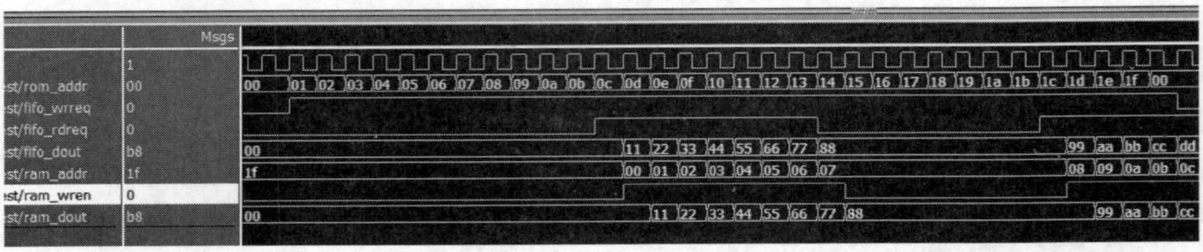

图 9.94　ROM 读数据波形

FIFO 第一次读波形如图 9.95 所示。

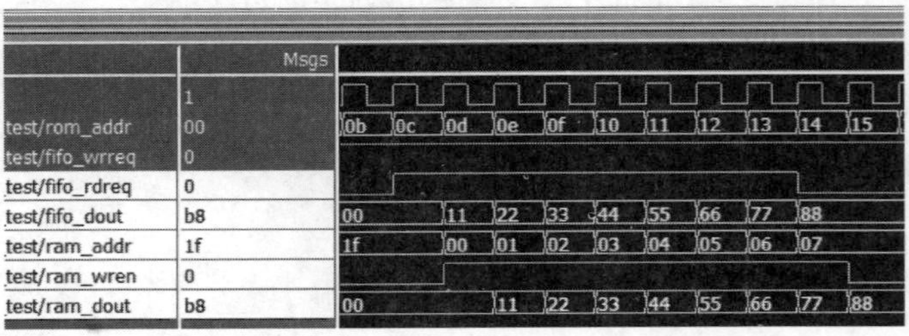

图 9.95　FIFO 第一次读数据波形

FIFO 第二次读波形如图 9.96 所示。

FIFO 第三次读波形如图 9.97 所示。

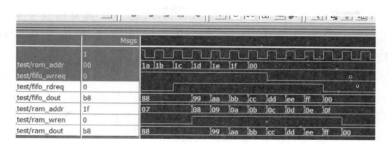

图 9.96 FIFO 第二次读数据波形

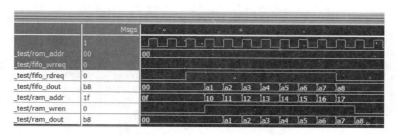

图 9.97 FIFO 第三次读数据波形

FIFO 第四次读波形如图 9.98 所示。

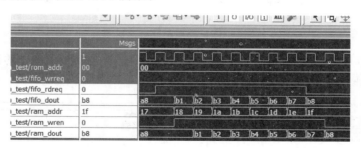

图 9.98 FIFO 第四次读数据波形

RAM 读数据波形如图 9.99 所示。

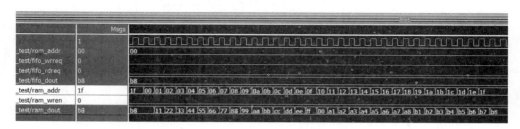

图 9.99 RAM 读数据波形

9.6.4 FPGA 在线调试

连接好下载线,给 CY4 开发板供电。

选择菜单 Tools→SignalTap Ⅱ Logic Analyzer,进入逻辑分析仪主页面。在右侧的 JTAG China Configuration 窗口中,建立好 USB Blaster 连接,单击 SOF Manager 后面的 Programmer 按钮进行下载。

如图 9.100 所示,在 trigger 中罗列了已经添加好的需要观察的信号,尤其是在 almost_full 信号的 Trigger Conditions 列,设置了上升沿,表示 almost_full 上升沿(FIFO 快要满了)时将触发采集。另外,单击选中 Instance 下面的唯一一个选项,然后单击 Instance Manager 后面的"运行"按钮,执行一次触发采集。

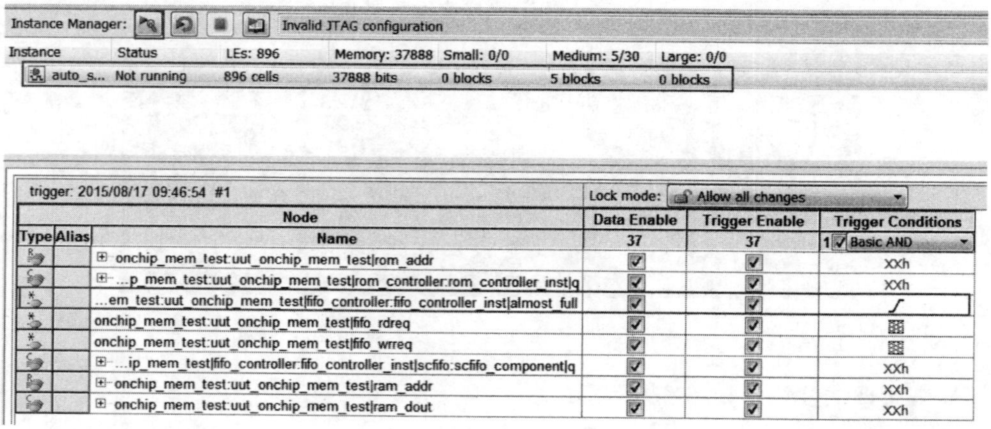

图 9.100　波形采样触发设置

ROM、FIFO 和 RAM 读写波形如图 9.101 所示,这里包括了 ROM 的读取操作、FIFO 的写和读操作、RAM 的写和读操作。

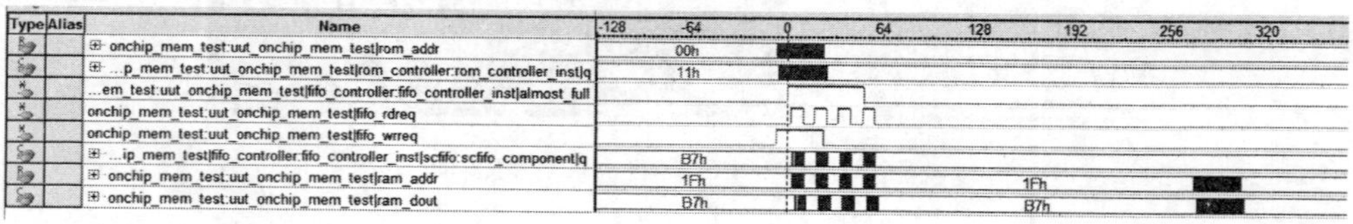

图 9.101　ROM、FIFO 和 RAM 读写波形

第10章

综合进阶实例

本章导读

本章通过 15 个实例,将前面两章所涉及的简单的单独控制的工程整合在一起。通过本章的实例,希望读者能够更好地掌握模块化设计、模块移植、系统整合以及 FPGA 开发设计流程。

10.1 基于数码管显示的超声波测距回响脉宽计数实例

10.1.1 功能简介

本实例是 8.7 节"数码管驱动实例"和 9.1 节"基于 SignalTap Ⅱ 的超声波测距调试实例"代码的集成整合,将超声波测距的回响脉冲以时钟周期计数值的形式显示到数码管上。

如图 10.1 所示,本实例同样是以 $10\mu s$ 计数器产生的 $10\mu s$ 脉冲 TRIG 给超声波测距模块,然后以 $10\mu s$ 为单位计算超声波测距模块返回的回响信号 ECHO 的高电平保持时间。采集到的 ECHO 高电平脉冲保持周期(以 $10\mu s$ 为单位)将以十六进制方式显示到数码管上。

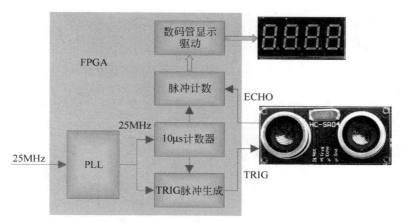

图 10.1　基于数码管显示的超声波测距实例功能框图

如图 10.2 所示,本实例共 5 个模块,顶层模块 cy4.v 主要对各个子模块进行例化和连接;pll_controller.v 模块是 IP 核,例化 PLL,产生 FPGA 内部需要的时钟信号;clkdiv_generation.v 模块产生 $10\mu s$ 的基准时钟使能信号;ultrasound_controller.v 模块对超声波测距模块的回响信号进行高脉冲时间计数;seg7.v 模块驱动数码管显示。

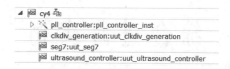

图 10.2　基于数码管显示的超声波测距显示实例模块层次

10.1.2　代码解析

在顶层模块 cy4.v 代码中,可以查看其 RTL Schematic,如图 10.3 所示。cy4.v 模块主要定义接口信号以及对各个子模块进行互连。其中 pll_controller.v 模块例化 PLL IP 核,产生 FPGA 内部其他逻辑工作所需的时钟信号 clk_25m 和复位信号 sys_rst_n;clkdiv_generation.v 模块产生 100kHz 频率的一个时钟使能信号,即每 $10\mu s$ 产生一个保持单个时钟周期的高脉冲;ultrasound_controller.v 模块每秒定时产生超声波测距模块脉冲的激励信号,即 $10\mu s$ 的高脉冲,同时对超声波测距模块回响信号的高脉冲进行计数;计数值通过 seg7.v 模块显示到数码管上。

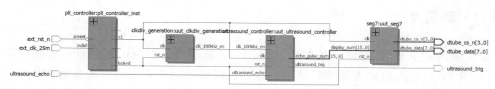

图 10.3　基于数码管显示的超声波测距实例模块互连接口

cy4.v 模块代码如下。echo_pulse_num[15:0] 是超声波测距模块回响信号的高脉冲计数值,它通过数码管进行显示。

```verilog
module cy4(
        input ext_clk_25m,          //外部输入 25MHz 时钟信号
        input ext_rst_n,            //外部输入复位信号,低电平有效
        output ultrasound_trig,     //超声波测距模块脉冲激励信号,10μs 的高脉冲
        input ultrasound_echo,      //超声波测距模块回响信号
        output[3:0] dtube_cs_n,     //7 段数码管位选信号
        output[7:0] dtube_data      //7 段数码管段选信号(包括小数点为 8 段)
    );
//----------------------------------------
//PLL 例化
wire clk_12m5;                      //PLL 输出 12.5MHz 时钟
wire clk_25m;                       //PLL 输出 25MHz 时钟
wire clk_50m;                       //PLL 输出 50MHz 时钟
```

```
wire clk_100m;        //PLL 输出 100MHz 时钟
wire clk_100m;        //PLL 输出 100MHz 时钟
wire sys_rst_n;       //PLL 输出的 locked 信号,作为 FPGA 内部的复位信号,低电平复位
pll_controller  pll_controller_inst (
    .areset ( !ext_rst_n ),
    .inclk0 ( ext_clk_25m ),
    .c0 ( clk_12m5 ),
    .c1 ( clk_25m ),
    .c2 ( clk_50m ),
    .c3 ( clk_100m ),
    .locked ( sys_rst_n )
    );
//-----------------------------------------
//25MHz 时钟进行分频,产生一个 100kHz 频率的时钟使能信号
wire clk_100khz_en;  //100kHz 频率的一个时钟使能信号,即每 10μs 产生一个时钟脉冲

clkdiv_generation  uut_clkdiv_generation(
            .clk(clk_25m),          //时钟信号
            .rst_n(sys_rst_n),      //复位信号,低电平有效
            .clk_100khz_en(clk_100khz_en)
        );
//-----------------------------------------
//每秒产生一个 10μs 的高脉冲作为超声波测距模块的激励
//以 10μs 为单位对超声波测距模块回响信号高脉冲进行计数的最终值
wire[15:0] echo_pulse_num;
ultrasound_controller  uut_ultrasound_controller(
            .clk(clk_25m),
            .rst_n(sys_rst_n),
            .clk_100khz_en(clk_100khz_en),
            .ultrasound_trig(ultrasound_trig),
            .ultrasound_echo(ultrasound_echo),
            .echo_pulse_num(echo_pulse_num)
        );
//-----------------------------------------
//4 位数码管显示驱动
seg7    uut_seg7(
            .clk(clk_25m),              //时钟信号
            .rst_n(sys_rst_n),          //复位信号,低电平有效
            .display_num(echo_pulse_num),  //显示数据
            .dtube_cs_n(dtube_cs_n),    //7 段数码管位选信号
            .dtube_data(dtube_data)     //7 段数码管段选信号(包括小数点为 8 段)
        );
endmodule
```

本实例其他模块的代码均为 8.7 节"数码管驱动实例"和 9.1 节"基于 SignalTap Ⅱ 的超声波测距调试实例"两个实例移植而来,大家可以参考相关代码解析。

10.1.3　板级调试

连接好下载线，给 CY4 开发板供电。

打开 Quartus Ⅱ，进入下载界面，将本实例工程下的 cy4.sof 文件烧录到 FPGA 中在线运行。

此时在超声波测距模块前面摆放平整的障碍物，可以看到数码管上的十六进制数据会发生变化。基本规律是：障碍物距离超声波测距模块近，则数码管的数值较小；障碍物距离超声波测距模块远，则数码管的数值较大。

大家可以通过公式计算当前数码管显示数据和实际超声波测距模块与障碍物距离是否一致。当然了，大家也不用着急，接下来几节就着手进行换算，将十六进制先转换为十进制，然后把公式结果计算出来并显示在数码管上。

假设超声波模块与障碍物间的距离为 S（单位：m），ECHO 输出的高脉冲宽度为 T（单位：s），声速在 25℃条件下定义为 346（单位：m/s）。那么 ECHO 脉冲宽度与测试距离的关系如下：

$$S = (T * 346)/2$$

10.2　基于均值滤波处理的超声波测距回响脉宽计数实例

10.2.1　功能简介

本实例基本的功能实现和 10.1 节的实例一样，只是在原先的"脉冲计数"和"数码管显示驱动"两个功能块之间，增加了"均值滤波处理"功能的实现。本实例功能框图如图 10.4 所示。

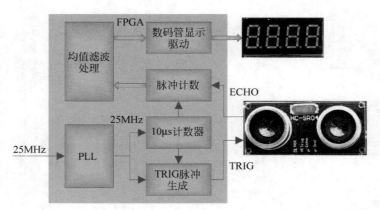

图 10.4　基于均值滤波处理的超声波测距实例功能框图

大家可能在 10.1 节板级调试的时候已经注意到了，数码管显示的数据还是有些不稳定，跳变比较快，也不是非常准确，"均值滤波处理"功能模块就是要解决这些问题。

10.2.2　滤波算法与实现

一般性的均值滤波,其算法都是"砍头、去尾、留中间",即取一定的数据作为一组进行排序,剔除最大值和最大值,留下中间的数据求平均。

这里的算法要更简单一些,即取每 8 个最新采集的数据,不做任何排序,直接求平均值。注意,每输入一个新的数据,就会相应地输出一个旧的数据,从而进行一组完全实时的最新的 8 个数据的均值计算。均值滤波处理功能框图如图 10.5 所示。

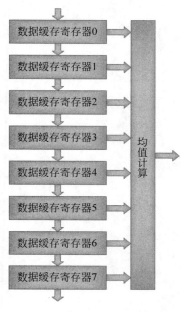

图 10.5　均值滤波处理功能框图

10.2.3　代码解析

1. cy4. v 模块代码解析

在顶层模块 cy4. v 代码中,可以查看其 RTL Schematic,如图 10.6 所示。cy4. v 模块主要定义接口信号以及对各个子模块进行互连。其中 pll_controller. v 模块例化 PLL IP 核,产生 FPGA 内部其他逻辑工作所需的时钟信号 clk_25m 和复位信号 sys_rst_n;clkdiv_generation. v 模块产生 100kHz 频率的一个时钟使能信号,即每 $10\mu s$ 产生一个保持单个时钟周期的高脉冲;ultrasound_controller. v 模块每秒定时产生超声波测距模块脉冲的激励信号,即 $10\mu s$ 的高脉冲,同时对超声波测距模块回响信号的高脉冲进行计数;相比于 10.1 节的实例,本实例工程在 ultrasound_controller. v 模块和 seg7. v 模块之间增加了 filter. v 模块,该模块的功能正是本实例新增的均值滤波处理算法的实现;计数值通过 seg7. v 模块显示到数码管上。

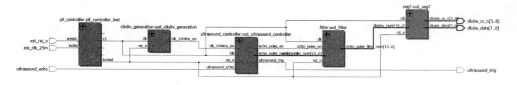

图 10.6　基于均值滤波处理的超声波测距实例模块互连接口

2. filter. v 模块代码解析

超声波测距回响脉冲计数值 echo_pulse_num[15:0]对应 echo_pulse_en 高电平时有效,该模块缓存最近采集到的 8 组超声波测距回响脉冲计数值,对它们进行累加并求平均,最终输出经过滤波处理后的超声波测距模块回响信号高脉冲计数值 echo_pulse_filter_num[15:0]。该模块接口如下。

```
module filter(
```

```
                    input clk,              //外部输入 25MHz 时钟信号
                    input rst_n,            //外部输入复位信号,低电平有效
                    input echo_pulse_en,    //超声波测距模块回响信号计数值有效信号
//以 10μs 为单位对超声波测距模块回响信号高脉冲进行计数的最终值
                    input[15:0] echo_pulse_num,
//滤波处理后的超声波测距模块回响信号高脉冲计数值
                    output[15:0] echo_pulse_filter_num
                );
```

以下逻辑对 echo_pulse_num 信号缓存 8 拍处理,便于后续均值运算。

```
//-----------------------------------------------------------
//echo_pulse_num 信号缓存 8 拍
reg[15:0] pulse_reg[7:0]; //echo_pulse_num 信号缓存寄存器
always @(posedge clk or negedge rst_n)
    if(!rst_n) begin
        pulse_reg[0] <= 16'd0;
        pulse_reg[1] <= 16'd0;
        pulse_reg[2] <= 16'd0;
        pulse_reg[3] <= 16'd0;
        pulse_reg[4] <= 16'd0;
        pulse_reg[5] <= 16'd0;
        pulse_reg[6] <= 16'd0;
        pulse_reg[7] <= 16'd0;
    end
//缓存最新的数据,使用移位寄存器的方式推进最新数据,推出最老的数据
    else if(echo_pulse_en) begin
        pulse_reg[0] <= echo_pulse_num;
        pulse_reg[1] <= pulse_reg[0];
        pulse_reg[2] <= pulse_reg[1];
        pulse_reg[3] <= pulse_reg[2];
        pulse_reg[4] <= pulse_reg[3];
        pulse_reg[5] <= pulse_reg[4];
        pulse_reg[6] <= pulse_reg[5];
        pulse_reg[7] <= pulse_reg[6];
    end
```

以下逻辑对连续 8 组 echo_pulse_num 信号求平均。

```
//-----------------------------------------------------------
//对 8 个数据累加并输出平均值
reg[15:0] sum_pulse_reg;
always @(posedge clk or negedge rst_n)
    if(!rst_n) sum_pulse_reg <= 16'd0;
    else sum_pulse_reg <= pulse_reg[0] + pulse_reg[1] + pulse_reg[2] + pulse_reg[3] + pulse_
reg[4] + pulse_reg[5] + pulse_reg[6] + pulse_reg[7];
//右移 3 位,相当于除以 8
assign echo_pulse_filter_num = {3'b000,sum_pulse_reg[15:3]};
endmodule
```

10.2.4　板级调试

连接好下载线,给 CY4 开发板供电。

打开 Quartus Ⅱ,进入下载界面,将本实例工程下的 cy4.sof 文件烧录到 FPGA 中在线运行。

此时在超声波测距模块前面摆放平整的障碍物,可以看到数码管上的十六进制数据会发生变化。但是相对于 10.1 节实例,这个实例的数码管显示数据要相对稳定一些。

10.3　基于进制换算的超声波测距结果显示实例

10.3.1　功能简介

如图 10.7 所示,相比于 10.2 节的实例,本实例将"距离公式计算与进制换算"功能模块增加到工程中。

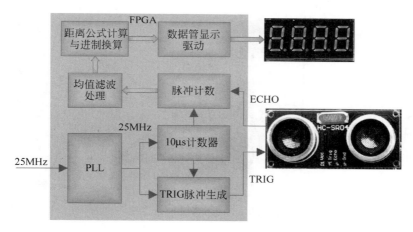

图 10.7　基于进制换算的超声波测距实例功能框图

所谓距离公式计算,主要是将超声波测距采集到的 ECHO 脉冲高电平脉宽值(时间),对应地换算为实际的距离值(距离)。

所谓进制换算,则是将存储在计算机中的十六进制数据,通过除法求余计算,以比较习惯的十进制方式显示到数码管上。

10.3.2　距离计算公式实现

25℃时,声音在空气中传播的速度为 346m/s。因此,取距离 s 的单位是米(m),时间 t 的单位是秒(s),有 $s = 346 \times t/2$。

若取距离 s 的单位是毫米(mm),时间 t 的单位是 10 微秒($10\mu s$),有 $s \times 0.001 = 346 \times$

$t \times 0.000\,01/2$，即 $s = 1.73 \times t$。

为了便于计算，取 $s = ((1.73 \times 256) \times t)/256 = (443 \times t)/256$。

距离计算公式在 FPGA 内部的实现上非常简单。如图 10.8 所示，例化一个乘法器 IP 核，它的两个输入分别为 443 和脉宽计数值，乘法器输出结果右移 8 位就是最终运算结果了。

图 10.8 运算处理实现示意图

10.3.3 进制换算实现

由于超声波测距模块最大量程为 4m，精度为 2mm，所以，以 mm 为单位在数码管上显示超声波测距模块计算的距离，那么 4 位数就足够了。因此，把前面距离计算公式计算的结果，通过"除法求余"的方法就可以分别得到 4 个需要显示在数码管上的数据。

如图 10.9 所示，只需要 3 次除法运算就可以分别得到数码管上显示的千位、百位、十位和个位数据。

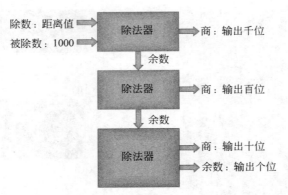

图 10.9 进制换算实现示意图

10.3.4 代码解析

1. cy4.v 模块代码解析

在顶层模块 cy4.v 代码中可以查看其 RTL Schematic，如图 10.10 所示。cy4.v 模块主要定义接口信号以及对各个子模块进行互连。其中 pll_controller.v 模块例化 PLL IP 核，产生 FPGA 内部其他逻辑工作所需的时钟信号 clk_25m 和复位信号 sys_rst_n；clkdiv_generation.v 模块产生 100kHz 频率的一个时钟使能信号，即每 $10\mu s$ 产生一个保持单个时钟周期的高脉冲；ultrasound_controller.v 模块每秒定时产生超声波测距模块脉冲的激励信号，即 $10\mu s$ 的高脉冲，同时对超声波测距模块回响信号的高脉冲进行计数；filter.v 模块的功能是实现均值滤波处理算法；相比 10.2 节的实例，本实例工程在 filter.v 模块和 seg7.v 模块之间增加了 distance_compute.v 模块，该模块的功能是将超声波测距模块返回的脉冲计数值转换为实际的距离数值；最终的距离计算数值通过 seg7.v 模块显示到数码管上。

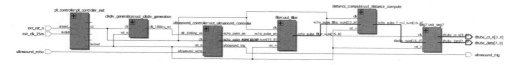

图 10.10 基于进制换算的超声波测距实例模块互连接口

2. distance_compute.v 模块代码解析

该模块输入超声波测距模块的脉冲计数值 echo_pulse_filter_num[15:0]，输出换算为实际距离的十进制数据 echo_pulse_f_mul_num[15:0]。由于该模块主要涉及乘除法器 IP 核的例化使用，后续章节会专门介绍。

```verilog
module distance_compute(
            input clk,          //外部输入 25MHz 时钟信号
            input rst_n,        //外部输入复位信号,低电平有效
//以 10μs 为单位对超声波测距模块回响信号高脉冲进行计数的最终值
            input[15:0] echo_pulse_filter_num,
// echo_pulse_filter_num 换算为实际距离的十进制数据
            output[15:0] echo_pulse_f_mul_num
            );
//------------------------------------------------------------
//距离换算
wire[31:0] mul_out;                   //输出的乘法运算结果,取位 23～8 为有效的 16bit 数据
mul   mul_inst (
    .clock ( clk ),
    .dataa ( 16'd443 ),
    .datab ( echo_pulse_filter_num ),
    .result ( mul_out )
    );
//------------------------------------------------------------
//将十六进制数据转换为十进制,由于已知有效的 16bit 数据的有效范围是 0～4000
wire[15:0] thousand_quotint,thousand_fractional;     //千位除法运算结果与余数寄存器
    //千位运算
div   thousand_div (
    .clock ( clk ),
    .denom ( 16'd1000 ),
    .numer ( mul_out[23:8] ),
    .quotient ( thousand_quotint ),
    .remain ( thousand_fractional )
    );
wire[15:0] hundred_quotint,hundred_fractional;       //百位除法运算结果与余数寄存器
    //百位运算
div   hundred_div (
    .clock ( clk ),
    .denom ( 16'd100 ),
    .numer ( thousand_fractional ),
    .quotient ( hundred_quotint ),
    .remain ( hundred_fractional )
    );
```

```
wire[15:0] ten_quotint,ten_fractional;     //十位除法运算结果与余数寄存器
    //十位运算
div  ten_div (
    .clock ( clk ),
    .denom ( 16'd10 ),
    .numer ( hundred_fractional ),
    .quotient ( ten_quotint ),
    .remain ( ten_fractional )
    );
assign echo_pulse_f_mul_num = {thousand_quotint[3:0],hundred_quotint[3:0],ten_quotint[3:
0],ten_fractional[3:0]};
endmodule
```

10.3.5　乘法器 IP 核创建、配置与例化

在本实例的工程源码 distance_compute.v 中,例化了一个乘法器 IP 核。这里简单地来看看这个 IP 核是如何创建、配置并使用的。

打开 Quartus Ⅱ 工程,选择菜单 Tools→MegaWizard Plug-In Manager,新建一个 IP 核。在弹出的窗口中选择 Creat a new custom megafunction variation,然后单击 Next 按钮。

选择所需要的 IP 核,如图 10.11 所示进行设置。

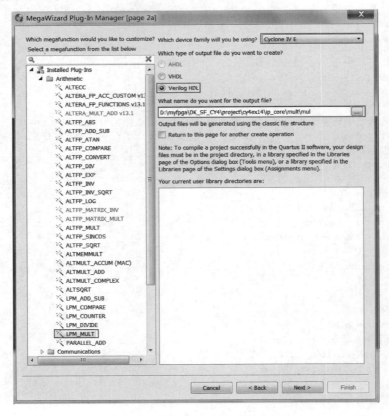

图 10.11　乘法器 IP 核选择与设置

- 在 Select a megafunction from the list below 中选择 IP 核为 Arithmetic→LPM_MULT。
- 在 Which device family will you be using 下拉列表中选择所使用的器件系列为 Cyclone Ⅳ E。
- 在 Which type of output file do you want to create 中选择语言为 Verilog HDL。
- 在 What name do you want for the output file 中输入工程所在的路径，并且在最后面添加名称，这个名称是现在正在例化的乘法器模块的名称，可以起名为 mul，然后单击 Next 按钮。这里所说的路径，实际上是在工程文件夹 cy4ex14 中创建的 ip_core 文件夹和 mul 文件夹。

在 LPM_MULT 的第一个配置页面中（即 Parameter Settings→General 页面），如图 10.12 所示进行配置，尤其注意乘法器的两个输入参数（即乘数和被乘数）的位宽为 16bit。

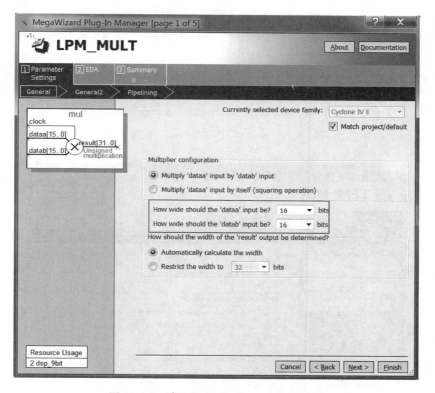

图 10.12　乘法器 IP 核 General 配置页面

第二个配置页面（即 Parameter Settings→General2 页面）使用默认设置，如图 10.13 所示。

在第三个配置页面（即 Parameter Settings→Pipelining 页面）中，如图 10.14 所示，设置 output latency 为 2 clock cycles，即两个输入数据变化后 2 个时钟周期，乘法运算结果输出。

在 Summary 页面中，确保选择 mul_inst.v 文件的选项，该文件是这个 IP 核的例化模板。最后单击 Finish 按钮完成 IP 核的配置。

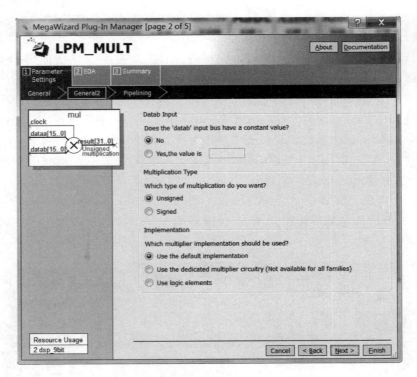

图 10.13　乘法器 IP 核 General2 配置页面

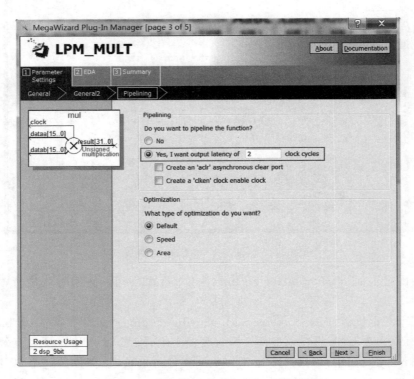

图 10.14　乘法器 IP 核 Pipelining 配置页面

如图10.15所示，可以在文件夹“…/ip_core/mult”下查看生成的IP核相关源文件。

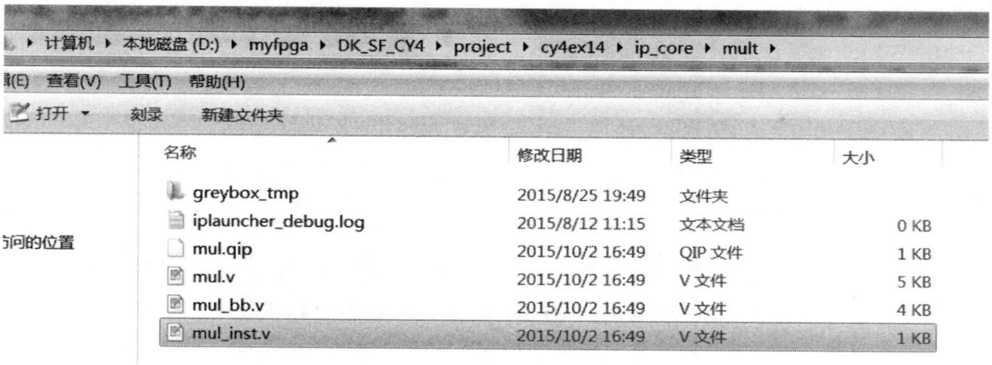

图10.15 乘法器IP核相关源文件

打开例化模板mul_inst.v，如图10.16所示，复制到工程源码中，对“()”内的 * _sig信号接口更改并做好映射，就可以将其集成到设计中。

如图10.17所示，在设计中，乘法器的两个输入a和b分别为常数443和超声波测距的脉宽计数寄存器echo_pulse_filter_num，输出结果为32bit的mul_out。

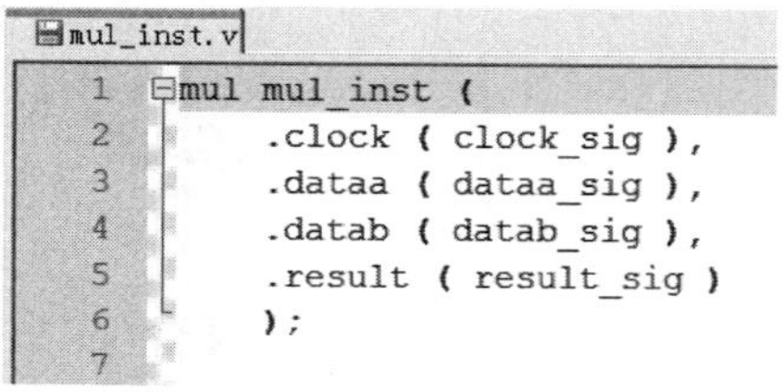

```
mul_inst.v
mul mul_inst (
	.clock ( clock_sig ),
	.dataa ( dataa_sig ),
	.datab ( datab_sig ),
	.result ( result_sig )
	);
```

图10.16 乘法器IP核例化模板

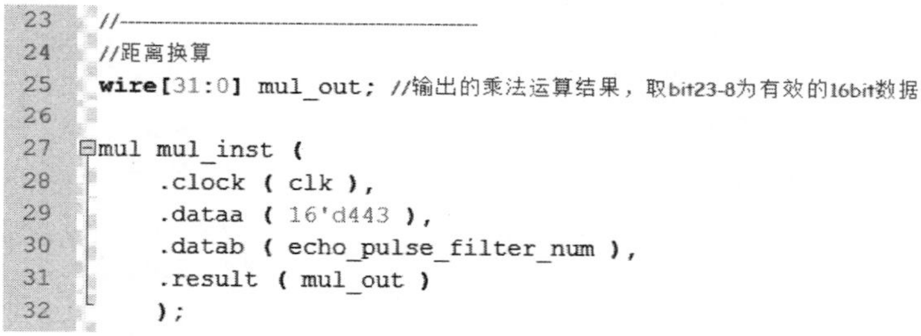

```
//------------------------------------------
//距离换算
wire[31:0] mul_out;	//输出的乘法运算结果，取bit23-8为有效的16bit数据

mul mul_inst (
	.clock ( clk ),
	.dataa ( 16'd443 ),
	.datab ( echo_pulse_filter_num ),
	.result ( mul_out )
	);
```

图10.17 乘法器IP核在代码中的例化

10.3.6 除法器IP核创建、配置与例化

在本实例的工程源码distance_compute.v中，例化了3个除法器IP核，这3个IP核的配置完全一致，只要在Quartus Ⅱ中做一次IP核的配置即可。

打开Quartus Ⅱ工程，选择菜单Tools→MegaWizard Plug-In Manager，新建一个IP核。在弹出的窗口中选择Creat a new custom megafunction variation，然后单击Next按钮。

选择所需要的IP核，如图10.18所示进行设置。

- 在Select a megafunction from the list below中选择IP核为Arithmetic→LPM_DIVIDE。

- 在 Which device family will you be using 下拉列表中选择所使用的器件系列为 Cyclone Ⅳ E。
- 在 Which type of output file do you want to create 中选择语言为 Verilog HDL。
- 在 What name do you want for the output file 中输入工程所在的路径，并且在最后面添加名称，这个名称是现在正在例化的除法器模块的名称，可以起名为 div，然后单击 Next 按钮。这里所说的路径，实际上是在工程文件夹 cy4ex14 中创建的 ip_core 文件夹和 divide 文件夹。

图 10.18　除法器 IP 核选择与路径设置

在 LPM_DIVIDE 的第一个配置页面中（即 Parameter Settings→General 页面），如图 10.19 所示进行配置，尤其注意除法器的两个输入参数（即除数和被除数）的位宽为16bit，且都为无符号整型。

第二个配置页面（即 Parameter Settings→General2 页面）使用默认设置，如图 10.20 所示。其中 2 clock cycles 的 latency 表示除数和被除数输入后的 2 个时钟周期，输出商和余数。

在 Summary 页面中，确保选择 div_inst.v 文件的选项，该文件是这个 IP 核的例化模板。最后单击 Finish 按钮完成 IP 核的配置。

如图 10.21 所示，可以在文件夹"…/ip_core/divide"下查看生成的 IP 核相关源文件。

打开例化模板 div_inst.v，如图 10.22 所示，复制到工程源码中，对"（）"内的 * _sig 信号接口更改并做好映射，就可以将其集成到设计中。

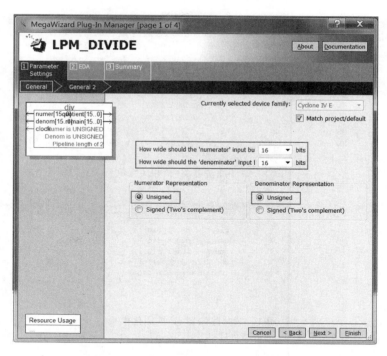

图 10.19　除法器 IP 核 General 配置页面

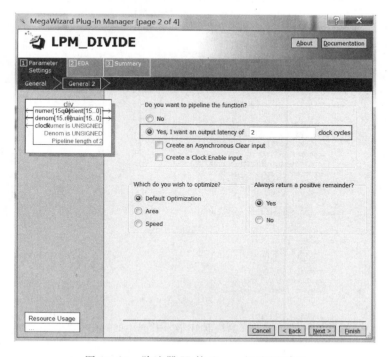

图 10.20　除法器 IP 核 General2 配置页面

如图 10.23 所示,在设计中,对除法器进行 3 次例化,由此得到超声波测距数据的千位、百位、十位和个位的数据。

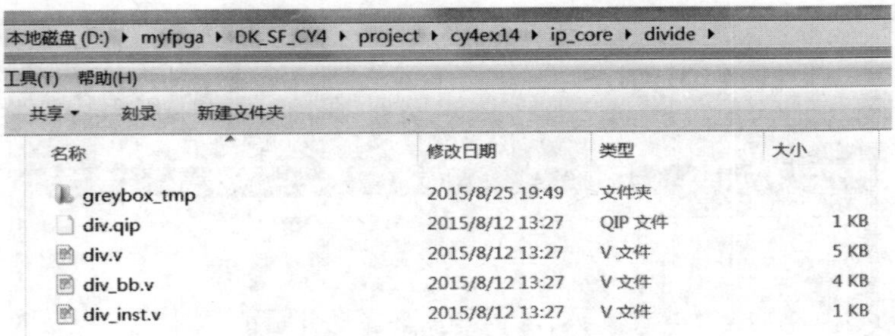

本地磁盘 (D:) ▶ myfpga ▶ DK_SF_CY4 ▶ project ▶ cy4ex14 ▶ ip_core ▶ divide ▶

工具(T)　帮助(H)

共享 ▼　　刻录　　新建文件夹

名称	修改日期	类型	大小
greybox_tmp	2015/8/25 19:49	文件夹	
div.qip	2015/8/12 13:27	QIP 文件	1 KB
div.v	2015/8/12 13:27	V 文件	5 KB
div_bb.v	2015/8/12 13:27	V 文件	4 KB
div_inst.v	2015/8/12 13:27	V 文件	1 KB

图 10.21　除法器 IP 核相关源文件

```
mul_inst.v    distance_compute.v    div_inst.v
1   div div_inst (
2       .clock ( clock_sig ),
3       .denom ( denom_sig ),
4       .numer ( numer_sig ),
5       .quotient ( quotient_sig ),
6       .remain ( remain_sig )
7       );
8
```

图 10.22　除法器 IP 核例化模板

```
34  //-----
35  //将16进制数据转换为10进制，由于我们已知有效的16bit数据的有效范围是0-4000mm
36  wire[15:0] thousand_quotint,thousand_fractional;    //千位除法运算结果与余数寄存器
37
38      //千位运算
39  div thousand_div (
40      .clock ( clk ),
41      .denom ( 16'd1000 ),
42      .numer ( mul_out[23:8] ),
43      .quotient ( thousand_quotint ),
44      .remain ( thousand_fractional )
45      );
46
47  wire[15:0] hundred_quotint,hundred_fractional;    //百位除法运算结果与余数寄存器
48
49      //百位运算
50  div hundred_div (
51      .clock ( clk ),
52      .denom ( 16'd100 ),
53      .numer ( thousand_fractional ),
54      .quotient ( hundred_quotint ),
55      .remain ( hundred_fractional )
56      );
57
58  wire[15:0] ten_quotint,ten_fractional;    //十位除法运算结果与余数寄存器
59
60      //十位运算
61  div ten_div (
62      .clock ( clk ),
63      .denom ( 16'd10 ),
64      .numer ( hundred_fractional ),
65      .quotient ( ten_quotint ),
66      .remain ( ten_fractional )
67      );
68
```

图 10.23　除法器 IP 核在代码中的例化

10.3.7　板级调试

连接好下载线,给 CY4 开发板供电。

打开 Quartus Ⅱ,进入下载界面,将本实例工程下的 cy4.sof 文件烧录到 FPGA 中在线运行。

此时,在超声波测距模块前面摆放平整的障碍物,可以看到数码管上的数据会发生变化。这里显示的数据以 mm 为单位,可以很直观地获得当前障碍物和超声波测距模块之间的距离。

10.4 倒车雷达实例

10.4.1 应用背景

如图 10.24 所示,倒车雷达的主要作用是在倒车时,利用超声波原理,由车尾保险杠上的探头发送超声波撞击障碍物后反射,从而计算出车体与障碍物之间的实际距离,再提示给驾驶者,使停车和倒车更容易、更安全。倒车雷达的提示方式可分为液晶、语言和声音三种;接收方式有无线传输和有线传输等。

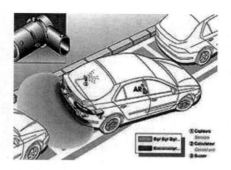

图 10.24 倒车雷达场景

10.4.2 功能简介

该实例涉及了 CY4 开发板上蜂鸣器和外接的超声波测距模块。该系统接口示意图如图 10.25 所示,FPGA 产生周期性的 trig 脉冲信号,使超声波模块周期性发出测距脉冲,当这些脉冲发出后遇到障碍物返回,超声波模块将返回的脉冲处理整形后返回给 FPGA,即 echo 信号。通过对 echo 信号的高脉冲保持时间就可以推算出超声波脉冲和障碍物之间的距离。对于不同的距离,随后就产生不同的蜂鸣器发声频率和保持时间。

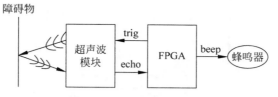

图 10.25 倒车雷达接口示意图

在本章前面几节已经探讨过超声波模块的内部工作机理,这里重新给出距离 s 和时钟周期数 t 之间的公式。s 为距离,单位为 cm。

25℃时,声音在空气中传播的速度为 346m/s。因此,取距离 s 的单位是米(m),时间 t 的单位是秒(s),有 $s = 346 \times t/2$。

若取距离 s 的单位是毫米(mm),时间 t 的单位是 10 微秒($10\mu s$),有 $s \times 0.001 = 346 \times t \times 0.000\,01/2$,即 $s = 1.73 \times t$。

为了便于计算,取 $s = ((1.73 \times 256) \times t)/256 = (443 \times t)/256$。

超声波测量到的距离和蜂鸣器发声频率、占空比关系如表 10.1 所示。

表 10.1　倒车雷达蜂鸣器发声与距离关系表

距离/cm	蜂鸣器发声
$s \leqslant 40$	频率 0.5Hz,占空比 100%
$40 < s \leqslant 75$	频率 0.5Hz,占空比 80%
$75 < s \leqslant 125$	频率 1Hz,占空比 40%
$125 < s \leqslant 200$	频率 2Hz,占空比 20%

　　本实例的系统功能框图如图 10.26 所示。在 10.3 节实例的基础上,增加了蜂鸣器发声驱动控制模块,该模块根据障碍物和超声波测距模块之间的实测距离,相应地驱动蜂鸣器发出不同频率的响声。

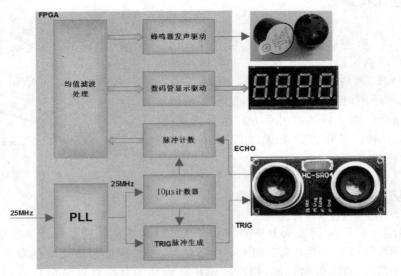

图 10.26　倒车雷达实例功能框图

　　该实例工程的代码模块的层次如图 10.27 所示。

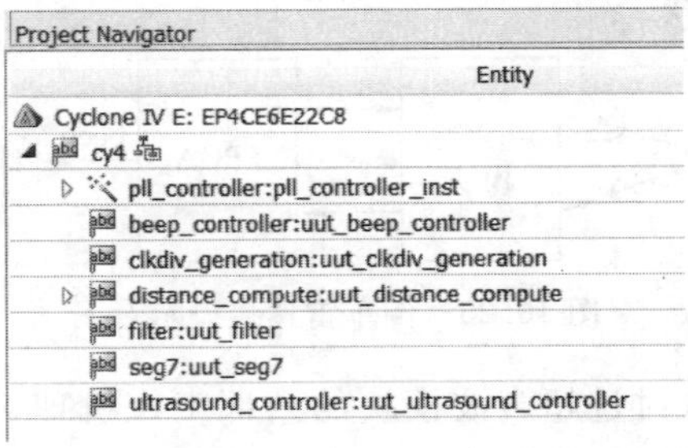

图 10.27　倒车雷达实例模块层次

10.4.3　代码解析

1. cy4.v 模块代码解析

　　在顶层模块 cy4.v 代码中,可以查看其 RTL Schematic,如图 10.28 所示。和 10.3 节的实例工程相比,本实例的区别仅仅是 seg7. v 模块被 beep_controller. v 模块替换了。beep_controller. v 模块的主要功能是实现超声波测距的距离结果控制相应的蜂鸣器发声频率。

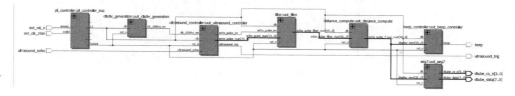

图 10.28 超声波测距实例模块互连接口

2. beep_controller. v 模块代码解析

该模块接口如下,输入超声波测距的距离结果 display_num[15:0],输出则为蜂鸣器控制信号 beep。

```
module beep_controller(
            input clk,                    //外部输入 25MHz 时钟信号
            input rst_n,                  //外部输入复位信号,低电平有效
//BCD 码格式的超声波测距模块捕获的距离信息(单位: mm)
            input[15:0] display_num,
            output reg beep               //蜂鸣器控制信号,1-- 响,0-- 不响
        );
```

以下逻辑实现蜂鸣器的 PWM 控制。

```
//---------------------------------------------------
//蜂鸣器频率与占空比控制
reg[25:0] bcnt; //2Hz 分频计数器,用于蜂鸣器频率生成
reg[25:0] bcyc; //计数周期寄存器
always @(posedge clk or negedge rst_n)
    if(!rst_n) bcnt <= 26'd0;
    else if(bcnt < bcyc) bcnt <= bcnt + 1'b1;
    else bcnt <= 26'd0;
always @(posedge clk or negedge rst_n)
    if(!rst_n) beep <= 1'b0;
    else if(display_num <= 16'h0400) begin              //距离 <= 400mm
        bcyc <= 26'd12_500000;                          //2Hz 周期
        beep <= 1'b1;                                    //蜂鸣器长响
    end
    else if((display_num > 16'h0400) && (display_num <= 16'h0750)) begin
                                                        //400mm < 距离 <= 750mm
        bcyc <= 26'd12_500000;                          //2Hz 周期
        if(bcnt < 10_00000) beep <= 1'b1;               //占空比 8 %
        else beep <= 1'b0;
    end
    else if((display_num > 16'h0750) && (display_num <= 16'h1250)) begin
                                                        //750mm < 距离 <= 1250mm
        bcyc <= 26'd25_000000;                          //1Hz 周期
        if(bcnt < 10_00000) beep <= 1'b1;               //占空比 16 %
        else beep <= 1'b0;
    end
```

```
        else if((display_num > 16'h1250) && (display_num <= 16'h2000)) begin
                                                //1250mm < 距离 <= 2000mm
            bcyc <= 26'd50_000000;             //0.5Hz 周期
            if(bcnt < 10_00000) beep <= 1'b1;  //占空比 32%
            else beep <= 1'b0;
        end
        else beep <= 1'b0;                     //距离 > 2000mm,蜂鸣器不响
    endmodule
```

10.4.4　板级调试

连接好下载线,给 CY4 开发板供电。打开 Quartus Ⅱ,进入下载界面,将本实例工程下的 cy4.sof 文件烧录到 FPGA 中在线运行。

此时在超声波测距模块前面摆放平整的障碍物,可以看到数码管上的数据会发生变化。这里显示的数据以 mm 为单位,大家可以很直观地获得当前障碍物和超声波测距模块之间的距离。此外,在超声波测距模块和障碍物距离不同的情况下,蜂鸣器会发出不同声调的声音,从设计角度看,应该是符合表 10.1 的规律。

10.5　基于 SRAM 批量读写的 UART bulk 测试实例

10.5.1　功能概述

该实例的功能框图如图 10.29 所示。将 SRAM 分为 128 组(高 7bit 地址),每组 256 个数据(低 8bit 地址);上电初始对 SRAM 所有地址写入以其地址为首字节数据的递增数据;写入完成点亮 LED[0]进行指示;等待 UART 接收到一个字节数据(有效数据为 0~127),以此数据作为地址,读出该组 256 字节数据到 FIFO 中缓存,然后依次通过 UART 发送出去。

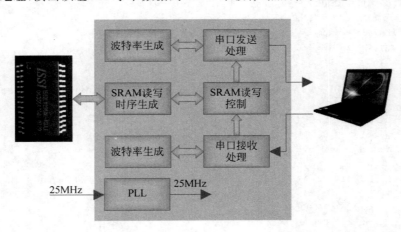

图 10.29　SRAM 读写实例功能框图

该实例工程的代码模块层次如图 10.30 所示。

图 10.30 SRAM 读写实例模块层次

10.5.2 代码解析

1. cy4.v 模块代码解析

在顶层模块 cy4.v 代码中,可以查看其 RTL Schematic,如图 10.31 所示。其中 my_uart_rx.v 模块主要完成数据的接收;speed_setting.v(speed_rx)模块主要响应 my_uart_rx.v 模块发出的使能信号进行波特率控制,并且回送一个数据采样使能信号;my_uart_tx.v 模块在 my_uart_rx.v 模块接收到一个数据后启动运行,它将接收到的数据作为 SRAM 地址,读取 SRAM 对应地址的 256 个字节数据,然后通过 UART 发送数据返回给计算机端,它的波特率控制信号由 speed_setting.v(speed_tx)模块产生;sram_controller.v 模块产生 SRAM 的基本读写时序,直接控制 SRAM 的芯片接口;test_timing.v 模块上电后产生 SRAM 遍历读写的控制信号、地址和数据,在接收到 UART 的读地址后,读取 SRAM 对应地址组的 256 个数据。

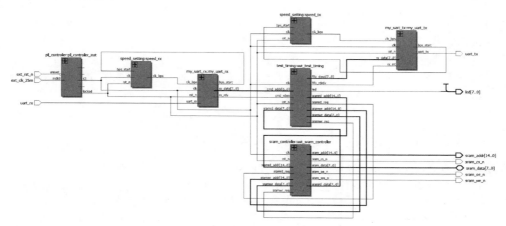

图 10.31 SRAM 读写实例模块互连接口

cy4.v 模块的接口如下所示,uart_tx/uart_rx 为 UART 的收发信号,led[7:0]为 LED 指示灯接口,而 sram_* 信号均为 FPGA 与 SRAM 芯片的接口信号。

```
module cy4(
        input ext_clk_25m,          //外部输入 25MHz 时钟信号
```

```
            input ext_rst_n,              //外部输入复位信号,低电平有效
            input uart_rx,                //UART 接收数据信号
            output uart_tx,               //UART 发送数据信号
            output[7:0] led,              //LED 指示灯,LED[0]点亮表示 SRAM 遍历写入完成
            output sram_cs_n,             //SRAM 片选信号,低电平有效
            output sram_we_n,             //SRAM 写选通信号,低电平有效
            output sram_oe_n,             //SRAM 输出选通信号,低电平有效
            output[14:0] sram_addr,       //SRAM 地址总线
            inout[7:0] sram_data          //SRAM 数据总线
        );
```

本实例只使用 led[0]做状态指示,所以 led[7:1]指示灯都拉高,不点亮。

```
assign led[7:1] = 7'b111_1111; //关闭 LED7 - 1
```

PLL IP 核例化如下。

```
//-------------------------------------
//PLL 例化
wire clk_12m5;        //PLL 输出 12.5MHz 时钟
wire clk_25m;         //PLL 输出 25MHz 时钟
wire clk_50m;         //PLL 输出 50MHz 时钟
wire clk_100m;        //PLL 输出 100MHz 时钟
wire sys_rst_n;       //PLL 输出的 locked 信号,作为 FPGA 内部的复位信号,低电平复位,高电平正
                      //常工作
pll_controller   pll_controller_inst (
    .areset ( !ext_rst_n ),
    .inclk0 ( ext_clk_25m ),
    .c0 ( clk_12m5 ),
    .c1 ( clk_25m ),
    .c2 ( clk_50m ),
    .c3 ( clk_100m ),
    .locked ( sys_rst_n )
    );
```

SRAM 读写控制逻辑由 test_timing.v 模块产生。

```
//-------------------------------------
//每秒钟定时 SRAM 读和写时序产生模块
wire cmd_rden;            //UART 发送的 SRAM 读请求信号,高电平有效
wire[7:0] cmd_addr;       //UART 发送的 SRAM 读地址
wire sramwr_req;          //SRAM 写请求信号,高电平有效,用于状态机控制
wire sramrd_req;          //SRAM 读请求信号,高电平有效,用于状态机控制
wire[7:0] sramwr_data;    //SRAM 写入数据寄存器
wire[7:0] sramrd_data;    //SRAM 读出数据寄存器
wire[14:0] sramwr_addr;   //SRAM 写入地址寄存器
wire[14:0] sramrd_addr;   //SRAM 读出地址寄存器
wire fifo_rdrdy;          //FIFO 读出数据有效信号
wire[7:0] fifo_dout;      //FIFO 读出数据
```

```
    test_timing         uut_test_timing(
                            .clk(clk_50m),          //时钟信号
                            .rst_n(sys_rst_n),      //复位信号,低电平有效
//UART 发送的 SRAM 读请求信号,高电平有效
                            .cmd_rden(cmd_rden),
                            .cmd_addr(cmd_addr[6:0]),        //UART 发送的 SRAM 读地址
                            .fifo_rdrdy(fifo_rdrdy),         //FIFO 读出数据有效信号
                            .fifo_dout(fifo_dout),           //FIFO 读出数据
//LED 指示灯,点亮表示读写 SRAM 同一个地址正确,熄灭表示读写 SRAM 同一个地址失败
                            .led(led[0]),
// SRAM 写请求信号,高电平有效,用于状态机控制
                            .sramwr_req(sramwr_req),
// SRAM 读请求信号,高电平有效,用于状态机控制
                            .sramrd_req(sramrd_req),
                            .sramwr_data(sramwr_data),       //SRAM 写入数据寄存器
                            .sramrd_data(sramrd_data),       //SRAM 读出数据寄存器
                            .sramwr_addr(sramwr_addr),       //SRAM 写入地址寄存器
                            .sramrd_addr(sramrd_addr)        //SRAM 读出地址寄存器
                        );
```

SRAM 读写时序逻辑由 sram_controller.v 模块实现

```
//------------------------------------------
//SRAM 的基本读写时序模块
sram_controller     uut_sram_controller(
                            .clk(clk_50m),                   //时钟信号
                            .rst_n(sys_rst_n),               //复位信号,低电平有效
// SRAM 写请求信号,高电平有效,用于状态机控制
                            .sramwr_req(sramwr_req),
// SRAM 读请求信号,高电平有效,用于状态机控制
                            .sramrd_req(sramrd_req),
                            .sramwr_data(sramwr_data),       //SRAM 写入数据寄存器
                            .sramrd_data(sramrd_data),       //SRAM 读出数据寄存器
                            .sramwr_addr(sramwr_addr),       //SRAM 写入地址寄存器
                            .sramrd_addr(sramrd_addr),       //SRAM 读出地址寄存器
                            .sram_cs_n(sram_cs_n),           //SRAM 片选信号,低电平有效
                            .sram_we_n(sram_we_n),           //SRAM 写选通信号,低电平有效
                            .sram_oe_n(sram_oe_n),           //SRAM 输出选通信号,低电平有效
                            .sram_addr(sram_addr),           //SRAM 地址总线
                            .sram_data(sram_data)            //SRAM 数据总线
                        );
```

下面 4 个模块实现 UART 收发控制。

```
//------------------------------------------
//下面的四个模块中,speed_rx 和 speed_tx 是两个完全独立的硬件模块,可称之为逻辑复制
//(不是资源共享,和软件中的同一个子程序调用不能混为一谈)
wire bps_start1,bps_start2;      //接收到数据后,波特率时钟启动信号置位
```

```
wire clk_bps1,clk_bps2;              //clk_bps_r 高电平为接收数据位的中间采样点,同时也作为发
                                     //送数据的数据改变点
wire[7:0] rx_data;                   //接收数据寄存器,保存直至下一个数据来到
wire rx_int;                         //接收数据中断信号,接收到数据期间始终为高电平
    //UART 接收信号波特率设置
speed_setting     speed_rx(
                          .clk(clk_50m),      //波特率选择模块
                          .rst_n(sys_rst_n),
                          .bps_start(bps_start1),
                          .clk_bps(clk_bps1)
                          );
    //UART 接收数据处理
my_uart_rx        my_uart_rx(
                          .clk(clk_50m),      //接收数据模块
                          .rst_n(sys_rst_n),
                          .uart_rx(uart_rx),
                          .rx_data(cmd_addr),
                          .rx_rdy(cmd_rden),
                          .clk_bps(clk_bps1),
                          .bps_start(bps_start1)
                          );
//--------------------------------------
    //UART 发送信号波特率设置
speed_setting     speed_tx(
                          .clk(clk_50m),      //波特率选择模块
                          .rst_n(sys_rst_n),
                          .bps_start(bps_start2),
                          .clk_bps(clk_bps2)
                          );
    //UART 发送数据处理
my_uart_tx        my_uart_tx(
                          .clk(clk_50m),      //发送数据模块
                          .rst_n(sys_rst_n),
                          .rx_data(fifo_dout),
                          .rx_int(fifo_rdrdy),
                          .uart_tx(uart_tx),
                          .clk_bps(clk_bps2),
                          .bps_start(bps_start2)
                          );
endmodule
```

2. test_timing.v 模块代码解析

该模块在上电后首先遍历对 SRAM 的所有地址执行一次写入操作,然后等待 UART 接收到一个字节数据(对应使能信号 cma_rden 和数据 cmd_addr[7:0])时,触发一次 SRAM 的连续 256 字节数据读取操作。

```
module test_timing(
          input clk,                          //时钟信号
```

```
                input rst_n,                    //复位信号,低电平有效
                input cmd_rden,                 //UART 发送的 SRAM 读请求信号,高电平有效
                input[6:0] cmd_addr,            //UART 发送的 SRAM 读地址
                output reg fifo_rdrdy,          //FIFO 读出数据有效信号
                output[7:0] fifo_dout,          //FIFO 读出数据
                output reg led,                 //LED 指示灯,点亮表示 SRAM 遍历写入完成
                output sramwr_req,              //SRAM 写请求信号,高电平有效,用于状态机控制
                output sramrd_req,              //SRAM 读请求信号,高电平有效,用于状态机控制
                output reg[7:0] sramwr_data,    //SRAM 写入数据寄存器
                input[7:0] sramrd_data,         //SRAM 读出数据寄存器
                output reg[14:0] sramwr_addr,   //SRAM 写入地址寄存器
                output reg[14:0] sramrd_addr    //SRAM 读出地址寄存器
            );
```

上电后定时持续地对 SRAM 执行写入操作,直到所有地址遍历一次。

```
//-------------------------------------
//上电后,对 SRAM 所有地址进行一次遍历写数据
//-------------------------------------
//写 SRAM 数据定时计数器
reg[13:0] rcnt;                                 //定时计数器,不断计数,用于产生定时信号
always @ (posedge clk or negedge rst_n)
    if(!rst_n) rcnt <= 14'd0;
    else if(led) rcnt <= rcnt + 1'b1;
assign sramwr_req = (rcnt[5:0] == 6'd10); //产生写请求信号
//-------------------------------------
//定时 SRAM 写入数据寄存器
always @ (posedge clk or negedge rst_n)
    if(!rst_n) sramwr_data <= 8'd0;
    else sramwr_data <= rcnt[13:6] + {1'b0,sramwr_addr[14:8]};
//-------------------------------------
//定时 SRAM 写地址寄存器
always @ (posedge clk or negedge rst_n)         //写入和读出地址每 1s 自增 1
    if(!rst_n) sramwr_addr <= 15'd0;
    else if(rcnt == 14'h3fff) sramwr_addr[14:8] <= sramwr_addr[14:8] + 1'b1;
    else sramwr_addr[7:0] <= rcnt[13:6];
```

SRAM 写入完毕,拉低 LED 信号,指示灯亮。

```
//-------------------------------------
//写 SRAM 数据完成,点亮 LED
always @ (posedge clk or negedge rst_n)
    if(!rst_n) led <= 1'b1;
    else if((rcnt == 14'h3ffe) && (sramwr_addr[14:8] == 7'h7f)) led <= 1'b0;
```

当接收到一个字节的 UART 数据后,将该字节数据作为 SRAM 的高 7 位地址,连续读出该地址随后 256 个地址对应的 256 个字节数据,以下逻辑产生相应的读 SRAM 请求控制逻辑。

```verilog
//------------------------------------
//UART 发送的一个字节数据作为 SRAM 地址(位 14~8),将这个地址对应的 256 个数据读出
//------------------------------------
//读 SRAM 数据定时计数器
reg[13:0] wcnt;                                        //定时计数器,不断计数,用于产生定时信号
always @ (posedge clk or negedge rst_n)
    if(!rst_n) wcnt <= 14'h3fff;
    else if(cmd_rden) wcnt <= 14'd0;                   //清零后,重新开始计数
    else if(wcnt < 14'h3fff) wcnt <= wcnt + 1'b1;
//------------------------------------
//定时 SRAM 读地址寄存器
always @ (posedge clk or negedge rst_n)
    if(!rst_n) sramrd_addr <= 15'd0;
    else if(cmd_rden) sramrd_addr[14:8] <= cmd_addr;   //锁存高 7bit 地址
    else sramrd_addr[7:0] <= wcnt[13:6];
assign sramrd_req = (wcnt[5:0] == 6'd10);              //产生读请求信号
wire cmd_rdrdy = (wcnt[5:0] == 6'd30);                 //SRAM 读出的数据有效标志信号
```

将读出的 SRAM 数据缓存到 FIFO 中,供 UART 发送到计算机端。

```verilog
//------------------------------------
//SRAM 读出数据缓存到 FIFO 中
//------------------------------------
reg fifo_rden;          //FIFO 读使能信号
wire fifo_empty;        //FIFO 空指示信号
reg[17:0] fcnt;         //5ms 定时
always @ (posedge clk or negedge rst_n)
    if(!rst_n) fcnt <= 18'd0;
    else fcnt <= fcnt + 1'b1;
    //FIFO 不空的情况下,FIFO 定时读请求信号产生
always @ (posedge clk or negedge rst_n)
    if(!rst_n) fifo_rden <= 1'b0;
    else if((fcnt == 18'd1) && !fifo_empty) fifo_rden <= 1'b1;
    else fifo_rden <= 1'b0;
always @ (posedge clk or negedge rst_n)
    if(!rst_n) fifo_rdrdy <= 1'b0;
    else fifo_rdrdy <= fifo_rden;
    //FIFO 例化
fifo_controller   fifo_controller_inst (
    .aclr ( !rst_n ),
    .clock ( clk ),
    .data ( sramrd_data ),
    .rdreq ( fifo_rden ),
    .wrreq ( cmd_rdrdy ),
    .empty ( fifo_empty ),
    .full ( ),
    .q ( fifo_dout )
    );
endmodule
```

3. sram_controller.v 模块代码解析

该模块实现 SRAM 基本接口时序的产生,模块接口如下。

```verilog
module sram_controller(
        input clk,                      //时钟信号
        input rst_n,                    //复位信号,低电平有效
        //FPGA 内部对 SRAM 的读写控制信号
        input sramwr_req,               //SRAM 写请求信号,高电平有效,用于状态机控制
        input sramrd_req,               //SRAM 读请求信号,高电平有效,用于状态机控制
        input[7:0] sramwr_data,         //SRAM 写入数据寄存器
        output reg[7:0] sramrd_data,    //SRAM 读出数据寄存器
        input[14:0] sramwr_addr,        //SRAM 写入地址寄存器
        input[14:0] sramrd_addr,        //SRAM 读出地址寄存器
        //FPGA 与 SRAM 芯片的接口信号
        output reg sram_cs_n,           //SRAM 片选信号,低电平有效
        output reg sram_we_n,           //SRAM 写选通信号,低电平有效
        output reg sram_oe_n,           //SRAM 输出选通信号,低电平有效
        output reg [14:0] sram_addr,    //SRAM 地址总线
        inout[7:0] sram_data            //SRAM 数据总线
        );
```

读写 SRAM 的状态机和寄存器定义如下。

```verilog
//-------------------------------------
//状态机控制 SRAM 的读或写操作
parameter   IDLE  = 4'd0,
            WRT0  = 4'd1,
            WRT1  = 4'd2,
            REA0  = 4'd3,
            REA1  = 4'd4;
reg[3:0] cstate,nstate;
```

SRAM 读写时钟周期延时计数器 cnt 控制如下。

```verilog
`define  DELAY_00NS    (cnt == 3'd0)    //用于产生 SRAM 读写时序所需要的 0ns 延时
`define  DELAY_20NS    (cnt == 3'd1)    //用于产生 SRAM 读写时序所需要的 20ns 延时
`define  DELAY_40NS    (cnt == 3'd2)    //用于产生 SRAM 读写时序所需要的 40ns 延时
`define  DELAY_60NS    (cnt == 3'd3)    //用于产生 SRAM 读写时序所需要的 60ns 延时
reg[2:0] cnt; //延时计数器
always @ (posedge clk or negedge rst_n)
    if(!rst_n) cnt <= 3'd0;
    else if(cstate == IDLE) cnt <= 3'd0;
    else cnt <= cnt + 1'b1;
```

SRAM 读写时序通过一个简单的状态机实现。

```verilog
//-------------------------------------
//SRAM 读写状态机
always @ (posedge clk or negedge rst_n)            //时序逻辑控制状态变迁
```

```
        if(!rst_n) cstate <= IDLE;
        else cstate <= nstate;
always @ (cstate or sramwr_req or sramrd_req or cnt) begin //组合逻辑控制不同状态的转换
    case (cstate)
        IDLE: if(sramwr_req) nstate <= WRT0;                //进入写状态
              else if(sramrd_req) nstate <= REA0;           //进入读状态
              else nstate <= IDLE;
        WRT0: if('DELAY_60NS) nstate <= WRT1;
              else nstate <= WRT0;
        WRT1: nstate <= IDLE;
        REA0: if('DELAY_60NS) nstate <= REA1;
              else nstate <= REA0;
        REA1: nstate <= IDLE;
        default: nstate <= IDLE;
    endcase
end
```

在写或读状态下,给 SRAM 的地址总线赋值。

```
//---------------------------------------
//地址赋值
always @ (posedge clk or negedge rst_n)
    if(!rst_n) sram_addr <= 15'd0;
    else if(cstate == WRT0) sram_addr <= sramwr_addr;  //写 SRAM 地址
    else if(cstate == WRT1) sram_addr <= 15'd0;
    else if(cstate == REA0) sram_addr <= sramrd_addr;  //读 SRAM 地址
    else if(cstate == REA1) sram_addr <= 15'd0;
```

在 SRAM 的读或写状态下,对 SRAM 的数据总线进行相应控制。

```
//---------------------------------------
//SRAM 读写数据的控制
reg sdlink;                                //SRAM 数据总线方向控制信号,1 为输出,0 为输入
always @ (posedge clk or negedge rst_n)    //在状态 REA1 时执行 SRAM 读数据操作
    if(!rst_n) sramrd_data <= 8'd0;
    else if((cstate == REA0) && 'DELAY_60NS) sramrd_data <= sram_data;
always @ (posedge clk or negedge rst_n)    //控制不同状态下 SRAM 数据总线的方向,SRAM 只有在
                                           //执行写操作时为输出,其他时候均为输入
    if(!rst_n) sdlink <= 1'b0;
    else if(cstate == WRT0) sdlink <= 1'b1;
    else if(cstate == WRT1) sdlink <= 1'b0;
assign sram_data = sdlink ? sramwr_data : 8'hzz;
```

SRAM 片选、读选通和写选通信号的控制逻辑如下,都与 SRAM 的状态直接关联。

```
//---------------------------------------
//SRAM 片选、读选通和写选通信号的控制
    //SRAM 片选信号产生
always @ (posedge clk or negedge rst_n)
```

```
            if(!rst_n) sram_cs_n <= 1'b1;
            else if(cstate == WRT0) begin
                if('DELAY_00NS) sram_cs_n <= 1'b1;
                else sram_cs_n <= 1'b0;
            end
            else if(cstate == REA0) sram_cs_n <= 1'b0;
            else sram_cs_n <= 1'b1;
            //SRAM 读选通信号产生
    always @ (posedge clk or negedge rst_n)
            if(!rst_n) sram_oe_n <= 1'b1;
            else if(cstate == REA0) sram_oe_n <= 1'b0;
            else sram_oe_n <= 1'b1;
            //SRAM 写选通信号产生
    always @ (posedge clk or negedge rst_n)
            if(!rst_n) sram_we_n <= 1'b1;
            else if(cstate == WRT0) begin
                if('DELAY_20NS) sram_we_n <= 1'b0;
                else if('DELAY_60NS) sram_we_n <= 1'b1;
            end
    endmodule
```

10.5.3 板级调试

连接好下载线,给 CY4 开发板供电(供电的同时也连接好了 UART)。

打开 Quartus Ⅱ,进入下载界面,将本实例工程下的 cy4.sof 文件烧录到 FPGA 中在线运行。当看到 D2 指示灯亮起来的时候,说明 FPGA 已经完成了对 SRAM 所有地址的写数据初始化操作。接着可以使用串口调试助手读取 SRAM 数据了。

如图 10.32 所示,打开串口调试器,选择串口为 COM13(前面在硬件管理器中新识别到的 COM 口,读者应以自己计算机识别到的 COM 口为准),设置波特率为 9600,数据位为 8,校验位为 None,停止位为 1。

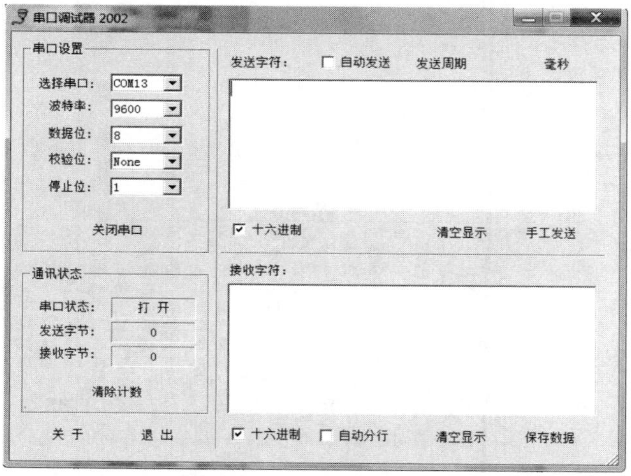

图 10.32 串口调试器基本设置

　　单击"打开串口"按钮后,其显示字符就变成了"关闭串口",如图 10.33 所示,输入需要发送的数据"00",然后单击"手工发送"按钮,可以看到从十六进制 00 开始递增的一串数据(一共 256 个)出现在了"接收字符"中。

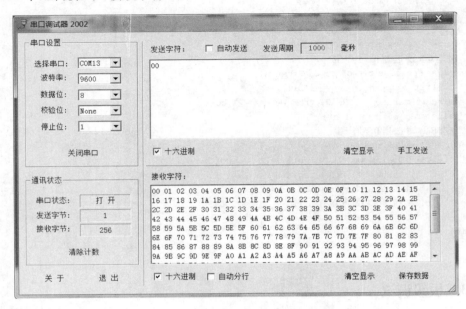

图 10.33　地址 0x00 对应的 256 字节返回数据

　　如图 10.34 所示,若发送十六进制数据 55,则收到的数据是以十六进制 55 开始递增的数据。SRAM 地址组写入数据的规则:从和地址一样的数据开始递增的一组数据。大家可以再试试别的地址(地址有效范围是十六进制数 00~7F),看看是否都是符合这个规则。

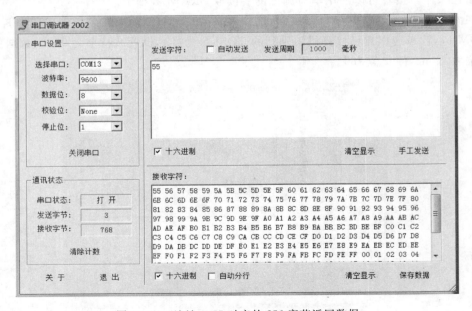

图 10.34　地址 0x55 对应的 256 字节返回数据

10.6　基于数码管显示的 RTC 读取实例

10.6.1　RTC 芯片解析

本实例使用的 RTC 实时时钟芯片型号为 PCF8563,是 PHILIPS 公司推出的一款工业级内含 IIC 总线接口功能的具有极低功耗的多功能时钟/日历芯片。PCF8563 具有多种报警功能、定时器功能、时钟输出功能以及中断输出功能,能完成各种复杂的定时服务,甚至可为单片机提供看门狗功能。PCF8563 的内部时钟电路、内部振荡电路、内部低电压检测电路(1.0V)以及两线制 IIC 总线通信方式,不但使外围电路极其简洁,而且也增加了芯片的可靠性。同时,每次读写数据后内嵌的字地址寄存器会自动产生增量,因而 PCF8563 是一款性价比极高的时钟芯片,已广泛用于电表、水表、气表、电话、传真机、便携式仪器以及电池供电的仪器仪表等产品领域。该芯片主要特性如下。

- 宽电压范围 1.0~5.5V,复位电压标准值 Vlow=0.9V。
- 超低功耗典型值为 0.25,AVDD=3.0V,Tamb=25℃。
- 可编程时钟输出频率为 32.768kHz/1024Hz/32Hz/1Hz。
- 四种报警功能和定时器功能。
- 内含复位电路振荡器电容和掉电检测电路。
- 开漏中断输出。
- 400kHz 的 IIC 总线(VDD=1.8~5.5V)。

PCF8563 的引脚排列及描述如表 10.2 所示。

表 10.2　PCF8563 芯片引脚描述

符　号	引脚号	描　述
OSCI	1	振荡器输入
OSCO	2	振荡器输出
INT	3	中断输出(开漏;低电平有效)
VSS	4	地
SDA	5	串行数据 I/O
SCL	6	串行时钟输入
CLKOUT	7	时钟输出(开漏)
VDD	8	正电源

PCF8563 有 16 个位寄存器:一个可自动增量的地址寄存器,一个内置 32.768kHz 的振荡器(带有一个内部集成的电容),一个分频器用于给实时时钟 RTC 提供源时钟,一个可编程时钟输出,一个定时器,一个报警器,一个掉电检测器和一个 400kHz 的 IIC 总线接口。

所有 16 个寄存器设计成可寻址的 8 位并行寄存器,但不是所有位都有用。前两个寄存器(内存地址 0x00 和 0x01)用于控制寄存器和状态寄存器,内存地址 0x02~0x08 用于时钟计数器(秒~年计数器),地址 0x09~0x0c 用于报警寄存器(定义报警条件),地址 0d 控制 CLKOUT 引脚的输出频率,地址 0x0e 和 0x0f 分别用于定时器控制寄存器和定时器寄存器。秒、分钟、小时、日、月、年、分钟报警、小时报警、日报警寄存器的编码格式为 BCD,星期和星期报警寄存器不以 BCD 格式编码。

当一个 RTC 寄存器被读时,所有计数器的内容被锁存。因此,在传送条件下,可以禁止对时钟日历芯片地错读。

下面简单来看看如何使用这个芯片初始设置或读出年、月、日、时、分、秒等信息。

我们只能够使用 IIC 接口来读写这个芯片的各个寄存器,IIC 接口有一定的协议,需要按照协议规定起始位、器件地址、读写寄存器地址、读写数据、停止位等,这个内容在 10.6.3 节的设计中详细探讨。先抛开 IIC 具体读写控制时序,从宏观角度来把该读写哪些寄存器弄清楚。

正常来说,一个芯片的使用,无外乎设置一下控制寄存器,然后读写相关数据,必要的话产生一个中断,此时可能回去看看状态寄存器。不过,这颗 RTC 更简单,地址 0x00 和 0x01 的控制寄存器 1 和 2 默认状态即可,只需要读写时间便可,其他如报警、中断等功能留待大家有兴趣自己琢磨。

地址 0x02~0x08 寄存器的内容是秒、分、时、日、星期、月、年信息,只要操作它们便可以了。假设现在就是要把这些基本的时间信息读出来,然后以大家都能看得懂的十进制显示出来,那么如何操作? 按照以下步骤操作,至于原理,大家对照各个寄存器的定义想一下也就能够领会了。

(1) 读地址 0x02 的秒寄存器数据 second,显示时,十位数据为((second&0x70)>>4),个位的数据为(second&0x0f)。

(2) 读地址 0x03 的分钟寄存器数据 minute,显示时,十位数据为((minute&0x70)>>4),个位的数据为(minute&0x0f)。

(3) 读地址 0x04 的小时寄存器数据 hour,显示时,十位数据为((hour&0x30)>>4),个位的数据为(hour&0x0f)。

(4) 读地址 0x05 的日寄存器数据 day,显示时,十位数据为((day&0x30)>>4),个位的数据为(day&0x0f)。

(5) 读地址 0x06 的星期寄存器数据 week,显示时,数据为(week&0x07)。

(6) 读地址 0x07 的月份寄存器数据 month,显示时,十位数据为((month&0x10)>>4),个位的数据为(month&0x0f)。

(7) 读地址 0x08 的年寄存器数据 year,显示时,十位数据为((year&0xf0)>>4),个位的数据为(year&0x0f)。

以上这些寄存器值,如果希望重设,直接写数据即可,这样便可以调整当前的时间和实际时间同步。因为芯片是由 3V 纽扣电池供电的,所以即使电路板下电后,芯片内部的时间计数单元还是正常工作运转的。

10.6.2 功能简介

如图 10.35 所示,本实例通过 IIC 接口定时读取 RTC 中的分、秒寄存器,将分、秒数据分别显示在数码管的高两位和低两位。

本实例工程的代码模块层次如图 10.36 所示。

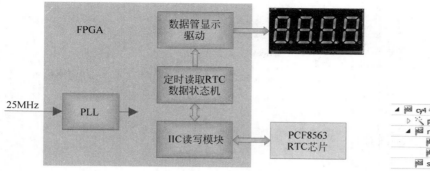

图 10.35 RTC 实例功能框图

图 10.36 RTC 实例模块层次

10.6.3 代码解析

1. cy4.v 模块代码解析

在顶层模块 cy4.v 代码中,可以查看其 RTL Schematic,如图 10.37 所示。在 rtc_top.v 模块内包含了两个未示意的模块 rtc_controller.v 模块和 iic_controller.v 模块。rtc_controller.v 模块产生 RTC 寄存器的读写控制,将读写信号连接到 iic_controller.v 模块,实现底层的读写;iic_controller.v 模块产生 IIC 读写的时序;rtc_top.v 模块衔接 iic_controller.v 模块和 rtc_controller.v 模块;seg7.v 模块产生数码管显示驱动。

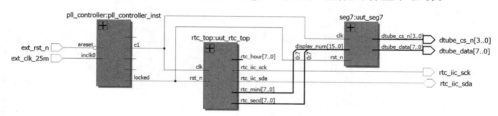

图 10.37 RTC 实例模块互连接口

cy4.v 模块的接口如下,dtube_* 信号连接数码管控制;rtc_iic_* 为 RTC 芯片的 IIC 总线读写控制信号。

```
module cy4(
        input ext_clk_25m,              //外部输入 25MHz 时钟信号
        input ext_rst_n,                //外部输入复位信号,低电平有效
        output[3:0] dtube_cs_n,         //7 段数码管位选信号
        output[7:0] dtube_data,         //7 段数码管段选信号(包括小数点为 8 段)
        output rtc_iic_sck,             //RTC 芯片的 IIC 时钟信号
        inout rtc_iic_sda               //RTC 芯片的 IIC 数据信号
        );
```

PLL IP 核模块例化如下。

```
//----------------------------------------
//PLL 例化
```

```
wire clk_12m5;      //PLL 输出 12.5MHz 时钟
wire clk_25m;       //PLL 输出 25MHz 时钟
wire clk_50m;       //PLL 输出 50MHz 时钟
wire clk_100m;      //PLL 输出 100MHz 时钟
wire sys_rst_n;     //PLL 输出的 locked 信号,作为 FPGA 内部的复位信号,低电平复位,高电平正常
                    //工作
pll_controller  pll_controller_inst (
    .areset ( !ext_rst_n ),
    .inclk0 ( ext_clk_25m ),
    .c0 ( clk_12m5 ),
    .c1 ( clk_25m ),
    .c2 ( clk_50m ),
    .c3 ( clk_100m ),
    .locked ( sys_rst_n )
    );
```

RTC 芯片的时、分、秒信息定时读取控制模块例化如下。

```
// ---------------------------------------
//RTC 芯片读取时、分、秒信息
wire[7:0] rtc_hour;      //RTC 芯片读出的时数据,BCD 格式
wire[7:0] rtc_mini;      //RTC 芯片读出的分数据,BCD 格式
wire[7:0] rtc_secd;      //RTC 芯片读出的秒数据,BCD 格式
rtc_top   uut_rtc_top (
            .clk(clk_25m),
            .rst_n(sys_rst_n),
            .rtc_iic_sck(rtc_iic_sck),
            .rtc_iic_sda(rtc_iic_sda),
            .rtc_hour(rtc_hour),
            .rtc_mini(rtc_mini),
            .rtc_secd(rtc_secd)
          );
```

数码管显示模块如下。

```
// ---------------------------------------
//4 位数码管显示驱动
seg7     uut_seg7(
            .clk(clk_25m),                      //时钟信号
            .rst_n(sys_rst_n),                  //复位信号,低电平有效
            .display_num({rtc_mini,rtc_secd}),  //LED 指示灯接口
            .dtube_cs_n(dtube_cs_n),            //7 段数码管位选信号
            .dtube_data(dtube_data)             //7 段数码管段选信号(包括小数点为 8 段)
        );
endmodule
```

2. rtc_top.v 模块代码解析

该模块例化了 rtc_controller.v 模块以及 iic_controller.v 模块。

```
module rtc_top(
        input clk,                  //时钟
        input rst_n,                //低电平复位信号
        output rtc_iic_sck,         //RTC 芯片的 IIC 时钟信号
        inout rtc_iic_sda,          //RTC 芯片的 IIC 数据信号
        output[7:0] rtc_hour,       //RTC 芯片读出的时数据,BCD 格式
        output[7:0] rtc_mini,       //RTC 芯片读出的分数据,BCD 格式
        output[7:0] rtc_secd        //RTC 芯片读出的秒数据,BCD 格式
        );
//--------------------------------------------------------
//每隔 10ms 定时读取 RTC 芯片中的时、分、秒数据
wire iicwr_req;                     //IIC 写请求信号,高电平有效
wire iicrd_req;                     //IIC 读请求信号,高电平有效
wire[7:0] iic_addr;                 //IIC 读写地址寄存器
wire[7:0] iic_wrdb;                 //IIC 写入数据寄存器
wire[7:0] iic_rddb;                 //IIC 读出数据寄存器
wire iic_ack;                       //IIC 读写完成响应,高电平有效
rtc_controller      uut_rtc_controller(
                        .clk(clk),
                        .rst_n(rst_n),
                        .iicwr_req(iicwr_req),
                        .iicrd_req(iicrd_req),
                        .iic_addr(iic_addr),
                        .iic_wrdb(iic_wrdb),
                        .iic_rddb(iic_rddb),
                        .iic_ack(iic_ack),
                        .rtc_hour(rtc_hour),        //RTC 芯片读出的时数据,BCD 格式
                        .rtc_mini(rtc_mini),        //RTC 芯片读出的分数据,BCD 格式
                        .rtc_secd(rtc_secd)         //RTC 芯片读出的秒数据,BCD 格式
                        );
//--------------------------------------------------------
//IIC 读写时序控制逻辑
iic_controller      uut_iic_controller (
                        .clk(clk),
                        .rst_n(rst_n),
                        .iicwr_req(iicwr_req),
                        .iicrd_req(iicrd_req),
                        .iic_addr(iic_addr),
                        .iic_wrdb(iic_wrdb),
                        .iic_rddb(iic_rddb),
                        .iic_ack(iic_ack),
                        .scl(rtc_iic_sck),
                        .sda(rtc_iic_sda)
                        );
endmodule
```

3. rtc_controller. v 模块代码解析

该模块每隔 10ms 定时,控制 iic_controller. v 模块发起一次 RTC 芯片的时、分、秒信息读取控制。

```
module rtc_controller(
        input clk,                      //时钟
        input rst_n,                    //低电平复位信号
        output reg iicwr_req,           //IIC 写请求信号,高电平有效
        output reg iicrd_req,           //IIC 读请求信号,高电平有效
        output reg[7:0] iic_addr,       //IIC 读写地址寄存器
        output reg[7:0] iic_wrdb,       //IIC 写入数据寄存器
        input[7:0] iic_rddb,            //IIC 读出数据寄存器
        input iic_ack,                  //IIC 读写完成响应,高电平有效
        output reg[7:0] rtc_hour,       //RTC 芯片读出的时数据,BCD 格式
        output reg[7:0] rtc_mini,       //RTC 芯片读出的分数据,BCD 格式
        output reg[7:0] rtc_secd        //RTC 芯片读出的秒数据,BCD 格式
    );
```

10ms 定时计数器逻辑如下。产生 3 次不同的高电平标志位信号,用于分别控制 IIC 读取不同寄存器下的时、分、秒数据。

```
//-----------------------------------------------------
//10ms 定时器
reg[17:0] cnt;
always @(posedge clk or negedge rst_n)
    if(!rst_n) cnt <= 18'd0;
    else if(cnt < 18'd249_999) cnt <= cnt + 1'b1;
    else cnt <= 18'd0;
//10ms 定时标志位,高电平有效一个时钟周期
wire timer1_10ms = (cnt == 18'd49_999);
//10ms 定时标志位,高电平有效一个时钟周期
wire timer2_10ms = (cnt == 18'd149_999);
//10ms 定时标志位,高电平有效一个时钟周期
wire timer3_10ms = (cnt == 18'd249_999);
```

用状态机分别产生读取时、分、秒寄存器的控制逻辑。

```
//-----------------------------------------------------
//读取 RTC 寄存器状态机
parameter   RIDLE = 4'd0,       //空闲状态
            RRDSE = 4'd1,       //读秒寄存器
            RWASE = 4'd2,       //等待
            RRDMI = 4'd3,       //读分寄存器
            RWAMI = 4'd4,       //等待
            RRDHO = 4'd5;       //读时寄存器
reg[3:0] cstate,nstate;
always @(posedge clk or negedge rst_n)
    if(!rst_n) cstate <= RIDLE;
    else cstate <= nstate;
always @(cstate or timer1_10ms or timer2_10ms or timer3_10ms or iic_ack) begin
    case(cstate)
        RIDLE: begin
            if(timer1_10ms) nstate <= RRDSE;
```

```
                else nstate <= RIDLE;
        end
        RRDSE: begin
            if(iic_ack) nstate <= RWASE;
            else nstate <= RRDSE;
        end
        RWASE: begin
            if(timer2_10ms) nstate <= RRDMI;
            else nstate <= RWASE;
        end
        RRDMI: begin
            if(iic_ack) nstate <= RWAMI;
            else nstate <= RRDMI;
        end
        RWAMI: begin
            if(timer3_10ms) nstate <= RRDHO;
            else nstate <= RWAMI;
        end
        RRDHO: begin
            if(iic_ack) nstate <= RIDLE;
            else nstate <= RRDHO;
        end
        default: nstate <= RIDLE;
    endcase
end
    //IIC 读写操作控制信号输出
always @(posedge clk or negedge rst_n)
    if(!rst_n) begin
        iicwr_req <= 1'b0;        //IIC 写请求信号,高电平有效
        iicrd_req <= 1'b0;        //IIC 读请求信号,高电平有效
        iic_addr <= 8'd0;         //IIC 读写地址寄存器
        iic_wrdb <= 8'd0;         //IIC 写入数据寄存器
    end
    else begin
        case(cstate)
            RRDSE: begin
                iicwr_req <= 1'b0;   //IIC 写请求信号,高电平有效
                iicrd_req <= 1'b1;   //IIC 读请求信号,高电平有效
                iic_addr <= 8'd2;    //IIC 读写地址寄存器
                iic_wrdb <= 8'd0;    //IIC 写入数据寄存器
            end
            RRDMI: begin
                iicwr_req <= 1'b0;   //IIC 写请求信号,高电平有效
                iicrd_req <= 1'b1;   //IIC 读请求信号,高电平有效
                iic_addr <= 8'd3;    //IIC 读写地址寄存器
                iic_wrdb <= 8'd0;    //IIC 写入数据寄存器
            end
            RRDHO: begin
                iicwr_req <= 1'b0;   //IIC 写请求信号,高电平有效
                iicrd_req <= 1'b1;   //IIC 读请求信号,高电平有效
```

```
                iic_addr <= 8'd4;        //IIC 读写地址寄存器
                iic_wrdb <= 8'd0;        //IIC 写入数据寄存器
            end
            default: begin
                iicwr_req <= 1'b0;       //IIC 写请求信号,高电平有效
                iicrd_req <= 1'b0;       //IIC 读请求信号,高电平有效
                iic_addr <= 8'd0;        //IIC 读写地址寄存器
                iic_wrdb <= 8'd0;        //IIC 写入数据寄存器
            end
        endcase
    end
```

IIC 读取操作完成,缓存时、分、秒信息。

```
    //读取 IIC 寄存器数据
always @(posedge clk or negedge rst_n)
    if(!rst_n) begin
        rtc_hour <= 8'd0;        //RTC 芯片读出的时数据,BCD 格式
        rtc_mini <= 8'd0;        //RTC 芯片读出的分数据,BCD 格式
        rtc_secd <= 8'd0;        //RTC 芯片读出的秒数据,BCD 格式
    end
    else begin
        case(cstate)
            RRDSE: if(iic_ack) rtc_secd <= {1'b0,iic_rddb[6:0]};
                    else ;
            RRDMI: if(iic_ack) rtc_mini <= {1'b0,iic_rddb[6:0]};
                    else ;
            RRDHO: if(iic_ack) rtc_hour <= {1'b0,iic_rddb[6:0]};
                    else ;
            default: ;
        endcase
    end
endmodule
```

4. iic_controller.v 模块代码解析

该模块实现底层的 IIC 读写操作。iicwr_req 信号拉高,则将数据 iic_wrdb 写入地址 iic_addr;iicrd_req 信号拉高,则读取地址 iic_addr,通过寄存器 iic_rddb 返回数据。

```
module iic_controller(
        input clk,                       //时钟
        input rst_n,                     //低电平复位信号
        input iicwr_req,                 //IIC 写请求信号,高电平有效
        input iicrd_req,                 //IIC 读请求信号,高电平有效
        input[7:0] iic_addr,             //IIC 读写地址寄存器
        input[7:0] iic_wrdb,             //IIC 写入数据寄存器
        output reg[7:0] iic_rddb,        //IIC 读出数据寄存器
        output iic_ack,                  //IIC 读写完成响应,高电平有效
        output reg scl,                  //串行配置 IIC 时钟信号
        inout sda                        //串行配置 IIC 数据信号
    );
```

IIC 读写状态机控制逻辑如下。

```
//----------------------------------------------------
reg[3:0] dcstate,dnstate;
//IIC 读或写状态控制
parameter   DIDLE   = 4'd0,          //空闲状态
            DSTAR   = 4'd1,          //开始传输状态
            DSABW   = 4'd2,          //送从机地址状态(写命令)
            D1ACK   = 4'd3,          //ACK1 响应状态
            DRABW   = 4'd4,          //器件地址写入状态
            D2ACK   = 4'd5,          //ACK2 响应状态
/* wr data */ DWRDB  = 4'd6,          //写数据状态
            D3ACK   = 4'd7,          //ACK3 响应状态
/* rd data */ DRSTA  = 4'd8,          //开始传输状态
            DSABR   = 4'd9,          //送从机地址状态(读命令)
            D4ACK   = 4'd10,         //ACK4 响应状态
            DRDDB   = 4'd11,         //读数据状态
            D5ACK   = 4'd12,         //ACK5 响应状态
            DSTOP   = 4'd13;         //停止传输状态
parameter   DEVICE_WRADD  = 8'ha2,  //写器件地址
            DEVICE_RDADD  = 8'ha3;  //读器件地址


//----------------------------------------------------
//IIC 时钟信号 scl 产生逻辑
reg[8:0] icnt;                        //分频计数寄存器,25MHz/47.5kHz = 512
always @(posedge clk or negedge rst_n)
    if(!rst_n) icnt <= 9'd0;
    else icnt <= icnt + 1'b1;
//assign scl = ~icnt[8] | (dcstate == DIDLE);  //0 <= icnt < 50 时 scl = 1;50 <= icnt < 100
                                               //时 scl = 0
always @(posedge clk or negedge rst_n)
    if(!rst_n) scl <= 1'b1;
    else if(dcstate == DIDLE) scl <= 1'b1;
    else scl <= ~icnt[8];
wire scl_hs = (icnt == 9'd1);         //scl high start
wire scl_hc = (icnt == 9'd128);       //scl high center
wire scl_ls = (icnt == 9'd256);       //scl low start
wire scl_lc = (icnt == 9'd384);       //scl low center
//----------------------------------------------------
    //IIC 状态机控制信号
reg[2:0] bcnt;                        //数据位寄存器,bit0~7
reg sdar;                             //sda 输出数据寄存器
reg sdalink;                          //sda 方向控制寄存器,0 -- input,1 -- output
    //当前和下一状态切换
always @(posedge clk or negedge rst_n)
    if(!rst_n) dnstate <= DIDLE;
    else dnstate <= dcstate;
    //状态变迁
always @(dnstate or iicwr_req or iicrd_req or scl_hc or bcnt or scl_ls or scl_hs or scl_
lc) begin
```

```
        case(dnstate)
            DIDLE:   if((iicwr_req || iicrd_req) && scl_hs) dcstate <= DSTAR; //发出读或写 IIC
                                                                             //请求
                     else dcstate <= DIDLE;
            DSTAR:   if(scl_ls) dcstate <= DSABW;
                     else dcstate <= DSTAR;
            DSABW:   if(scl_lc && (bcnt == 3'd0)) dcstate <= D1ACK;
                     else dcstate <= DSABW;             //送从机地址状态(写命令)
            D1ACK:   if(scl_ls && (bcnt == 3'd7)) dcstate <= DRABW;
                     else dcstate <= D1ACK;
            DRABW:   if(scl_lc && (bcnt == 3'd0)) dcstate <= D2ACK;
                     else dcstate <= DRABW;             //器件地址写入状态
            D2ACK:   if(scl_ls && (bcnt == 3'd7) && iicwr_req) dcstate <= DWRDB;      //写数据
                     else if(scl_ls && (bcnt == 3'd7) && iicrd_req) dcstate <= DRSTA; //读数据
                     else dcstate <= D2ACK;
/* wr_db */ DWRDB:  if(scl_lc && (bcnt == 3'd0)) dcstate <= D3ACK;
                     else dcstate <= DWRDB;             //写数据状态
            D3ACK:   if(scl_ls && (bcnt == 3'd7)) dcstate <= DSTOP;                   //DWRDB2;
                     else dcstate <= D3ACK;
/* rd_db */DRSTA:   if(scl_ls) dcstate <= DSABR;
                     else dcstate <= DRSTA;
            DSABR:   if(scl_lc && (bcnt == 3'd0)) dcstate <= D4ACK;
                     else dcstate <= DSABR;             //送从机地址状态(读命令)
            D4ACK:   if(scl_ls && (bcnt == 3'd7)) dcstate <= DRDDB;
                     else dcstate <= D4ACK;
            DRDDB:   if(scl_hc && (bcnt == 3'd7)) dcstate <= D5ACK;
                     else dcstate <= DRDDB;             //读数据状态
            D5ACK:   if(scl_ls && (bcnt == 3'd6)) dcstate <= DSTOP;
                     else dcstate <= D5ACK;
            DSTOP:   if(scl_ls) dcstate <= DIDLE;
                     else dcstate <= DSTOP;
            default: dcstate <= DIDLE;
            endcase
end
//------------------------------------------------------
    //数据位寄存器控制
always @(posedge clk or negedge rst_n)
    if(!rst_n) bcnt <= 3'd0;
    else begin
        case(dnstate)
            DIDLE: bcnt <= 3'd7;
            DSABW,DRABW,DWRDB,DSABR: if(scl_hs) bcnt <= bcnt - 1'b1;
            DRDDB: if(scl_hs) bcnt <= bcnt - 1'b1;
            D1ACK,D2ACK,D3ACK: if(scl_lc) bcnt <= 3'd7;
            D4ACK: if(scl_ls) bcnt <= 3'd7;
            D5ACK: if(scl_lc) bcnt <= bcnt - 1'b1;
            default: ;
            endcase
    end
//------------------------------------------------------
```

```
        //IIC 数据输入/输出控制
always @(posedge clk or negedge rst_n)
    if(!rst_n) begin
            sdar <= 1'b1;
            sdalink <= 1'b1;                //输出
            iic_rddb <= 8'd0;
        end
    else begin
        case(dnstate)
            DIDLE: begin
                    sdar <= 1'b1;
                    sdalink <= 1'b1;    //输出
                end
            DSTAR: begin
                    if(scl_hc) sdar <= 1'b0;
                end
            DSABW: begin
                    if(scl_lc) sdar <= DEVICE_WRADD[bcnt];
                end
            D1ACK: begin
                    if(scl_lc) begin
                            sdar <= 1'b1;
                            sdalink <= 1'b0;
                        end
                end
            DRABW: begin
                    if(scl_lc) begin
                            sdar <= iic_addr[bcnt];
                            sdalink <= 1'b1;
                        end
                end
            D2ACK: begin
                    if(scl_lc) begin
                            sdar <= 1'b1;
                            sdalink <= 1'b0;
                        end
                end
    /* wr_db */DWRDB: begin
                    if(scl_lc) begin
                            sdar <= iic_wrdb[bcnt];
                            sdalink <= 1'b1;
                        end
                end
            D3ACK: begin
                    if(scl_lc) begin
                            sdar <= 1'b1;
                            sdalink <= 1'b0;
                        end
                end
    /* rd_db */DRSTA:   begin
```

```
                if(scl_hc) sdar <= 1'b0;
                else if(scl_lc) begin
                        sdar <= 1'b1;
                        sdalink <= 1'b1;
                    end
            end
        DSABR: begin
                if(scl_lc) sdar <= DEVICE_RDADD[bcnt];
            end
        D4ACK: begin
                if(scl_lc && (bcnt == 3'd7)) sdalink <= 1'b0;    //输入
            end
        DRDDB: begin
                if(scl_hc) iic_rddb[bcnt + 1'b1] <= sda;
                sdar <= 1'b1;
            end
        D5ACK: begin
                if(scl_lc) begin
                        sdar <= 1'b0;
                        sdalink <= 1'b1;
                    end
            end
        DSTOP: begin
                if(scl_lc) begin
                    sdalink <= 1'b1;                             //输出
                    sdar <= 1'b0;
                end
                else if(scl_hc) sdar <= 1'b1;
            end
        default: ;
        endcase
    end
assign sda = sdalink ? sdar : 1'bz;
assign iic_ack = (dnstate == DSTOP) && scl_hs;              //IIC 读写完成响应,高电平有效
endmodule
```

10.6.4　板级调试

连接好下载线,给 CY4 开发板供电(供电的同时也连接好了 UART)。

打开 Quartus Ⅱ,进入下载界面,将本实例工程下的 cy4. sof 文件烧录到 FPGA 中在线运行。

此时可以看到数码管显示 RTC 芯片中的分、秒信息,分、秒递增的速度和实际的秒是同步的。

10.7　基于 UART 发送的 RTC 读取实例

10.7.1　功能简介

如图 10.38 所示,本实例通过 IIC 接口定时读取 RTC 中的时、分、秒寄存器,同时将时、分、秒数据通过 UART 发送到计算机上的串口调试助手进行实时显示。

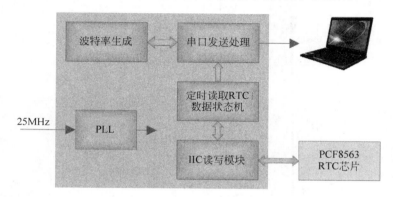

图 10.38　RTC 与 UART 实例功能框图

本实例工程的代码模块层次如图 10.39 所示。

图 10.39　RTC 与 UART 实例模块层次

10.7.2　代码解析

1. cy4. v 模块代码解析

在顶层模块 cy4. v 代码中,可以查看其 RTL Schematic,如图 10.40 所示。rtc_top. v 模块衔接 iic_controller. v 模块和 rtc_controller. v 模块,实现每隔 10ms 读取一次 RTC 芯片的时、分、秒寄存器;speed_tx. v 模块产生串口波特率的分频以及相关控制信号;my_uart_tx. v 模块产生发送到计算机的 UART 数据协议,即并串转换处理;tx_bridge. v 模块判断当前的 RTC 读出秒数据是否有变化,若发送变化则产生一个发送到计算机的字符串。

2. tx_bridge. v 模块代码解析

该模块判断是否 RTC 芯片定时读取到的时、分、秒数据有变化,若检查到变化,则通过 UART 接口发送一串字符串信息,更新最新的时、分、秒数据。其接口如下,txen 拉高时,将通过 UART 发送 txdb 上的数据。

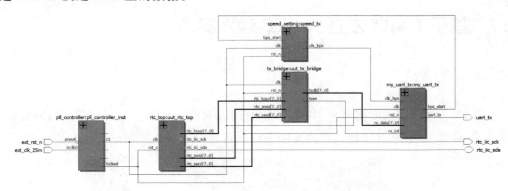

图 10.40   RTC 实例模块互连接口

```
module tx_bridge(
        input clk,              //时钟信号
        input rst_n,            //复位信号,低电平有效
        input[7:0] rtc_hour,    //RTC 芯片读出的时数据,BCD 格式
        input[7:0] rtc_mini,    //RTC 芯片读出的分数据,BCD 格式
        input[7:0] rtc_secd,    //RTC 芯片读出的秒数据,BCD 格式
        output reg txen,        //串口发送数据有效标志位,高电平一个时钟周期
        output reg[7:0] txdb    //串口发送数据
    );
```

以下逻辑判断前后两个时钟周期的秒信息是否有变化,若有变化,则将标志位信号 dif_flag 拉高一个时钟周期。

```
//-----------------------------------
//RTC 读取的时间数据缓存比对,若发送变化,则发送当前时间
reg[7:0] rtc_secd_r; //RTC 芯片读出的秒数据,BCD 格式
reg dif_flag; //对比前后 RTC 读出数据是否有变化,1 -- 有变化,0 -- 无变化
always @ (posedge clk)
    rtc_secd_r <= rtc_secd;
always @ (posedge clk or negedge rst_n)
    if(!rst_n) dif_flag <= 1'b0;
    else if(rtc_secd_r != rtc_secd) dif_flag <= 1'b1;
    else dif_flag <= 1'b0;
```

以下逻辑实现一个字符串信息的发送控制。

```
//-----------------------------------
//UART 发送字符串生成
reg[21:0] fcnt;    //定时计数器,用于产生 UART 发送数据
    //定时计数逻辑
always @ (posedge clk or negedge rst_n)
    if(!rst_n) fcnt <= 22'd0;
    else if(dif_flag) fcnt <= 22'd1;
```

```
        else if(fcnt != 22'd0) fcnt <= fcnt + 1'b1;
    //每隔 2ms 产生一个数据发送字节
always @ (posedge clk or negedge rst_n)
    if(!rst_n) begin
        txen <= 1'b0;
        txdb <= 8'd0;
    end
    else begin                    //产生发送的 ASCII 码字符串"00:00:00\n",即时间 + 回车
        case(fcnt)
            22'd50_000: begin      //小时的十位
                txen <= 1'b1;
                txdb <= 8'h30 + {4'd0,rtc_hour[7:4]};
            end
            22'd100_000: begin     //小时的个位
                txen <= 1'b1;
                txdb <= 8'h30 + {4'd0,rtc_hour[3:0]};
            end
            22'd150_000: begin    //":"
                txen <= 1'b1;
                txdb <= 8'h3a;
            end
            22'd200_000: begin    //分钟的十位
                txen <= 1'b1;
                txdb <= 8'h30 + {4'd0,rtc_mini[7:4]};
            end
            22'd250_000: begin    //分钟的个位
                txen <= 1'b1;
                txdb <= 8'h30 + {4'd0,rtc_mini[3:0]};
            end
            22'd300_000: begin    //":"
                txen <= 1'b1;
                txdb <= 8'h3a;
            end
            22'd350_000: begin    //秒的十位
                txen <= 1'b1;
                txdb <= 8'h30 + {4'd0,rtc_secd[7:4]};
            end
            22'd400_000: begin    //秒的个位
                txen <= 1'b1;
                txdb <= 8'h30 + {4'd0,rtc_secd[3:0]};
            end
            33'd450_000: begin    //回车
                txen <= 1'b1;
                txdb <= 8'h0d;
            end
            default: txen <= 1'b0;
        endcase
    end
endmodule
```

10.7.3　板级调试

连接好下载线,给 CY4 开发板供电(供电的同时也连接好了 UART)。

打开 Quartus Ⅱ,进入下载界面,将本实例工程下的 cy4. sof 文件烧录到 FPGA 中在线运行。

双击"串口调试器"按钮,如图 10.41 所示,打开串口调试器,选择串口为 COM10(前面在硬件管理器中新识别到的 COM 口,读者应以自己计算机识别到的 COM 口为准),设置波特率为 9600,数据位为 8,校验位为 None,停止位为 1。单击"打开串口"按钮。尤其注意,"接收字符"下面的"十六进制"不要选中。

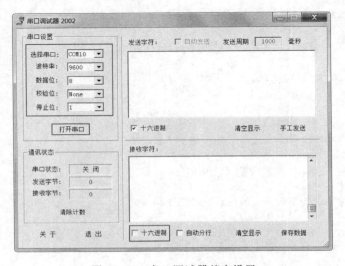

图 10.41　串口调试器基本设置

在图 10.41 中单击"打开串口"按钮,其显示字符就变成了"关闭串口"如图 10.42 所示。

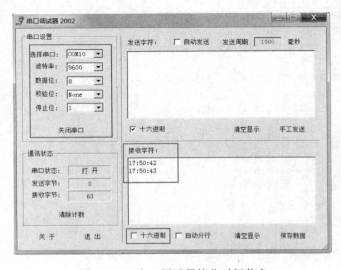

图 10.42　窗口调试器接收时间信息

此时看到"接收字符"下面不断有一串时、分、秒信息打印出来,这组不断更新的数据就是从 RTC 芯片中读取的时间信息。

10.8 基于 UART 收发的 RTC 读写实例

10.8.1 功能简介

如图 10.43 所示,本实例通过 IIC 接口定时读取 RTC 中的时、分、秒寄存器,同时将时、分、秒数据通过 UART 发送到计算机上的串口调试助手进行实时显示。此外,计算机上的串口调试助手也可以发送"0xaa+time+minute+second+0x55"这样的十六进制字符串来重设 RTC 寄存器,重设后立即生效。

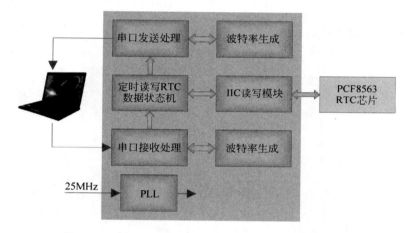

图 10.43 基于 UART 收发的 RTC 读写实例功能框图

本实例工程的代码模块层次如图 10.44 所示。

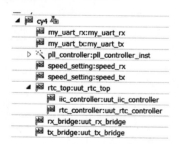

图 10.44 基于 UART 收发的 RTC 读写实例模块层次

10.8.2 代码解析

1. cy4.v 模块代码解析

在顶层模块 cy4.v 代码中,可以查看其 RTL Schematic,如图 10.45 所示。与 10.7 节的实例相比,本实例增加了 UART 数据接收模块 my_uart_rx.v,用于接收计算机端发送的 UART 数据;UART 数据帧解析模块 rx_bridge.v 将 UART 字符串解析,获得当前需要更新到 RTC 芯片的时、分、秒数据,并且发出控制信号传递给 rtc_top.v 模块,实现 RTC 芯片的寄存器更新。

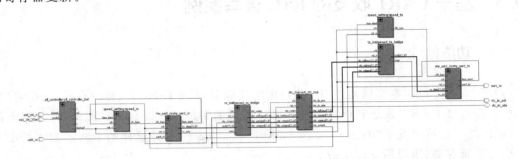

图 10.45　基于 UART 收发的 RTC 读写实例模块互连接口

2. rx_bridge.v 模块代码解析

该模块接收 my_uart_rx.v 模块的 UART 数据字节 rxdb,且在 rxen 高电平时有效。对连续多个 UART 数据字节进行解析后,获得有效的需要更新到 RTC 芯片中的时(rtc_wrhour)、分(rtc_wrmini)、秒(rtc_wrsecd)数据,同时控制 rtc_wren 信号拉高,分别写入这三个数据到 RTC 芯片,rtc_wrack 则是 rtc_top.v 模块在执行完一次数据写入后的指示信号。该模块接口如下。

```
module rx_bridge(
        input clk,                      //时钟信号
        input rst_n,                    //复位信号,低电平有效
        input rxen,                     //串口接收数据有效标志位,高电平一个时钟周期
        input[7:0] rxdb,                //串口发接收
        input rtc_wrack,                //RTC 当前写入请求的响应信号,高电平有效
        output reg rtc_wren,            //RTC 芯片写入使能信号,高电平有效
        output reg[7:0] rtc_wrhour,     //RTC 芯片写入的时数据,BCD 格式
        output reg[7:0] rtc_wrmini,     //RTC 芯片写入的分数据,BCD 格式
        output reg[7:0] rtc_wrsecd      //RTC 芯片写入的秒数据,BCD 格式
    );
```

通过如下状态机获得需要 UART 帧中的时、分、秒数据。

```
//------------------------------------
//
parameter  WIDLE = 4'd0,        //空闲状态
           WRXAA = 4'd1,        //接收串口数据 0xaa
           WRXHR = 4'd2,        //接收串口数据 - BCD 码"时"
           WRXMT = 4'd3,        //接收串口数据 - BCD 码"分"
           WRXSD = 4'd4,        //接收串口数据 - BCD 码"秒"
           WRX55 = 4'd5;        //接收串口数据 0x55
reg[3:0] cstate,nstate;
    //同步状态转换
```

```
always @(posedge clk or negedge rst_n)
    if(!rst_n) cstate <= WIDLE;
    else cstate <= nstate;
    //转换转换判断
always @(cstate or rxen or rxdb or rtc_wrack) begin
    case(cstate)
        WIDLE: begin          //接收起始字节
            if(rxen && (rxdb == 8'haa)) nstate <= WRXAA;
            else nstate <= WIDLE;
        end
        WRXAA: begin
            if(rxen) nstate <= WRXHR;
            else nstate <= WRXAA;
        end
        WRXHR: begin
            if(rxen) nstate <= WRXMT;
            else nstate <= WRXHR;
        end
        WRXMT: begin
            if(rxen) nstate <= WRXSD;
            else nstate <= WRXMT;
        end
        WRXSD: begin          //接收结束字节
            if(rxen && (rxdb == 8'h55)) nstate <= WRX55;
            else nstate <= WRXSD;
        end
        WRX55: begin          //等待 RTC 写入响应
            if(rtc_wrack) nstate <= WIDLE;
            else nstate <= WRX55;
        end
        default: nstate <= WIDLE;
    endcase
end
```

RTC 芯片写入数据的控制信号产生逻辑如下。

```
    //状态对应输出控制
always @(posedge clk or negedge rst_n)
    if(!rst_n) begin
        rtc_wren <= 1'b0;                    //RTC 芯片写入使能信号,高电平有效
        rtc_wrhour <= 8'd0;                  //RTC 芯片写入的时数据,BCD 格式
        rtc_wrmini <= 8'd0;                  //RTC 芯片写入的分数据,BCD 格式
        rtc_wrsecd <= 8'd0;                  //RTC 芯片写入的秒数据,BCD 格式
    end
    else begin
        case(cstate)
            WIDLE: rtc_wren <= 1'b0;          //RTC 芯片写入使能信号,高电平有效
            WRXAA: begin
                if(rxen) rtc_wrhour <= rxdb;  //RTC 芯片写入的时数据,BCD 格式
```

```
                else ;
            end
        WRXHR: begin
            if(rxen) rtc_wrmini <= rxdb;        //RTC 芯片写入的分数据,BCD 格式
            else ;
        end
        WRXMT: begin
            if(rxen) rtc_wrsecd <= rxdb;        //RTC 芯片写入的秒数据,BCD 格式
            else ;
        end
        WRX55: rtc_wren <= 1'b1;                 //RTC 芯片写入使能信号,高电平有效
        default: ;
    endcase
  end
endmodule
```

10.8.3　板级调试

连接好下载线,给 CY4 开发板供电(供电的同时也连接好了 UART)。

打开 Quartus Ⅱ,进入下载界面,将本实例工程下的 cy4. sof 文件烧录到 FPGA 中在线运行。

打开串口调试器,选择串口为 COM10(前面在硬件管理器中新识别到的 COM 口,读者应以自己计算机识别到的 COM 口为准),设置波特率为 9600,数据位为 8,校验位为 None,停止位为 1。单击"打开串口"按钮。注意,"接收字符"下面的"十六进制"选项不要选中。

单击"打开串口"按钮,其显示字符就变成了"关闭串口",如图 10.46 所示。

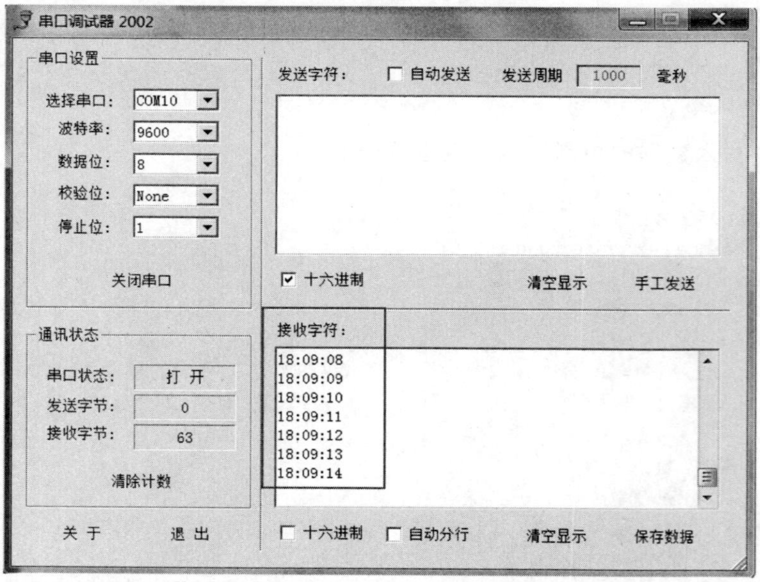

图 10.46　时间信息接收

此时看到"接收字符"不断有时间地址的一串时、分、秒信息打印出来,这组不断更新的数据就是从 RTC 芯片中读取的时间信息。

本实例增加了 RTC 重置功能,如图 10.47 所示,当以十六进制格式发送字符串"aa 09 58 30 55"后,"接收字符"显示就更新到当前最新的 09:58:30 开始递增了。

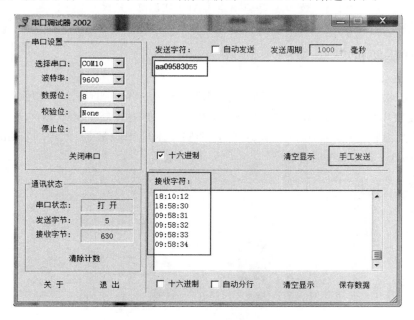

图 10.47　时间信息更新

10.9　基于 UART 控制的 VGA 多模式显示实例

10.9.1　功能简介

如图 10.48 所示,本实例需要用户准备好一台 VGA 显示器和相应的 VGA 线,VGA 线用于连接 CY4 开发板的 J1 插座和显示器。计算机端通过串口调试助手发送不同串口指令给 FPGA,可以显示不同的 VGA 测试画面,发送数据 0x00—黑屏,0x01—全屏红色,0x02—全屏绿色,0x03—全屏蓝色,0x04—全屏白色,0x05—8 色彩 ColorBar。

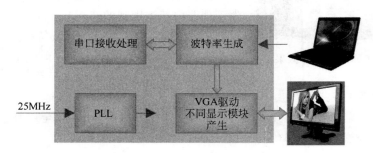

图 10.48　VGA 与 UART 实例功能框图

本实例工程的代码模块层次如图 10.49 所示。

图 10.49　VGA 与 UART 实例模块层次

10.9.2　代码解析

在顶层模块 cy4.v 代码中，可以查看其 RTL Schematic，如图 10.50 所示。my_uart_rx.v 用于接收串口数据，即串并转换处理，接收到的数据将控制 vga_controller.v 模块切换不同的显示画面；speed_setting.v 模块产生 FPGA 本地串口波特率；vga_controller.v 模块产生 ColorBar 和 VGA 时序。

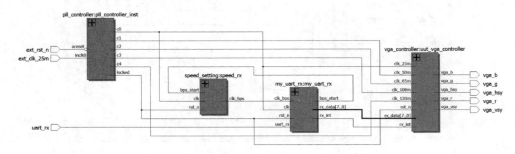

图 10.50　VGA 与 UART 实例模块互连接口

10.9.3　板级调试

连接好下载线，给 CY4 开发板供电。

打开 Quartus Ⅱ，进入下载界面，将本实例工程下的 cy4.sof 文件烧录到 FPGA 中在线运行。

图 10.51　ColorBar 显示效果

工程代码中默认的显示分辨率为 800×600，如图 10.51 所示，可以看到默认显示器上出现以绿色为边界轮廓的 8 原色 ColorBar。

打开串口调试器，选择串口为 COM10（前面在硬件管理器中新识别到的 COM 口，读者应以自己计算机识别到的 COM 口为准），设置波特率为 9600，数据位为 8，校验位为 None，停止位为 1，单击"打开串口"按钮。

如图 10.52 所示，在"发送字符"中输入十六进制的数据 01，单击"手工发送"按钮。

可以看到全屏红色显示。同样地，发送数据 0x00（黑屏），0x01（全屏红色），0x02（全屏绿色），0x03（全屏蓝色），0x04（全屏白色），0x05（8 色彩 color bar）。

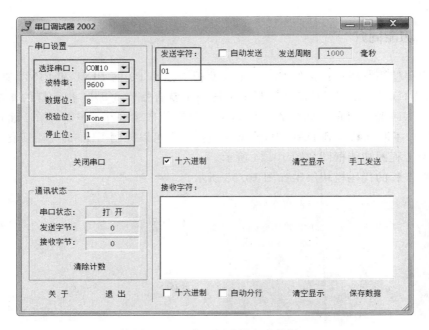

图 10.52 窗口调试器发送数据

10.10 基于 LED 显示的 D/A 输出驱动实例

10.10.1 D/A 芯片概述

D/A 芯片 DAC5571 的控制使用了标准模式,它的接口是大家耳熟能详的 IIC 接口,关于 IIC 通信的基本接口时序这里不详细介绍,可以参考 DAC5571 的 datasheet。如图 10.53 所示,FPGA 作为 IIC 总线的主机,若要控制芯片 DAC5571 完成一次转换,则需要传输三个字节的数据。首字节内容是从机地址(SLAVE ADDRESS)和读或写指示位(R\$\overline{\text{W}}$);第二个字节的高 4bit 是控制数据,低 4bit 是有效数据的高 4bit;第三个字节的高 4bit 是有效数据的低 4bit,第三个字节的低 4bit 无效。

图 10.53 D/A 芯片通信协议

10.10.2　功能简介

首先需要使用跳线帽连接好 SF-CY4 开发板上插座 P9 的 PIN1 和 PIN2（默认已经连接好）。这样，D/A 芯片 DAC5571 的模拟电压输出就直接作为 D14 指示灯的正端，它的电压值决定了 D14 指示灯的亮暗与否。FPGA 工程实例产生一个 0～255 循环递增的数据，通过 IIC 接口不断地写入到 DAC 中，输出的模拟电压可以控制 LED 的亮暗变化。

该实例工程的功能框图如图 10.54 所示。

本实例工程的代码模块层次如图 10.55 所示。

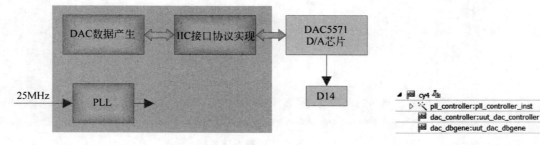

图 10.54　D/A 实例功能框图　　　　　　图 10.55　D/A 实例模块层次

10.10.3　代码解析

1. cy4.v 模块代码解析

在顶层模块 cy4.v 代码中，可以查看其 RTL Schematic，如图 10.56 所示。其中 dac_dbgene.v 模块连续递增的 DAC 数据；dac_controller.v 模块实现 DAC5571 芯片的 IIC 接口协议，不断写入新的 D/A 转换数据。

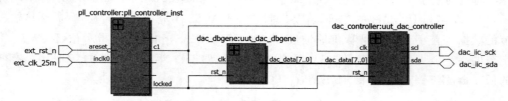

图 10.56　D/A 实例模块互连接口

cy4.v 模块的接口如下。

```
module cy4(
        input ext_clk_25m,      //外部输入 25MHz 时钟信号
        input ext_rst_n,        //外部输入复位信号,低电平有效
        output dac_iic_sck,     //DAC5571 的 IIC 接口 SCL
        inout dac_iic_sda       //DAC5571 的 IIC 接口 SDA
    );
```

PLL 模块例化如下。

```
//------------------------------------
//PLL 例化
wire clk_12m5;        //PLL 输出 12.5MHz 时钟
wire clk_25m;         //PLL 输出 25MHz 时钟
wire clk_50m;         //PLL 输出 50MHz 时钟
wire clk_100m;        //PLL 输出 100MHz 时钟
//PLL 输出的 locked 信号,作为 FPGA 内部的复位信号,低电平复位,高电平正常工作
wire sys_rst_n;
pll_controller   pll_controller_inst (
    .areset ( !ext_rst_n ),
    .inclk0 ( ext_clk_25m ),
    .c0 ( clk_12m5 ),
    .c1 ( clk_25m ),
    .c2 ( clk_50m ),
    .c3 ( clk_100m ),
    .locked ( sys_rst_n )
    );
```

DAC 数据产生模块如下。

```
//------------------------------------
//产生递增的 DAC 转换数据
wire[7:0] dac_data; //DAC 输出数据,模块内部自动判断该数据是否发生变化,若前后有变化,则通
//过 IIC 接口发起一次 DAC 转换数据写入操作,建议该数据变化速率不要超过 1.5kHz
dac_dbgene   uut_dac_dbgene(
        .clk(clk_25m),        //时钟信号
        .rst_n(sys_rst_n),    //复位信号,低电平有效
        .dac_data(dac_data)   //DAC 转换数据
        );
```

DAC 芯片的 IIC 接口时序产生模块例化如下。

```
//------------------------------------
//DAC5571 的 IIC 写 D/A 转换数据模块
dac_controller   uut_dac_controller(
        .clk(clk_25m),        //时钟信号
        .rst_n(sys_rst_n),    //复位信号,低电平有效
        .dac_data(dac_data),
        .scl(dac_iic_sck),    //DAC5571 的 IIC 接口 SCL
        .sda(dac_iic_sda)     //DAC5571 的 IIC 接口 SDA
        );
endmodule
```

2. dac_dbgene.v 模块代码解析

该模块每隔 10ms 产生一个递增的数据,其接口如下。

```
module dac_dbgene(
        input clk,                    //时钟信号,25MHz
        input rst_n,                  //复位信号,低电平有效
        output reg[7:0] dac_data      //DAC 转换数据
    );
```

10ms 定时计数器逻辑如下。

```
//-----------------------------------------------------
//10ms 定时计数
reg[17:0] cnt; //10ms 计数器
always @(posedge clk or negedge rst_n)
    if(!rst_n) cnt <= 18'd0;
    else if(cnt < 18'd249_999) cnt <= cnt + 1'b1;
    else cnt <= 18'd0;
```

每隔 10ms 递增的数据 dac_data 将输出给 D/A 芯片。

```
//-----------------------------------------------------
//D/A 转换数据递增
always @(posedge clk or negedge rst_n)
    if(!rst_n) dac_data <= 18'd0;
    else if(cnt == 18'd249_999) dac_data <= dac_data + 1'b1;
endmodule
```

3. dac_controller.v 模块代码解析

该模块不断地判断 dac_data 数据是否有变化,若有变化,则发起一次新的 IIC 写数据操作,将新的 dac_data 通过 IIC 接口写入到 D/A 芯片中。其接口如下。

```
module dac_controller(
        input clk,                    //时钟信号,25MHz
        input rst_n,                  //复位信号,低电平有效
        input[7:0] dac_data,          //DAC 输出数据,模块内部自动判断该数据是否发生变化,若
                                      //前后有变化,则通过 IIC 接口发起一次 DAC 转换数据写入
                                      //操作,建议该数据变化速率不要超过 1.5kHz
        output scl,                   //DAC5571 的 IIC 接口 SCL
        inout sda                     //DAC5571 的 IIC 接口 SDA
    );
```

判断 dac_data 是否变化逻辑如下,若检测到 dac_data 有变化,则标志信号 dac_en 产生一个时钟周期的高脉冲。

```
//-----------------------------------------------------
//判断 DAC 输出数据是否变化,若变化则发起一次 IIC 数据写入操作
reg[7:0] dac_datar;      //dac_data 缓存寄存器
reg dac_en;              //DAC 转换使能信号,高电平有效
```

```
always @(posedge clk or negedge rst_n)
    if(!rst_n) dac_datar <= 8'd0;
    else dac_datar <= dac_data;
always @(posedge clk or negedge rst_n)
    if(!rst_n) dac_en <= 1'b0;
    else if(dac_datar != dac_data) dac_en <= 1'b1;
    else dac_en <= 1'b0;
```

IIC 接口的时钟频率通过系统主时钟分频产生,分频计数逻辑如下。

```
//--------------------------------------------------------
reg[8:0] cnti;    //计数器,25MHz 时钟频率下,产生 5kHz 的 IIC 时钟
always @(posedge clk or negedge rst_n)
    if(!rst_n) cnti <= 9'd0;
    else if(cnti < 9'd499 && cstate != IDLE) cnti <= cnti + 1'b1;
    else cnti <= 9'd0;
wire scl_low = (cnti == 9'd374);
wire scl_high = (cnti == 9'd124);
assign scl = ~cnti[8];
```

IIC 接口时序状态机如下。

```
//--------------------------------------------------------
//IIC 写操作状态机
parameter IDLE      = 4'd0;
parameter START     = 4'd1;
parameter ADDR      = 4'd2;
parameter ACK1      = 4'd3;
parameter CMSB      = 4'd4;
parameter ACK2      = 4'd5;
parameter LSBI      = 4'd6;
parameter ACK3      = 4'd7;
parameter ACK4      = 4'd8;
parameter STOP      = 4'd9;
parameter DEVICE_ADDR    = 8'b1001_1000;
wire[7:0] dac_mdata = {4'b0000,dac_data[7:4]};
wire[7:0] dac_ldata = {dac_data[3:0],4'b0000};
reg[3:0] cstate,nstate;
reg sdar;
reg[2:0] bcnt;
reg sdlink;
always @(posedge clk or negedge rst_n)
    if(!rst_n) cstate <= IDLE;
    else cstate <= nstate;
always @(cstate or dac_en or scl_high or scl_low or bcnt) begin
    case(cstate)
        IDLE:   if(dac_en) nstate <= START;
                else nstate <= IDLE;
        START: if(scl_high) nstate <= ADDR;
```

```
                    else nstate <= START;
        ADDR:   if(scl_low && bcnt == 3'd0) nstate <= ACK1;
                else nstate <= ADDR;
        ACK1:   if(scl_low) nstate <= CMSB;
                else nstate <= ACK1;
        CMSB:   if(scl_low && bcnt == 3'd0) nstate <= ACK2;
                else nstate <= CMSB;
        ACK2:   if(scl_low) nstate <= LSBI;
                else nstate <= ACK2;
        LSBI:   if(scl_low && bcnt == 3'd0) nstate <= ACK3;
                else nstate <= LSBI;
        ACK3:   if(scl_low) nstate <= ACK4;
                else nstate <= ACK3;
        ACK4:   if(scl_low) nstate <= STOP;
                else nstate <= ACK4;
        STOP:   if(scl_high) nstate <= IDLE;
                else nstate <= STOP;
        default: nstate <= IDLE;
        endcase
    end
always @(posedge clk or negedge rst_n)
    if(!rst_n) begin
            sdar <= 1'b1;
            sdlink <= 1'b1;
        end
    else begin
        case(cstate)
            IDLE: begin
                    sdar <= 1'b1;
                    sdlink <= 1'b1;
                end
            START:  if(scl_high) begin
                    sdar <= 1'b0;
                    sdlink <= 1'b1;
                end
            ADDR: if(scl_low) begin
                    sdar <= DEVICE_ADDR[bcnt];
                    sdlink <= 1'b1;
                end
            CMSB: if(scl_low) begin
                    sdar <= dac_mdata[bcnt];
                    sdlink <= 1'b1;
                end
            LSBI: if(scl_low) begin
                    sdar <= dac_ldata[bcnt];
                    sdlink <= 1'b1;
                end
            ACK1,ACK2,ACK3: if(scl_low) begin
                    sdar <= 1'b0;
                    sdlink <= 1'b0;
```

```
                        end
            ACK4: if(scl_low) begin
                        sdar <= 1'b0;
                        sdlink <= 1'b1;
                    end
            STOP: if(scl_high) begin
                        sdar <= 1'b1;
                        sdlink <= 1'b1;
                    end
            default: ;
            endcase
        end
assign sda = sdlink ? sdar : 1'bz;
always @(posedge clk or negedge rst_n)
    if(!rst_n) bcnt <= 3'd0;
    else begin
        case(cstate)
        ADDR,CMSB,LSBI:  begin
                    if(scl_low) bcnt <= bcnt - 1'b1;
                    else ;
                end
        default: bcnt <= 3'd7;
        endcase
        end
endmodule
```

10.10.4 板级调试

连接好下载线,给 CY4 开发板供电。打开 Quartus Ⅱ,进入下载界面,将本实例工程下的 cy4.sof 文件烧录到 FPGA 中在线运行。

此时可以观察到 SF-CY4 开发板上的 D14 指示灯不断地由暗变亮,然后熄灭,再由暗变亮,如此循环往复。

若用示波器测量 D14 指示灯的正负两端,则可以看到如图 10.57 所示的波形,这正是输出的给 DAC 的数据递增值。

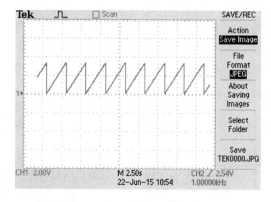

图 10.57 D/A 芯片输出模拟信号波形

10.11　基于按键调整和数码管显示的 D/A 输出实例

10.11.1　功能简介

该实例工程的功能框图如图 10.58 所示。

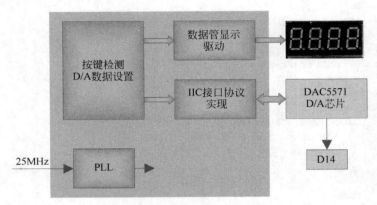

图 10.58　D/A 实例功能框图

该实例主要的功能如下：

- 5 个导航按键可以控制 D/A 数据。上键控制高 4 位递增,下键控制高 4 位递减,左键控制低 4 位递增,右键控制低 4 为递减,中间键清零。
- 导航按键设定的数据通过数码管显示,同时送给 D/A 芯片实现转换。

本实例工程的代码模块层次如图 10.59 所示。

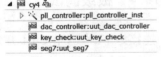

图 10.59　D/A 实例模块层次

10.11.2　代码解析

在顶层模块 cy4.v 代码中,可以查看其 RTL Schematic,如图 10.60 所示。其中 key_check.v 模块对输入按键进行消抖处理,并且输出导航按键设定的 D/A 数据;seg7.v 模块驱动数码管显示当前期望输出的 D/A 数据;dac_controller.v 模块实现 DAC5571 芯片的 IIC 接口协议,判断有不同的 D/A 数据输入,执行一次 D/A 转换操作。

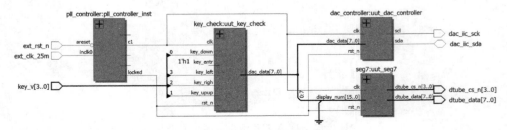

图 10.60　D/A 实例模块互连接口

10.11.3　板级调试

连接好下载线,给 CY4 开发板供电。打开 Quartus Ⅱ,进入下载界面,将本实例工程下的 cy4.sof 文件烧录到 FPGA 中在线运行。

此时按照功能定义控制导航按键,相应的数码管显示会发生变化,同时 D/A 输出的电压值也会发生变化,大家可以使用万用表测量 P9 插座的 PIN1 或 PIN2。

10.12　波形发生器实例

10.12.1　功能简介

该实例工程的功能框图如图 10.61 所示。

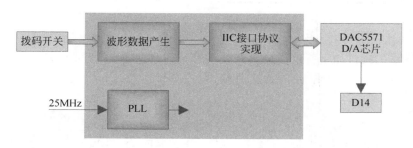

图 10.61　波形发生器实例功能框图

该实例主要的功能如表 10.3 所示,拨码开关 SW6、SW5、SW4、SW3 的状态控制了不同的 D/A 输出波形。

表 10.3　波形发生器拨码开关与输出波形关系

SW6、SW5、SW4、SW3 状态	D/A 输出波形
SW6＝OFF,SW5＝OFF,SW4＝OFF,SW3＝OFF	0V 电压
SW6＝ON, SW5＝X,SW4＝X,SW3＝X	3.3V 电压
SW6＝OFF,SW5＝ON, SW4＝X,SW3＝X	1Hz 方波
SW6＝OFF,SW5＝OFF,SW4＝ON ,SW3＝X	1Hz 三角波
SW6＝OFF,SW5＝OFF,SW4＝OFF,SW3＝ON	1Hz 正弦波

注:X 表示任意状态,ON 或 OFF。

本实例工程的代码模块层次如图 10.62 所示。

图 10.62　波形发生器模块层次

10.12.2　代码解析

1. cy4.v 模块代码解析

在顶层模块 cy4.v 代码中,可以查看其 RTL Schematic,如图 10.63 所示。wave_controller.v 模块根据输入的拨码开关状态,相应地产生不同的波形数据给 D/A 芯片,其下的 sin_controller.v 模块(图中未显示)例化 ROM IP 核产生正弦波;dac_controller.v 模块实现 DAC5571 芯片的 IIC 接口协议,判断有不同的 D/A 数据输入,执行一次 D/A 转换操作。

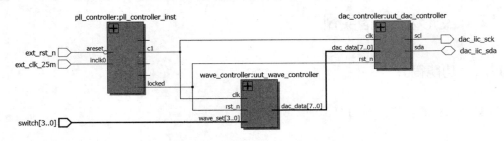

图 10.63　D/A 实例模块互连接口

cy4.v 模块的接口如下所示。拨码开关信号 switch 控制输出波形,IIC 接口信号 dac_iic_sck 和 dac_iic_sda 用于控制 D/A 芯片输出。

```
module cy4(
        input ext_clk_25m,            //外部输入 25MHz 时钟信号
        input ext_rst_n,              //外部输入复位信号,低电平有效
        input[3:0] switch,            //拨码开关 SW3 输入,ON -- 低电平; OFF -- 高电平
        output dac_iic_sck,           //DAC5571 的 IIC 接口 SCL
        inout dac_iic_sda             //DAC5571 的 IIC 接口 SDA
    );
```

PLL IP 核模块例化如下。

```
//------------------------------------------
//PLL 例化
wire clk_12m5;        //PLL 输出 12.5MHz 时钟
wire clk_25m;         //PLL 输出 25MHz 时钟
wire clk_50m;         //PLL 输出 50MHz 时钟
wire clk_100m;        //PLL 输出 100MHz 时钟
wire sys_rst_n;       //PLL 输出的 locked 信号,作为 FPGA 内部的复位信号,低电平复位,高电平正
                      //常工作
pll_controller   pll_controller_inst (
    .areset ( !ext_rst_n ),
    .inclk0 ( ext_clk_25m ),
    .c0 ( clk_12m5 ),
    .c1 ( clk_25m ),
    .c2 ( clk_50m ),
    .c3 ( clk_100m ),
```

```
        .locked ( sys_rst_n )
        );
```

输出到 D/A 芯片的波形数据产生模块例化如下。

```
//-------------------------------------
//波形数据产生
wire[7:0] dac_data; //DAC 输出数据,模块内部自动判断该数据是否发生变化,若前后有变化,则通
                    //过 IIC 接口发起一次 DAC 转换数据写入操作,建议该数据变化速率不要超过
                    //1.5kHz
wave_controller    uut_wave_controller(
                    .clk(clk_25m),       //时钟信号
                    .rst_n(sys_rst_n),   //复位信号,低电平有效
                    .wave_set(switch),   //波形设置信号,高电平有效,bit3 -- 输出高电
                                         //平波形,bit2 -- 方波,bit1 -- 三角波,bit0 --
                                         //正弦波
                    .dac_data(dac_data)  //DAC 转换数据
                    );
```

D/A 芯片的驱动模块如下。

```
//-------------------------------------
//DAC5571 的 IIC 写 D/A 转换数据模块
dac_controller     uut_dac_controller(
                    .clk(clk_25m),        //时钟信号
                    .rst_n(sys_rst_n),    //复位信号,低电平有效
                    .dac_data(dac_data),  //DAC 输出数据,模块内部自动判断该数据是
                                          //否发生变化,若前后有变化,则通过 IIC 接
                                          //口发起一次 DAC 转换数据写入操作,
                                          //建议该数据变化速率不要超过 1.5kHz
                    .scl(dac_iic_sck),    //DAC5571 的 IIC 接口 SCL
                    .sda(dac_iic_sda)     //DAC5571 的 IIC 接口 SDA
                    );
endmodule
```

2. wave_controller. v 模块代码解析

该模块接口如下。

```
module wave_controller(
        input clk,                //时钟信号,25MHz
        input rst_n,              //复位信号,低电平有效
        input[3:0] wave_set,      //波形设置信号,低电平有效,bit3 -- 输出高电平波形,
                                  //bit2 -- 方波,bit1 -- 三角波,bit0 -- 正弦波
        output reg[7:0] dac_data  //DAC 输出数据,模块内部自动判断该数据是否发生变化,
                                  //若前后有变化,则通过 IIC 接口发起一次 DAC 转换数据
                                  //写入操作,建议该数据变化速率不要超过 1.5kHz
        );
```

例化 sin_controller. v 模块,该模块使用 CORDIC IP 核产生一个正弦波信号对应的

8bit 数据。

```
//--------------------------------------------------------
//1Hz 正弦波生成
wire[11:0] sin_out; //sin 输出值: bit11～9 为有符号整数部分,bit8～0 为小数部分；输出值范围
                    //－1～1,即 12'hc00～12'h3ff
reg[11:0] sin_tmp;
wire[7:0] sin_wave; //8bit DAC 输出的正弦波
sin_controller      uut_sin_controller (
                            .clk(clk),
                            .rst_n(rst_n),
                            .sin_out(sin_out)
                        );
```

对正弦波输出的数据做校正,防止溢出。

```
always @(posedge clk or negedge rst_n)
    if(!rst_n) sin_tmp <= 12'd0;
    else if((sin_out >= 12'hc00) || (sin_out < 12'h400)) sin_tmp <= sin_out + 12'h400;
assign sin_wave = sin_tmp[10:3];
```

产生三角波的逻辑如下。

```
//--------------------------------------------------------
//1Hz 三角波生成
reg[15:0] tcnt;                         //2ms 计数器
reg[8:0] triangle_tmp;
reg[7:0] triangle_wave;                 //三角波数据
    //1s 定时
always @(posedge clk or negedge rst_n)
    if(!rst_n) tcnt <= 16'd0;
    else if(tcnt < 16'd48827) tcnt <= tcnt + 1'b1;
    else tcnt <= 16'd0;
    //512 个点计数
always @(posedge clk or negedge rst_n)
    if(!rst_n) triangle_tmp <= 9'd0;
    else if(tcnt == 16'd48827) triangle_tmp <= triangle_tmp + 1'b1;
    //三角波数据产生
always @(posedge clk or negedge rst_n)
    if(!rst_n) triangle_wave <= 8'd0;
    else if(triangle_tmp < 9'd256) triangle_wave <= triangle_tmp[7:0];
    else triangle_wave <= ~triangle_tmp[7:0];
```

产生方波的逻辑如下。

```
//--------------------------------------------------------
//1Hz 方波生成
reg[24:0] scnt;              //1s 计数器
reg[7:0] square_wave;        //方波数据
```

```
    //1s 定时
always @ (posedge clk or negedge rst_n)
    if(!rst_n) scnt <= 25'd0;
    else if(scnt < 25'd24_999_999) scnt <= scnt + 1'b1;
    else scnt <= 25'd0;
    //1000 个点波形产生
always @ (posedge clk or negedge rst_n)
    if(!rst_n) square_wave <= 8'h00;
    else if(scnt < 25'd12_500_000) square_wave <= 8'h00;
    else square_wave <= 8'hff;
```

波形输出选择控制逻辑。

```
//------------------------------------------------------
//输出波形选择
always @ (posedge clk or negedge rst_n)
    if(!rst_n) dac_data <= 8'd0;
    else if(!wave_set[3]) dac_data <= 8'hff;
    else if(!wave_set[2]) dac_data <= square_wave;
    else if(!wave_set[1]) dac_data <= triangle_wave;
    else if(!wave_set[0]) dac_data <= sin_wave;
    else dac_data <= 8'd0;
endmodule
```

3. sin_controller. v 模块代码解析

该模块输出 8 位的 ROM IP 核产生的 1Hz 正弦波查找表数据。

```
module sin_controller(
        input clk,              //时钟信号,25MHz
        input rst_n,            //复位信号,低电平有效
        output[11:0] sin_out    //sin 输出值: bit11~9 为有符号整数部分,bit8~0 为小数
                                //部分; 输出值范围 -1~1, 即 12'hc00~12'h3ff
    );
```

1ms 的定时逻辑如下。

```
//------------------------------------------------------
//定时计数
reg[14:0] cnt; //1ms 计数器
always @ (posedge clk or negedge rst_n)
    if(!rst_n) cnt <= 15'd0;
    else if(cnt < 15'd24_999) cnt <= cnt + 1'b1;
    else cnt <= 15'd0;
```

产生 ROM 的读取地址。

```
//------------------------------------------------------
//读取 ROM 数据, ROM 中预存储正弦波形数据
```

```
reg[7:0] rom_addr;          //ROM 地址
always @(posedge clk or negedge rst_n)
    if(!rst_n) rom_addr <= 8'h00;
    else if(cnt == 15'd24_999) rom_addr <= rom_addr + 1'b1;
```

例化 ROM IP 核如下。

```
//-----------------------------------------------------
//ROM 例化
rom_controller  rom_controller_inst (
    .address ( rom_addr ),
    .clock ( clk ),
    .q ( sin_out )
    );
endmodule
```

10.12.3 IP 核 CORDIC 配置与例化

本实例的正弦波形产生使用查找表的方法实现,查找表的数据预先存储在 FPGA 的片内 ROM 中。

如图 10.64 所示,首先在 source_code 文件夹下准备好 ROM 初始化文件 rom_init.mif。

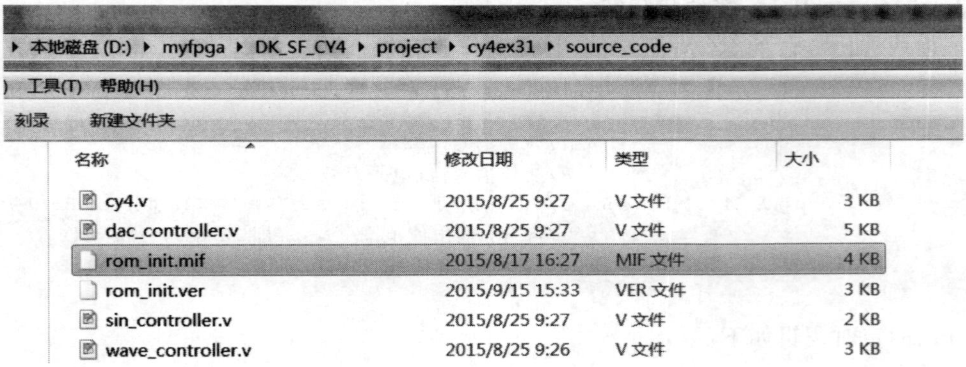

图 10.64　ROM 初始化文件所在路径

rom_init.mif 文件按照固定格式将一个完整的 8bit 位宽的正弦波形数据存放进去,本实例的 mif 文件内容如图 10.65 所示。

创建一个 ROM IP 核,如图 10.66 所示进行设置。

* 在 Select a megafunction from the list below 中选择 IP 核为 Memory Compiler→ROM:1-PORT。
* 在 Which device family will you be using 下拉列表中选择所使用的器件系列为 Cyclone Ⅳ E。
* 在 Which type of output file do you want to create 中选择语言为 Verilog HDL。

```
    sin_controller.v    rom_init.mif
 1   -- Copyright (C) 1991-2013 Altera Corporation
 2   -- Your use of Altera Corporation's design tools, logic functions
 3   -- and other software and tools, and its AMPP partner logic
 4   -- functions, and any output files from any of the foregoing
 5   -- (including device programming or simulation.files), and any
 6   -- associated documentation or information are expressly subject
 7   -- to the terms and conditions of the Altera Program License
 8   -- Subscription Agreement, Altera MegaCore Function License
 9   -- Agreement, or other applicable license agreement, including,
10   -- without limitation, that your use is for the sole purpose of
11   -- programming logic devices manufactured by Altera and sold by
12   -- Altera or its authorized distributors.  Please refer to the
13   -- applicable agreement for further details.
14
15   -- Quartus II generated Memory Initialization File (.mif)
16
17   WIDTH=8;
18   DEPTH=256;
19
20   ADDRESS_RADIX=UNS;
21   DATA_RADIX=HEX;
22
23   CONTENT BEGIN
24       0    :    80;
25       1    :    83;
26       2    :    86;
27       3    :    89;
28       4    :    8d;
29       5    :    90;
30       6    :    93;
31       7    :    96;
32       8    :    99;
```

图 10.65 rom_init.mif 文件内容

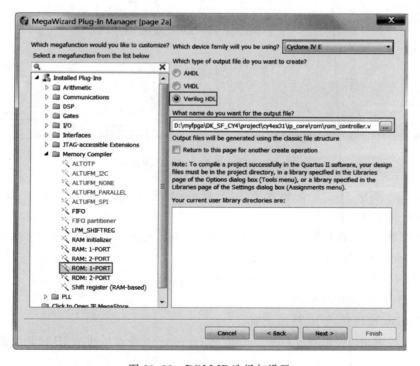

图 10.66 ROM IP 选择与设置

- 在 What name do you want for the output file 中输入工程所在的路径,并且在最后面添加名称,这个名称是现在正在例化的除法器模块的名称,可以起名为 rom_controller,然后单击 Next 按钮。这里所说的路径,实际上是在工程文件夹 cy4ex31 中创建的 ip_core 文件夹和 rom 文件夹。

在 ROM 的第一个配置页面中(即 Parameter Settings→General 页面),如图 10.67 所示,设置 ROM 的位宽为 8bit,深度为 256word。其他默认设置。

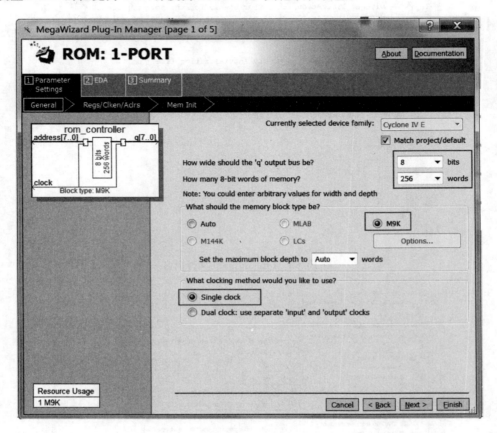

图 10.67　ROM IP 核 General 配置页面

如图 10.68 所示,第二个配置页面(即 Parameter Settings→Regs/Clken/Aclrs 页面)选择 'q' output port 复选框。

第三个配置页面(即 Parameter Settings→Mem Init 页面),如图 10.69 所示,选择 Yes 选项,并加载前面创建好的 rom_init. mif 文件。

如图 10.70 所示,在 Summary 页面中,确保选择 rom_controller_inst. v 文件的选项,该文件是这个 IP 核的例化模板。

单击 Finish 按钮完成 IP 核的配置。

如图 10.71 所示,可以在文件夹"…/ip_core/rom"下查看生成的 IP 核相关源文件。

例化模板 rom_controller_inst. v 打开如图 10.72 所示,复制到工程源码中,对"()"内的 *_sig 信号接口更改并做好映射,就可以将其集成到设计中。

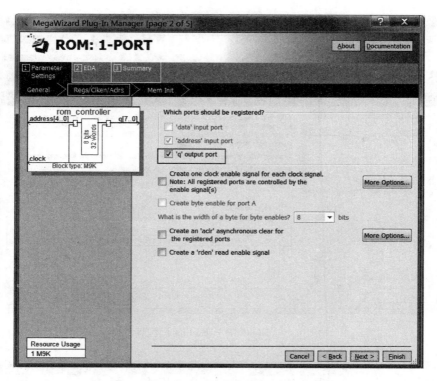

图 10.68 ROM IP 核 Regs/Clken/Aclrs 配置页面

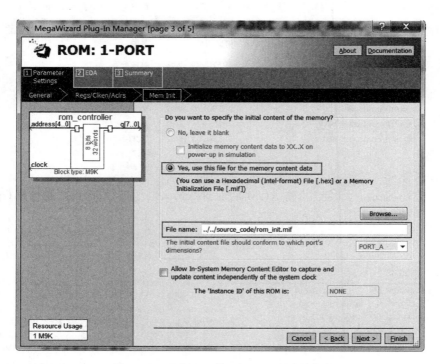

图 10.69 ROM IP 核 Mem Init 配置页面

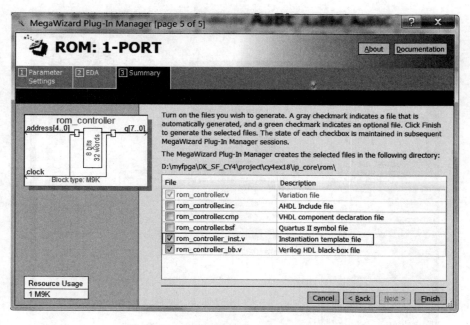

图 10.70　ROM IP 核 Summary 配置页面

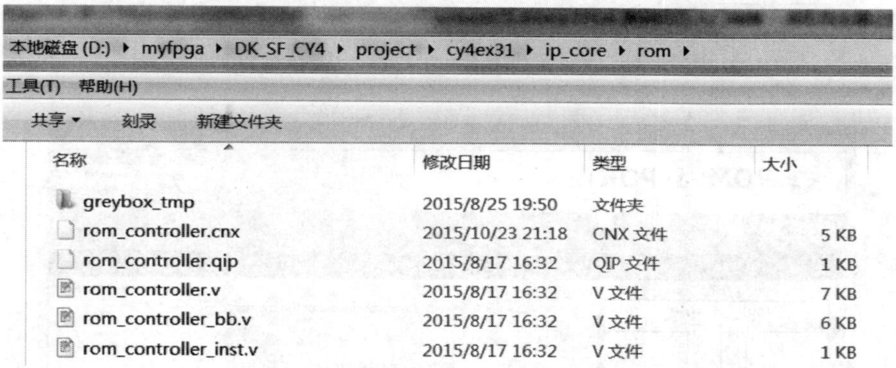

图 10.71　ROM IP 核生成文件

　　如图 10.73 所示,在设计中,将 ROM 的时钟(clock)、地址(address)和数据(q)分别映射连接。

```
rom_controller_inst.v
1  rom_controller  rom_controller_inst (
2      .address ( address_sig ),
3      .clock ( clock_sig ),
4      .q ( q_sig )
5      );
```

图 10.72　ROM 例化模板

```
41  //------------------------------
42  //ROM例化
43
44  rom_controller  rom_controller_inst (
45      .address ( rom_addr ),
46      .clock ( clk ),
47      .q ( sin_out )
48      );
49
```

图 10.73　ROM 在工程中的例化

10.12.4　板级调试

连接好下载线,给 CY4 开发板供电。打开 Quartus Ⅱ,进入下载界面,将本实例工程下的 cy4. sof 文件烧录到 FPGA 中在线运行。

如图 10.74 所示,可以用示波器探头连接 P9 的 PIN1 或 PIN2(图示直接连在跳线帽上了)。

当按照表 10.3 的不同方式拨动 4 个拨码开关到相应状态时,对应的波形就会呈现出来。示波器实际测量的正弦波效果如图 10.75 所示。

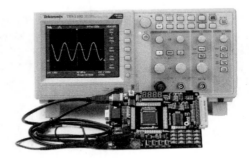

图 10.74　示波器探头连接　　　　　　图 10.75　正弦波显示

10.13　基于数码管显示的 A/D 采集实例

10.13.1　A/D 芯片接口概述

A/D 芯片 TLC549 的控制使用了比较简化(单向数据传输)的 SPI 接口,接口上只需要片选信号 adc_cs_n、时钟信号 adc_clk 和输入数据信号 adc_data,其读数据时序波形如图 10.76 所示。在片选信号有效后稍作延时,随后产生 8 个时钟周期依次读取 A/D 采样的 8bit 数据;在片选信号拉低后大约 $1.4\mu s$,第一个采样数据出现在数据信号 adc_data 上,对应时钟信号 adc_clk 的上升沿可以采样数据,时钟信号 adc_clk 的最高频率可以达 1.1MHz;两次数据采样间隔必须大于 $17\mu s$;其他相关时序参数可以参考 TLC549 的数据手册。

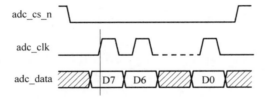

图 10.76　A/D 芯片读数据时序波形

10.13.2 功能简介

该实例工程的功能框图如图 10.77 所示。A/D 实时采集模块实现 SPI 协议,定时采集 A/D 芯片 TLC549 中的模拟电压数据,然后通过数码管进行显示。

本实例工程的代码模块层次如图 10.78 所示。

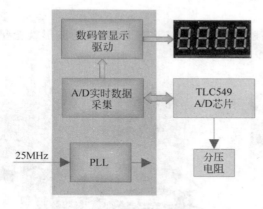

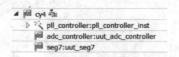

图 10.77　A/D 实例功能框图　　　　　　图 10.78　A/D 实例模块层次

10.13.3　代码解析

1. cy4. v 模块代码解析

在顶层模块 cy4.v 代码中,可以查看其 RTL Schematic,如图 10.79 所示。其中 adc_controller.v 模块定时进行 A/D 芯片的模拟电压值采集时序接口的实现;seg7.v 模块驱动数码管显示当前采集到的 A/D 数据。

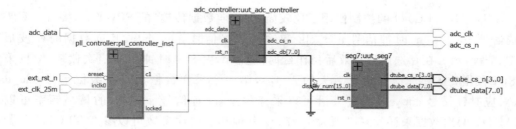

图 10.79　A/D 实例模块互连接口

cy4.v 模块例化了图 10.79 的 3 个模块,其代码如下所示。

```
module cy4(
        input ext_clk_25m,              //外部输入 25MHz 时钟信号
        input ext_rst_n,                //外部输入复位信号,低电平有效
        output[3:0] dtube_cs_n,         //7 段数码管位选信号
        output[7:0] dtube_data,         //7 段数码管段选信号(包括小数点为 8 段)
```

```
        input adc_data,          //A/D 芯片 TLC549 的 SPI 数据信号
        output adc_cs_n,         //A/D 芯片 TLC549 的 SPI 片选信号,低电平有效
        output adc_clk           //A/D 芯片 TLC549 的 SPI 时钟信号
    );
//-----------------------------------------
//PLL 例化
wire clk_12m5;                   //PLL 输出 12.5MHz 时钟
wire clk_25m;                    //PLL 输出 25MHz 时钟
wire clk_50m;                    //PLL 输出 50MHz 时钟
wire clk_100m;                   //PLL 输出 100MHz 时钟
wire sys_rst_n;                  //PLL 输出的 locked 信号,作为 FPGA 内部的复位信号,低电
                                 //平复位,高电平正常工作
pll_controller  pll_controller_inst (
    .areset ( !ext_rst_n ),
    .inclk0 ( ext_clk_25m ),
    .c0 ( clk_12m5 ),
    .c1 ( clk_25m ),
    .c2 ( clk_50m ),
    .c3 ( clk_100m ),
    .locked ( sys_rst_n )
    );
//-----------------------------------------
//A/D 芯片 TLC549 实时模拟电压值采集
wire[7:0] adc_db;          //A/D 芯片读取到的当前模拟电压值
adc_controller   uut_adc_controller(
                    .clk(clk_25m),          //时钟信号
                    .rst_n(sys_rst_n),      //复位信号,低电平有效
                    .adc_db(adc_db),        //A/D 芯片读取到的当前模拟电压值
                    .adc_data(adc_data),    //A/D 芯片 TLC549 的 SPI 数据信号
                    .adc_cs_n(adc_cs_n),    //A/D 芯片 TLC549 的 SPI 片选信号
                    .adc_clk(adc_clk)       //A/D 芯片 TLC549 的 SPI 时钟信号
                    );
//-----------------------------------------
//4 位数码管显示驱动
seg7    uut_seg7(
                    .clk(clk_25m),                //时钟信号
                    .rst_n(sys_rst_n),            //复位信号,低电平有效
                    .display_num({8'd0,adc_db}),  //LED 指示灯接口
                    .dtube_cs_n(dtube_cs_n),      //7 段数码管位选信号
                    .dtube_data(dtube_data)       //7 段数码管段选信号
                    );
endmodule
```

2. adc_controller.v 模块代码解析

该模块接口如下,adc_data、adc_cs_n 和 adc_clk 为 A/D 芯片的接口信号,本实例控制器实现 A/D 芯片数据采集,这一组信号的时序为 SPI 接口。adc_db 信号为 A/D 采集到的数据输出,送到 seg7.v 模块驱动数码管显示。

```
module adc_controller(
        input clk,                      //时钟信号
        input rst_n,                    //复位信号,低电平有效
        output reg[7:0] adc_db,         //A/D芯片读取到的当前模拟电压值
        input adc_data,                 //A/D芯片 TLC549 的 SPI 数据信号
        output adc_cs_n,                //A/D芯片 TLC549 的 SPI 片选信号,低电平有效
        output reg adc_clk              //A/D芯片 TLC549 的 SPI 时钟信号
        );
```

A/D 芯片的驱动时钟 spi_clk 较慢,需要对输入系统时钟进行分频实现,分频计数逻辑如下。

```
//-------------------------------------------------------
//计数器逻辑
parameter   IDLE    = 3'd0,
            TSUDL   = 3'd1,
            START   = 3'd2,
            DTRAN   = 3'd3,
            STOP    = 3'd4,
            TWHDL   = 3'd5;
reg[2:0] bitnum;
reg[4:0] d17uscnt;
reg[7:0] adc_dinlock;
reg[2:0] cstate,nstate;
reg[5:0] cntus;
always @(posedge clk or negedge rst_n)
    if(!rst_n) cntus <= 6'd0;
    else if((cntus < 6'd49) && (cstate != IDLE)) cntus <= cntus + 1'b1;
    else cntus <= 6'd0;
wire dchag_flag = (cntus == 6'd0);
wire dlock_flag = (cntus == 6'd24);
```

A/D 芯片数据采集的状态机逻辑如下。

```
//-------------------------------------------------------
//状态机控制 A/D 采集处理
    //状态转换
always @(posedge clk or negedge rst_n)
    if(!rst_n) cstate <= IDLE;
    else cstate <= nstate;
    //状态转移处理逻辑
always @(cstate or dchag_flag or bitnum or d17uscnt)
    case(cstate)
        IDLE:   nstate <= TSUDL;
        TSUDL:  if(dchag_flag) nstate <= START;
                else nstate <= TSUDL;
        START:  if(dchag_flag) nstate <= DTRAN;
                else nstate <= START;
        DTRAN:  if(dchag_flag && (bitnum == 3'd7)) nstate <= STOP;
```

```
                   else nstate <= DTRAN;
        STOP:    if(dchag_flag) nstate <= TWHDL;
                   else nstate <= STOP;
        TWHDL:   if(dchag_flag && (d17uscnt == 5'd18)) nstate <= IDLE;
                   else nstate <= TWHDL;
        default: nstate <= IDLE;
        endcase
```

数据位的计数逻辑如下。

```
    //SPI 传输位计数器
always @(posedge clk or negedge rst_n)
    if(!rst_n) bitnum <= 3'd0;
    else if(nstate == IDLE) bitnum <= 3'd7;
    else if((nstate == DTRAN) && dlock_flag) bitnum <= bitnum - 1'b1;
```

A/D 芯片两次读取之间至少需要间隔 $17\mu s$，因此应做 $17\mu s$ 的延时。

```
    //> 17μs 延时计数(TLC549 芯片要求至少 17μs 的两次读数据间隔)
always @(posedge clk or negedge rst_n)
    if(!rst_n) d17uscnt <= 5'd0;
    else if((nstate == TWHDL) && dchag_flag) d17uscnt <= d17uscnt + 1'b1;
    else if(nstate == IDLE) d17uscnt <= 5'd0;
```

A/D 数据采集逻辑如下。

```
    //SPI 读数据逐位锁存
always @(posedge clk or negedge rst_n)
    if(!rst_n) adc_dinlock <= 8'h00;
    else if((nstate == DTRAN) && dlock_flag) adc_dinlock[bitnum] <= adc_data;
    //SPI 读数据最后锁存
always @(posedge clk or negedge rst_n)
    if(!rst_n) adc_db <= 8'h00;
    else if(nstate == STOP) adc_db <= adc_dinlock;
```

A/D 采集的片选信号以及驱动时钟产生逻辑如下。

```
    //SPI 片选信号
assign adc_cs_n = ~((cstate == DTRAN) | (cstate == START) | (cstate == TSUDL));
//----------------------------------------------------------
//SPI 时钟产生
always @(posedge clk or negedge rst_n)
    if(!rst_n) adc_clk <= 1'b0;
    else if((nstate == DTRAN) && (cntus > 5'd12)) adc_clk <= 1'b1;
    else adc_clk <= 1'b0;
endmodule
```

10.13.4　板级调试

连接好下载线,给 CY4 开发板供电。打开 Quartus Ⅱ,进入下载界面,将本实例工程下的 cy4. sof 文件烧录到 FPGA 中在线运行。

确保 P10 的 PIN1 和 PIN2 用跳线帽短接。

此时若用一字螺丝刀旋转可变电阻 R65,则数码管上的显示数据将发生变化,即 A/D 芯片采集到的电压值通过可变电阻 R65 来调节。

10.14　A/D 和 D/A 联合测试实例

10.14.1　功能简介

该实例工程的功能框图如图 10.80 所示。D/A 输出同 IIC 协议实现,D/A 输出的数据来自导航按键的设置,D/A 输出数据显示在数码管的高两位;A/D 实时采集模块实现 SPI 协议,定时采集 A/D 芯片 TLC549 中的模拟电压数据,其值显示在数码管的低两位。

本实例工程的代码模块层次如图 10.81 所示。

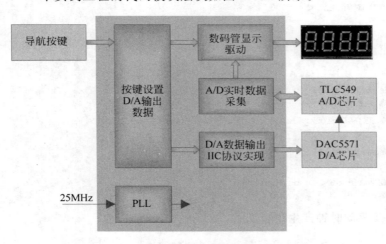

图 10.80　A/D 和 D/A 联合实例功能框图

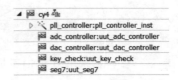

图 10.81　A/D 和 D/A 联合
实例模块层次

10.14.2　代码解析

在顶层模块 cy4. v 代码中,可以查看其 RTL Schematic,如图 10.82 所示。其中 adc_controller. v 模块定时进行 A/D 芯片的模拟量转换和采集;dac_controller. v 模块输出 D/A 数据到芯片 DAC5571 中;key_check. v 判断按键是否按下,相应设置 D/A 输出数据;seg7. v 模块驱动数码管显示当前期望输出的 D/A 数据以及实际采集的 A/D 数据。

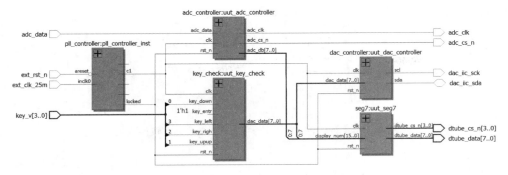

图 10.82 A/D 和 D/A 联合实例模块互连接口

cy4.v 模块例化了图 10.82 所示的 5 个模块,其代码如下。

```
module cy4(
        input ext_clk_25m,              //外部输入 25MHz 时钟信号
        input ext_rst_n,                //外部输入复位信号,低电平有效
        output[3:0] dtube_cs_n,         //7 段数码管位选信号
        output[7:0] dtube_data,         //7 段数码管段选信号(包括小数点为 8 段)
        input key_left,key_righ,key_upup,key_down,key_entr,     //5 个导航按键
        output dac_iic_sck,             //DAC5571 的 IIC 接口 SCL
        inout dac_iic_sda,              //DAC5571 的 IIC 接口 SDA
        input adc_data,                 //A/D 芯片 TLC549 的 SPI 数据信号
output adc_cs_n,                        //A/D 芯片 TLC549 的 SPI 片选信号,低电平有效
        output adc_clk                  //A/D 芯片 TLC549 的 SPI 时钟信号
        );
//------------------------------------------
//PLL 例化
wire clk_12m5;                          //PLL 输出 12.5MHz 时钟
wire clk_25m;                           //PLL 输出 25MHz 时钟
wire clk_50m;                           //PLL 输出 50MHz 时钟
wire clk_100m;                          //PLL 输出 100MHz 时钟
wire sys_rst_n;                         //PLL 输出的 locked 信号,作为 FPGA 内部的复位信
                                        //号,低电平复位,高电平正常工作

pll_controller   pll_controller_inst (
    .areset ( !ext_rst_n ),
    .inclk0 ( ext_clk_25m ),
    .c0 ( clk_12m5 ),
    .c1 ( clk_25m ),
    .c2 ( clk_50m ),
    .c3 ( clk_100m ),
    .locked ( sys_rst_n )
    );
//------------------------------------------
//按键检测与 DAC 数据加减模块
wire[7:0] dac_data;                     //DAC 输出数据,模块内部自动判断该数据是否发生
                                        //变化,若前后有变化,则通过 IIC 接口发起一次 DAC
                                        //转换数据写入操作,建议该数据变化速率不要超过
                                        //1.5kHz
```

```
key_check     uut_key_check(
                .clk(clk_25m),                      //时钟信号
                .rst_n(sys_rst_n),                  //复位信号,低电平有效
                .key_left(key_left),
                .key_righ(key_righ),
                .key_upup(key_upup),
                .key_down(key_down),
                .key_entr(key_entr),
                .dac_data(dac_data)                 //DAC 转换数据
              );
//--------------------------------------
//DAC5571 的 IIC 写 D/A 转换数据模块
dac_controller    uut_dac_controller(
                    .clk(clk_25m),                  //时钟信号
                    .rst_n(sys_rst_n),              //复位信号,低电平有效
                    .dac_data(dac_data),
                    .scl(dac_iic_sck),              //DAC5571 的 IIC 接口 SCL
                    .sda(dac_iic_sda)               //DAC5571 的 IIC 接口 SDA
                  );
//--------------------------------------
//A/D 芯片 TLC549 实时模拟电压值采集
wire[7:0] adc_db;                                   //A/D 芯片读取到的当前模拟电压值
adc_controller    uut_adc_controller(
                    .clk(clk_25m),                  //时钟信号
                    .rst_n(sys_rst_n),              //复位信号,低电平有效
                    .adc_db(adc_db),                //A/D 芯片读取到的当前模拟电压值
                    .adc_data(adc_data),            //A/D 芯片 TLC549 的 SPI 数据信号
                    .adc_cs_n(adc_cs_n),            //A/D 芯片 TLC549 的 SPI 片选信号
                    .adc_clk(adc_clk)               //A/D 芯片 TLC549 的 SPI 时钟信号
                  );
//--------------------------------------
//4 位数码管显示驱动
seg7    uut_seg7(
                .clk(clk_25m),                      //时钟信号
                .rst_n(sys_rst_n),                  //复位信号,低电平有效
                .display_num({dac_data,adc_db}),    //LED 指示灯接口
                .dtube_cs_n(dtube_cs_n),            //7 段数码管位选信号
                .dtube_data(dtube_data)             //7 段数码管段选信号
              );
endmodule
```

10.14.3 板级调试

连接好下载线,给 CY4 开发板供电。打开 Quartus Ⅱ,进入下载界面,将本实例工程下的 cy4.sof 文件烧录到 FPGA 中在线运行。

确保 P10 的 PIN2 和 PIN3 用跳线帽短接。

此时当使用独立按键 S1、S2、S3、S4 进行 D/A 输出数据设定,则相应高两位和低两位数码管都会发生变化,而且基本是一致的,这说明 A/D 和 D/A 芯片都能正常工作。

10.15　RTC 时间的 LCD 显示和 UART 设置实例

10.15.1　功能简介

该实例工程的功能框图如图 10.83 所示。计算机可以通过 UART 发送串口帧数据对 RTC 芯片的当前时间进行调整；FPGA 内部定时读取 RTC 芯片的最新时间，将此时间通过 3.5 寸的 LCD 显示出来；LCD 的字模数据则存储在 FPGA 内嵌 ROM 中。

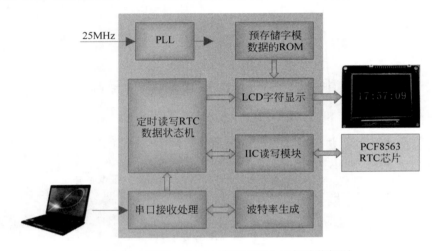

图 10.83　RTC、LCD 与 UART 联合实例功能框图

本实例工程的代码模块层次如图 10.84 所示。

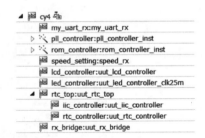

图 10.84　RTC、LCD 与 UART 联合实例模块层次

这些模块在前面的实例中都使用过，本实例只是将它们整合在一起，唯一需要特别进行设计的是，lcd_controller.v 模块中字模显示位置以及相关逻辑的实现。

10.15.2　代码解析

在顶层模块 cy4.v 代码中，可以查看其 RTL Schematic，如图 10.85 所示。其中 led_controller.v 模块分频计数对 LED 做闪烁；speed_setting.v 模块和 my_uart_rx.v 模块实

现 UART 数据接收,接收到的数据用于 RTC 时间的修改重置;rx_bridge.v 模块解析 UART 协议帧,获取有效数据;rtc_top 以及其下的 rtc_controller.v 模块和 iic_controller.v 模块实现 RTC 芯片的寄存器读写控制,定时读取 RTC 芯片的时、分、秒数据,并且可以在接收到 UART 指令时重置时、分、秒寄存器的数据;rom_controller.v 模块中存储字模数据,供 LCD 驱动显示读取;lcd_controller.v 驱动 LCD 显示时、分、秒信息。

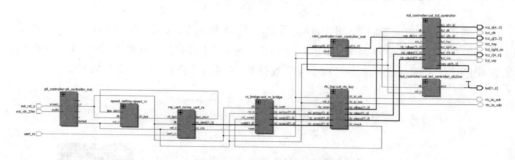

图 10.85　RTC、LCD 与 UART 联合实例模块互连接口

cy4.v 模块例化了图 10.85 所示的 8 个模块,其代码如下。

```verilog
module cy4(
            input ext_clk_25m,          //外部输入 25MHz 时钟信号
            input ext_rst_n,            //外部输入复位信号,低电平有效
            output lcd_light_en,        //LCD 背光使能信号,高电平有效
            output lcd_clk,             //LCD 时钟信号
            output lcd_hsy,             //LCD 行同步信号
            output lcd_vsy,             //LCD 场同步信号
            output[4:0] lcd_r,          //LCD 色彩 R 信号
            output[5:0] lcd_g,          //LCD 色彩 G 信号
            output[4:0] lcd_b,          //LCD 色彩 B 信号
            output[7:0] led,            //8 个 LED 指示灯接口
            input uart_rx,              //UART 接收数据信号
            output rtc_iic_sck,         //RTC 芯片的 IIC 时钟信号
            inout rtc_iic_sda           //RTC 芯片的 IIC 数据信号
        );
wire clk_12m5;                          //PLL 输出 12.5MHz 时钟
wire clk_25m;                           //PLL 输出 25MHz 时钟
wire clk_50m;                           //PLL 输出 50MHz 时钟
wire clk_100m;                          //PLL 输出 100MHz 时钟
wire sys_rst_n;                         //PLL 输出的 locked 信号,作为 FPGA 内部的复位信号,
                                        //低电平复位,高电平正常工作
//-----------------------------------------
//PLL 例化
pll_controller  pll_controller_inst (
    .areset ( !ext_rst_n ),
    .inclk0 ( ext_clk_25m ),
    .c0 ( clk_12m5 ),
    .c1 ( clk_25m ),
```

```
        .c2 ( clk_50m ),
        .c3 ( clk_100m ),
        .locked ( sys_rst_n )
        );
//------------------------------------------------
//25MHz 时钟进行分频闪烁,计数器为 24 位
led_controller  #(24)    uut_led_controller_clk25m(
                            .clk(clk_25m),         //时钟信号
                            .rst_n(sys_rst_n),     //复位信号,低电平有效
                            .sled(led[0])          //LED 指示灯接口
                        );
//------------------------------------------------
//UART 数据接收,以十六进制"0xaa + 0x01 + 0x02 + 0x03 + 0x55"的格式接收,其中 0x01 代表 BCD 码
//的"时",0x02 代表 BCD 码的"分",0x03 代表 BCD 码的"秒",
wire bps_start1;      //接收到数据后,波特率时钟启动信号置位
wire clk_bps1;        //clk_bps_r 高电平为接收数据位的中间采样点,同时也作为发送数据的数据
                      //改变点
wire[7:0] rxdb;       //串口接收数据
wire rxen;            //串口接收数据有效标志位,高电平一个时钟周期
    //UART 接收信号波特率设置
speed_setting    speed_rx(
                            .clk(clk_25m),      //波特率选择模块
                            .rst_n(sys_rst_n),
                            .bps_start(bps_start1),
                            .clk_bps(clk_bps1)
                        );
    //UART 接收数据处理
my_uart_rx      my_uart_rx(
                            .clk(clk_25m),      //接收数据模块
                            .rst_n(sys_rst_n),
                            .uart_rx(uart_rx),
                            .rx_data(rxdb),
                            .rx_rdy(rxen),
                            .clk_bps(clk_bps1),
                            .bps_start(bps_start1)
                        );
//------------------------------------------------
//解码 UART 帧,使能 RTC 时间重置写入操作
wire rtc_wrack;                                  //RTC 当前写入请求的响应信号,高电平有效
wire rtc_wren;                                   //RTC 芯片写入使能信号,高电平有效
wire[7:0] rtc_wrhour;                            //RTC 芯片写入的时数据,BCD 格式
wire[7:0] rtc_wrmini;                            //RTC 芯片写入的分数据,BCD 格式
wire[7:0] rtc_wrsecd;                            //RTC 芯片写入的秒数据,BCD 格式
rx_bridge      uut_rx_bridge(
                    .clk(clk_25m),
                    .rst_n(sys_rst_n),
                    .rxen(rxen),                 //串口接收数据有效标志位,高电平一个时钟
                                                 //周期
                    .rxdb(rxdb),                 //串口发接收数据
                    .rtc_wrack(rtc_wrack),       //RTC 当前写入请求的响应信号
```

```
                    .rtc_wren(rtc_wren),           //RTC 芯片写入使能信号,高电平有效
                    .rtc_wrhour(rtc_wrhour),        //RTC 芯片写入的时数据,BCD 格式
                    .rtc_wrmini(rtc_wrmini),        //RTC 芯片写入的分数据,BCD 格式
                    .rtc_wrsecd(rtc_wrsecd)         //RTC 芯片写入的秒数据,BCD 格式
                );
//-------------------------------------
//RTC 芯片读取时、分、秒信息
wire[7:0] rtc_rdhour;                              //RTC 芯片读出的时数据,BCD 格式
wire[7:0] rtc_rdmini;                              //RTC 芯片读出的分数据,BCD 格式
wire[7:0] rtc_rdsecd;                              //RTC 芯片读出的秒数据,BCD 格式

rtc_top    uut_rtc_top (
                .clk(clk_25m),
                .rst_n(sys_rst_n),
                .rtc_iic_sck(rtc_iic_sck),
                .rtc_iic_sda(rtc_iic_sda),
                .rtc_wrack(rtc_wrack),              //RTC 当前写入请求的响应信号,高电平有效
                .rtc_wren(rtc_wren),                //RTC 芯片写入使能信号,高电平有效
                .rtc_wrhour(rtc_wrhour),            //RTC 芯片写入的时数据,BCD 格式
                .rtc_wrmini(rtc_wrmini),            //RTC 芯片写入的分数据,BCD 格式
                .rtc_wrsecd(rtc_wrsecd),            //RTC 芯片写入的秒数据,BCD 格式
                .rtc_rdhour(rtc_rdhour),
                .rtc_rdmini(rtc_rdmini),
                .rtc_rdsecd(rtc_rdsecd)
            );
//-------------------------------------
//LCD 与字符存储 ROM 的接口,ROM 中存储 32 * 64 字符"0123456789:"的字模,合计 704 * 32bit
wire[31:0] rom_db;                                  //ROM 数据总线
wire[9:0] rom_ab;                                   //ROM 地址总线
rom_controller    uut_rom_controller (
                .clka(clk_25m),                    //input clka
                .addra(rom_ab),                    //input [9 : 0] addra 地址范围 0~703
                .douta(rom_db)                     //output [31 : 0] douta
                );
//-------------------------------------
//产生 32 级的 LCD 显示色彩
lcd_controller    uut_lcd_controller(
                    .clk(clk_25m),                 //25MHz 时钟信号
                    .rst_n(sys_rst_n),             //复位信号,低电平有效
                    .rtc_rdhour(rtc_rdhour),
                    .rtc_rdmini(rtc_rdmini),
                    .rtc_rdsecd(rtc_rdsecd),
                    .lcd_light_en(lcd_light_en),
                    .lcd_clk(lcd_clk),             //LCD 时钟信号
                    .lcd_hsy(lcd_hsy),             //LCD 行同步信号
                    .lcd_vsy(lcd_vsy),             //LCD 场同步信号
                    .lcd_r(lcd_r),                 //LCD 色彩 R 信号
                    .lcd_g(lcd_g),                 //LCD 色彩 G 信号
                    .lcd_b(lcd_b),                 //LCD 色彩 B 信号
```

```
                          .rom_db(rom_db),        //ROM 数据总线
                          .rom_ab(rom_ab)         //ROM 地址总线
                    );
//-------------------------------------
//高 4 位 LED 指示灯关闭
assign led[7:1] = 7'b1111111;
endmodule
```

10.15.3 板级调试

连接好下载线、SF-CY4 核心板和 SF-LCD 子板，给它们供电。打开 Quartus Ⅱ，进入下载界面，将本实例工程下的 cy4.sof 文件烧录到 FPGA 中在线运行。

此时，如图 10.86 所示，可以看到 LCD 上显示了黑底蓝字的时间信息。

如图 10.87 所示，打开"串口调试器"进行设置，然后输入数据 aa10553055，其中 aa 表示帧头，55 表示帧尾，时间设定为 10:55:30。单击"手工发送"按钮，则可以看到液晶屏上的时间也跟着变化，这是因为 RTC 芯片已经写入了新的时间数据。

图 10.86　LCD 显示时间

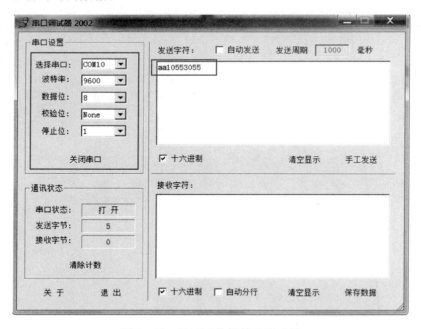

图 10.87　UART 协议帧重置时间

参 考 文 献

[1] 夏宇闻. Verilog 数字系统设计教程[M]. 北京：北京航天航空大学出版社,2003.

[2] 吴厚航. FPGA/CPLD 边练边学——快速入门 Verilog/VHDL[M]. 北京：北京航天航空大学出版社,2013.

[3] 吴厚航. FPGA 设计实战演练（逻辑篇）[M]. 北京：清华大学出版社,2015.

[4] Quartus Ⅱ Handbook. Version 14. 1. http:www. altera. com. 2014,12.

[5] Cyclone Ⅲ Device Handbook. http:www. altera. com. 2012. 8.

图 书 资 源 支 持

感谢您一直以来对清华版图书的支持和爱护。为了配合本书的使用,本书提供配套的素材,有需求的用户请到清华大学出版社主页(http://www.tup.com.cn)上查询和下载,也可以拨打电话或发送电子邮件咨询。

如果您在使用本书的过程中遇到了什么问题,或者有相关图书出版计划,也请您发邮件告诉我们,以便我们更好地为您服务。

我们的联系方式:

地　　　址:北京海淀区双清路学研大厦 A 座 707

邮　　　编:100084

电　　　话:010－62770175－4604

资源下载:http://www.tup.com.cn

电子邮件:weijj@tup.tsinghua.edu.cn

QQ:883604(请写明您的单位和姓名)

用微信扫一扫右边的二维码,即可关注清华大学出版社公众号"书圈"。

扫一扫
资源下载、样书申请
新书推荐、技术交流